Teubner Studienbücher    Informatik

O. Spaniol
Arithmetik in Rechenanlagen

# Leitfäden der angewandten Mathematik und Mechanik LAMM

Unter Mitwirkung von
Prof. Dr. E. Becker, Darmstadt
Prof. Dr. G. Hotz, Saarbrücken
Prof. Dr. K. Magnus, München
Prof. Dr. E. Meister, Darmstadt
Prof. Dr. Dr. h. c. F. K. G. Odqvist, Stockholm
Prof. Dr. Dr. h. c. Dr. h. c. Dr. h. c. E. Stiefel, Zürich

herausgegeben von
Prof. Dr. Dr. h. c. H. Görtler, Freiburg

## Band 34

Die Lehrbücher dieser Reihe sind einerseits allen mathematischen Theorien und Methoden von grundsätzlicher Bedeutung für die Anwendung der Mathematik gewidmet; andererseits werden auch die Anwendungsgebiete selbst behandelt. Die Bände der Reihe sollen dem Ingenieur und Naturwissenschaftler die Kenntnis der mathematischen Methoden, dem Mathematiker die Kenntnisse der Anwendungsgebiete seiner Wissenschaft zugänglich machen. Die Werke sind für die angehenden Industrie- und Wirtschaftsmathematiker, Ingenieure und Naturwissenschaftler bestimmt, darüber hinaus aber sollen sie den im praktischen Beruf Tätigen zur Fortbildung im Zuge der fortschreitenden Wissenschaft dienen.

# Arithmetik
# in Rechenanlagen

## Logik und Entwurf

Von Dr. rer. nat. Otto Spaniol
Ass. Professor an der Universität des Saarlandes

1976. Mit 56 Figuren, 19 Tabellen
und zahlreichen Beispielen

B. G. Teubner Stuttgart

Dr. rer. nat. Otto Spaniol

Geboren 1945 in Otzenhausen. Von 1964 bis 1968 Studium an der Universität des Saarlandes in Saarbrücken mit Abschluß als Diplom-Mathematiker. Danach wissenschaftlicher Assistent im Rahmen der Deutschen Forschungsgemeinschaft bzw. des Sonderforschungsprogramms Informatik des BMBW. 1971 Promotion, seit 1972 Assistenzprofessor am Fachbereich Angewandte Mathematik und Informatik der Universität Saarbrücken. Seit 1975 kommissarische Leitung der Forschungsgruppe Rechnerorganisation und Computer Graphics.

CIP-Kurztitelaufnahme der Deutschen Bibliothek

**Spaniol, Otto**
Arithmetik in Rechenanlagen : Logik u. Entwurf. — Stuttgart : Teubner, 1976.
  (Teubner-Studienbücher) (Leitfäden der angewandten Mathematik und Mechanik ; Bd. 34)
  ISBN 3-519-02332-6

Printed in Germany
Druck: J. Beltz, Hemsbach/Bergstraße
Binderei: G. Gebhardt, Ansbach
Umschlaggestaltung: W. Koch, Sindelfingen

# Vorwort

Dieses Buch entstand aus einer Reihe von Vorlesungen und Seminaren an der Universität Saarbrücken. Es enthält eine vergleichende Beschreibung von schnellen und kostengünstigen Algorithmen zur Realisierung arithmetischer Operationen in Digitalrechnern.

Obwohl fast alle Informatiker und nicht wenige Wissenschaftler anderer Fachrichtungen mit diesen Problemen mehr oder weniger intensiv konfrontiert werden, behandeln deutschsprachige Fachbücher mit allgemeinerer Zielsetzung diese Fragen nur am Rande oder in vergleichsweise kurzen Kapiteln; dies führt zwangsläufig zu einer Beschränkung auf die Beschreibung der bekanntesten und einfachsten Verfahren. In der englischsprachigen Literatur gibt es zwar mehrere ausgezeichnete Standardwerke (zu erwähnen ist hier in erster Linie Flores "The Logic of Computer Arithmetic"), doch sind diese oft nur schwer zugänglich und meist älteren Datums; viele wichtige Resultate wird man dort also vergeblich suchen.

Der Mangel an neueren Büchern über Rechnerarithmetik kann nicht darauf zurückgeführt werden, daß alle interessierenden Probleme bereits in Standardwerken abgehandelt sind: die Anzahl und die Relevanz der in jüngster Zeit veröffentlichten Arbeiten beweist das Gegenteil. Die Hauptursache dafür liegt nach meiner Ansicht vielmehr in der oft uneinheitlichen Darstellung und der zu starken Beschränkung vieler Arbeiten auf ein bestimmtes Maschinenkonzept oder auf eine zur Zeit verfügbare bzw. in Entwicklung befindliche Bausteinserie, wodurch eine zusammenfassende Übersicht sehr erschwert wird.

Zwei Hauptziele des vorliegenden Skriptes sind daher eine möglichst einheitliche Beschreibung und - darauf aufbauend - die vergleichende Diskussion von verschiedenartigen Konzepten, die beim Entwurf von Rechenwerken angewandt werden können; die Beschreibung des Zusammenspiels der arithmetischen Einheit mit den anderen Komponenten einer Rechenanlage tritt demgegenüber aus Umfangsgründen etwas in den Hintergrund, doch werden diese Probleme in anderen Büchern über Rechnerarchitektur ausführlich behandelt.

Neben den bekannteren Methoden zur Realisierung von arithmetischen Operationen und speziellen Funktionen (trigonometrische und hyperbolische Funktionen, Logarithmen, Wurzeln usw.) umfaßt das Buch die Untersuchung zahlreicher heute noch wenig gebräuchlicher Ansätze für parallele Operationswerke. Ausführlich diskutiert werden ferner Pipelining-Prinzipien zur Beschleunigung bzw. zur Effizienzsteigerung von arithmetischen Einheiten. Eigene Kapitel befassen sich mit der Arithmetik bei redundanten Zahlendarstellungen sowie mit den in letzter Zeit immer mehr in den Vordergrund des Interesses rückenden Komplexitätsfragen.

Der Entwurf der Algorithmen wird durch Mikroprogramme und Schaubilder veranschaulicht; an zahlreichen Beispielen werden Ablauf und Unterschiedlichkeit der einzelnen Verfahren demonstriert.

Der Aufbau des Skripts orientiert sich am Vorbild mathematischer Vorlesungen. Dies weicht von der üblicherweise bei der Behandlung dieses Sachgebiets gewählten Darstellungsart ab, doch lassen sich die beiden erwähnten Hauptziele "Einheitlichkeit" und "vergleichende Übersicht" nach meiner Ansicht auf diese Weise am besten erreichen. Besondere Vorkenntnisse zum Verständnis des Texts sind nicht erforderlich.

Zu danken habe ich meinen Mitarbeitern Heinz Fuchs, Helmut Jäger und Hartmut Roos, die mich bei der Anfertigung des Manuskripts unterstützt haben, sowie Frl. Maria Vogelgesang für die Programmierung der Beispiele zum CORDIC-Verfahren und Frl. Steffi Neurohr für die Erstellung der druckfertigen Vorlage. Mein Dank gilt ferner dem Teubner-Verlag für gute Zusammenarbeit und rasche Drucklegung.

Saarbrücken, im Mai 1976                    Otto Spaniol

# Inhalt

# 1. Zahlendarstellung

## 1.1 d-näre Stellenwertcodierungen

Bevor wir uns mit Stellenwertcodierungen beschäftigen, definieren wir den Begriff der Zahlendarstellung:

**Definition 1.1.** *Unter einer Zahlendarstellung verstehen wir eine Abbildung $w^{(n,m)}$, die einer Folge $\alpha_{n-1}\ldots\alpha_{-m}$ von Ziffern eine Zahl aus einem Bereich $Q$ (z.B. $\mathbb{N}$, $\mathbb{Z}$, $\mathbb{Q}$) zuordnet. Die Zahlendarstellung ist redundant, wenn es Folgen*

$$\alpha_{n-1}\ldots\alpha_{-m} \neq \beta_{n-1}\ldots\beta_{-m} \quad \textit{gibt mit:}$$

$$w^{(n,m)}(\alpha_{n-1}\ldots\alpha_{-m}) = w^{(n,m)}(\beta_{n-1}\ldots\beta_{-m}) \ .$$

Wenn keine Mißverständnisse möglich sind, lassen wir einen oder beide oberen Indizes von w weg, d.h. $w = w^{(n)} = w^{(n,m)}$.

Im Rahmen dieses Buches wählen wir als zugrundeliegenden Bereich $Q = \mathbb{Q}$. Reelle bzw. komplexe Zahlen brauchen nicht gesondert betrachtet zu werden, da sie durch rationale Zahlen bzw. Paare von rationalen Zahlen approximiert werden können. Wir beschränken uns im folgenden auf Stellenwertcodierungen (für allgemeinere Darstellungen siehe z.B. [Ga2]).

**Definition 1.2.** *Sei $B_d := \{0,\ldots,d-1\}$. Eine Zahlendarstellung*

$$w^{(n,m)} \ : \ \{0,d-1\} \times B_d \times \ldots \times B_d \to Q$$

$$\longmapsto\hspace{-1em}\vert\!\longleftarrow\!\!-\!\!-\!\!-\!(n+m)\!-\!\!-\!\!-\!\!\longrightarrow\!\!\vert$$

*heißt d-näre Stellenwertcodierung (mit $\alpha_{n-1}$ als Vorzeichen), wenn*

1. $$w(\alpha_{n-1}\ldots\alpha_{-m}) = f(\alpha_{n-1}, \sum_{i=-m}^{n-2} \alpha_i \cdot d^i)$$

*wobei* $f(\alpha,\gamma_1) \neq f(\alpha,\gamma_2)$ *für* $\gamma_1 \neq \gamma_2$ *;*

2. $$w(\alpha_{n-1}\ldots\alpha_{-m}) \begin{cases} \geq 0 & \textit{falls } \alpha_{n-1} = 0 \\ \leq 0 & \textit{falls } \alpha_{n-1} \neq 0 \end{cases} .$$

Wegen der Eindeutigkeit der Darstellung einer positiven rationalen

Zahl zur Basis d sind die d-nären Stellenwertcodierungen nicht redundant (abgesehen von der Darstellung der Zahl Null).

Die wichtigsten Eigenschaften von drei d-nären Stellenwertcodierungen werden im folgenden zusammengestellt.

Darstellung durch Betrag und Vorzeichen (B+V)

$$w_{B+V}(\alpha_{n-1}\ldots\alpha_{-m}) := \begin{cases} \sum\limits_{i=-m}^{n-2} \alpha_i d^i & \text{falls } \alpha_{n-1} = 0 \\ -\sum\limits_{i=-m}^{n-2} \alpha_i d^i & \text{falls } \alpha_{n-1} = d-1 \end{cases}.$$

Die Darstellung der Null ist redundant:

$$w_{B+V}(d-1\ 0\ldots0) = w_{B+V}(0\ 0\ldots0) = 0 .$$

Der dargestellte Zahlenbereich $-d^{n-1}+d^{-m} \leq q \leq d^{n-1}-d^{-m}$ ist symmetrisch; die Codierung von $-q$ entsteht aus der von $+q$ durch Änderung des Vorzeichens.

Darstellung im d-Komplement

$$w_d(\alpha_{n-1}\ldots\alpha_{-m}) := \begin{cases} \sum\limits_{i=-m}^{n-2} \alpha_i d^i & \text{falls } \alpha_{n-1} = 0 \\ \sum\limits_{i=-m}^{n-2} \alpha_i d^i - d^{n-1} & \text{falls } \alpha_{n-1} = d-1 \end{cases}.$$

Eigenschaften:

1.   $w_d(\alpha_{n-1}\ldots\alpha_{-m}) < 0$, falls $\alpha_{n-1} = d-1$ .

Die Darstellung ist nichtredundant, da es nur eine Möglichkeit zur Codierung der Null gibt ( $w_d(0\ldots0) = 0$ ).

2. Der dargestellte Zahlenbereich $-d^{n-1} \leq q \leq d^{n-1}-d^{-m}$ ist unsymmetrisch.

3. Mit $\bar{x} := d-1-x$   ($x \in B_d$) wird:

$$w_d(\alpha_{n-1}\ldots\alpha_{-m}) + w_d(\bar{\alpha}_{n-1}\ldots\bar{\alpha}_{-m}) = \sum\limits_{i=-m}^{n-2} (d-1)d^i - d^{n-1} = -d^{-m} ;$$

d.h.   $-w_d(\alpha_{n-1}\ldots\alpha_{-m}) = w_d(\bar{\alpha}_{n-1}\ldots\bar{\alpha}_{-m}) + d^{-m}$

$$= w_d(\bar{\alpha}_{n-1}\ldots\bar{\alpha}_{-m}) + w_d(0\ldots0\ 1) = w_d(\bar{\alpha}_{n-1}\ldots\bar{\alpha}_{-m} + 0\ldots0\ 1) .$$

Die letzte Gleichung gilt nur für $(\alpha_{n-1} \ldots \alpha_{-m}) \neq (d-1\ 0 \ldots 0)$.

Ist $\alpha_{n-1} \ldots \alpha_{-m}$ die Darstellung von q ($q \neq -d^{n-1}$), dann erhält man die Darstellung von -q durch Invertieren aller Ziffern $\alpha_i$ und Addition einer 1 auf die am wenigsten signifikante Stelle.

Beispiel: $-w_{10}(9340200) = w_{10}(0659799 + 0000001) = w_{10}(0659800)$ .

Darstellung im (d-1)-Komplement

$$w_{d-1}(\alpha_{n-1} \ldots \alpha_{-m}) := \begin{cases} \sum\limits_{i=-m}^{n-2} \alpha_i d^i & \text{falls } \alpha_{n-1}=0 \\ \sum\limits_{i=-m}^{n-2} \alpha_i d^i - (d^{n-1}-d^{-m}) & \text{falls } \alpha_{n-1}=d-1 \end{cases}$$

Eigenschaften:

1. $w_{d-1}(0 \ldots 0) = w_{d-1}(1 \ldots 1) = 0$.

2. $w_{d-1}(\bar{\alpha}_{n-1} \ldots \bar{\alpha}_{-m}) + w_{d-1}(\alpha_{n-1} \ldots \alpha_{-m}) = 0$;

d.h. $- w_{d-1}(\alpha_{n-1} \ldots \alpha_{-m}) = w_{d-1}(\bar{\alpha}_{n-1} \ldots \bar{\alpha}_{-m})$ .

Die Darstellung von -q erhält man durch Invertieren aller Ziffern $\alpha_i$ der Codierung von +q.

3. Der dargestellte Zahlenbereich ist symmetrisch.

## 1.2 Einbettung in längere Zahlendarstellungen; Überlaufproblem

Die bisher behandelten Darstellungen lassen sich wegen

$$w_A^{(n,m)}(\alpha_{n-1} \ldots \alpha_{-m})$$

$$= \begin{cases} w_A^{(n+k,m)}(\alpha_{n-1}\ \ 0 \qquad 0\ \alpha_{n-2} \ldots \alpha_{-m}) & \text{falls } A = B+V \\ w_A^{(n+k,m)}(\underbrace{\alpha_{n-1}\alpha_{n-1} \ldots \alpha_{n-1}}_{k}\alpha_{n-2} \ldots \alpha_{-m}) & \begin{array}{l}\text{falls } A = d \\ \text{oder } A = d-1\end{array} \end{cases}$$

in Zahlendarstellungen größerer Länge (und daher mit vergrößertem Darstellungsbereich) einbetten.

Definition 1.3. *Seien* $Q_A^{(n,m)} := \{x \in Q \mid w_A^{(n,m)}(\alpha_{n-1} \ldots \alpha_{-m}) = x\}$;

$min(Q_A^{(n,m)}) := min\ \{x \mid x \in Q_A^{(n,m)}\}$; $max(Q_A^{(n,m)}) := max\ \{x \mid x \in Q_A^{(n,m)}\}$.
*Eine arithmetische Operation* * *liefert einen* <u>Überlauf</u>, *wenn gilt:*

$$a*b \notin [min(Q_A^{(n,m)}),\ max(Q_A^{(n,m)})] \qquad (\ a,b \in Q_A^{(n,m)}\ )\ .$$

Ist $a*b \notin Q_A^{(n,m)}$, aber $a*b \in [\min(Q_A^{(n,m)}), \max(Q_A^{(n,m)})]$, (z.B. bei Multiplikation oder Division), dann kann eine Korrektur durch Rundung zu einer Zahl aus $Q_A^{(n,m)}$ vorgenommen werden (siehe z.B. [Wi1]). Ein echter Überlauf führt zu einem Fehlerstop oder zu einer fehlerhaften Interpretation des Ergebnisses der Operation.

__Lemma 1.1.__  $a,b \in Q_A^{(n,m)} \Rightarrow a \pm b \in Q_A^{(n+k,m)}$   _für alle_ $k \geq 1$.

__Beweis.__  (1)  __Betrag und Vorzeichen:__

$$a,b \in Q_{B+V}^{(n,m)} \Rightarrow 0 \leq |a|,|b| \leq d^{n-1}-d^{-m}$$

$$\Rightarrow |a \pm b| \leq 2(d^{n-1}-d^{-m}) \leq d^n - d^{-m+1} \Rightarrow a \pm b \in Q_{B+V}^{(n+1,m)} \; .$$

(2) __d-Komplement (bzw. (d-1)-Komplement):__

$$a,b \in Q_A^{(n,m)} \Rightarrow -d^{n-1} \overset{(<)}{\leq} a,b \leq d^{n-1}-d^{-m} \Rightarrow -2d^{n-1} \leq a \pm b \overset{(<)}{\leq} 2(d^{n-1}-d^{-m})$$

$$\Rightarrow -d^n \overset{(<)}{\leq} a \pm b \leq d^n - d^{-m+1} \Rightarrow a \pm b \in Q_A^{(n+1,m)} \; .$$

Aus Lemma 1.1 ergibt sich ein einfaches Überlaufkriterium für die Addition bzw. für die Subtraktion.

__Satz 1.2.__  _a) (Überlauferkennung im d- bzw. (d-1)-Komplement durch Vorzeichenverdopplung)_

_Sei_ $\left.\begin{array}{l} w(\alpha_n \alpha_{n-1} \cdots \alpha_{-m}) \\ w(\beta_n \beta_{n-1} \cdots \beta_{-m}) \end{array}\right\} \in Q_A^{(n,m)}$, _d.h._ $\alpha_{n-1} = \alpha_n$, $\beta_{n-1} = \beta_n$ .

_Sei_ $w(\gamma_n \gamma_{n-1} \cdots \gamma_{-m}) = w(\alpha_n \cdots \alpha_{-m}) \pm w(\beta_n \cdots \beta_{-m}) \in Q_A^{(n+1,m)}$ .

_Ein Überlauf (bzgl._ $Q_A^{(n,m)}$_) liegt genau dann vor, wenn_ $\gamma_n \neq \gamma_{n-1}$.

_b)(Überlauferkennung bei Betrag und Vorzeichen)_

_Sei_ $\left.\begin{array}{l} w(\alpha_n \; 0 \; \alpha_{n-2} \cdots \alpha_{-m}) \\ w(\beta_n \; 0 \; \beta_{n-2} \cdots \beta_{-m}) \end{array}\right\} \in Q_{B+V}^{(n,m)}$

$w(\gamma_n \gamma_{n-1} \cdots \cdots \gamma_{-m}) = w(\alpha_n \cdots \alpha_{-m}) \pm w(\beta_n \cdots \beta_{-m}) \in Q_{B+V}^{(n+1,m)}$ .

_Ein Überlauf (bzgl._ $Q_{B+V}^{(n,m)}$_) wird durch_ $\gamma_{n-1} \neq 0$ _erkannt._

## 1.3 Arithmetik bei d-nären Stellenwertsystemen

### 1.3.1 Formale Summe zweier d-närer Zahlen

**Definition 1.4.** *Seien* $\alpha = \alpha_{n-1}\ldots\alpha_{-m}$, $\beta = \beta_{n-1}\ldots\beta_{-m}$ *zwei d-näre Stellenwertzahlen* $(\alpha_i, \beta_i \in B_d, \ \alpha_{n-1}, \beta_{n-1} \in \{0, d-1\})$.

$\gamma := \gamma_n \gamma_{n-1} \cdots \gamma_{-m}$ *heißt* __formale Summe__ *von* $\alpha$ *und* $\beta$ $(\gamma = \alpha + \beta)$,

*wenn* $\qquad \sum\limits_{i=-m}^{n-1} \alpha_i \cdot d^i + \sum\limits_{i=-m}^{n-1} \beta_i \cdot d^i = \sum\limits_{i=-m}^{n} \gamma_i \cdot d^i \qquad (\gamma_i \in B_d)$ .

Die formale Summe zweier d-närer Zahlen ist eindeutig bestimmt. $\gamma_n \in \{0,1\}$ heißt Gesamtübertrag.

### 1.3.2 Addition im d-Komplement

**Satz 1.3.** *Sei* $\alpha = \alpha_{n-1}\ldots\alpha_{-m}$, $\beta = \beta_{n-1}\ldots\beta_{-m}$, $\gamma = \gamma_n\gamma_{n-1}\ldots\gamma_{-m} = \alpha+\beta$.

*Ist* $w_d(\alpha) + w_d(\beta) \in Q_d^{(n,m)}$ *(d.h. liegt keine Überlaufsituation vor), dann gilt:*

$$w_d(\gamma_{n-1}\ldots\gamma_{-m}) = w_d(\alpha) + w_d(\beta).$$

**Beweis.** Wir betten $\alpha$ und $\beta$ in längere Darstellungen ein:

$$\alpha' := \alpha_{n+k-1}\cdots\alpha_n\alpha_{n-1}\cdots\alpha_{-m} \left[\, k \geq 0, \ \begin{array}{l} \alpha_{n+k-1} = \cdots = \alpha_{n-1} \\ \beta_{n+k-1} = \cdots = \beta_{n-1} \end{array} \right]$$
$$\beta' := \beta_{n+k+1}\cdots\beta_n\beta_{n-1}\cdots\beta_{-m}$$

Wegen $w_d^{(n+k)}(\alpha') = w_d^{(n)}(\alpha)$ ergibt sich:

$$w_d^{(n+k)}(\alpha') + w_d^{(n+k)}(\beta') = w_d^{(n)}(\alpha) + w_d^{(n)}(\beta) \in Q_d^{(n,m)} \ .$$

Für die formale Summe $\gamma' = \gamma_{n+k}\gamma_{n+k-1}\cdots\gamma_n\gamma_{n-1}\cdots\gamma_{-m} = \alpha' + \beta'$

gilt daher $\gamma_{n-1} = \gamma_n = \gamma_{n+1} = \cdots = \gamma_{n+k-1}$ ,

d.h. $\qquad w_d^{(n+k)}(\gamma_{n+k-1}\cdots\gamma_{-m}) = w_d^{(n)}(\gamma_{n-1}\cdots\gamma_{-m})$ .

Weiter gilt:

$$w_d^{(n+k)}(\alpha_{n+k-1}\cdots\alpha_{-m}) + w_d^{(n+k)}(\beta_{n+k-1}\cdots\beta_{-m})$$
$$\overset{(*)}{=} [w_d^{(n+k+1)}(0\ \alpha_{n+k-1}\cdots\alpha_{-m}) + w_d^{(n+k+1)}(0\ \beta_{n+k-1}\cdots\beta_{-m})] \bmod d^{n+k}$$

$$= \sum_{i=-m}^{n+k} \gamma_i d^i \bmod d^{n+k} = \sum_{i=-m}^{n+k-1} \gamma_i d^i \bmod d^{n+k}$$

$$= w_d^{(n+k+1)} (0 \ \gamma_{n+k-1} \cdots \gamma_{-m}) \bmod d^{n+k}$$

$$\overset{(*)}{=} w_d^{(n+k)} (\gamma_{n+k-1} \cdots \gamma_{-m}) \bmod d^{n+k}$$

$$= w_d^{(n)} (\gamma_{n-1} \cdots \gamma_{-m}) \bmod d^{n+k}$$

$$= w_d^{(n)} (\gamma_{n-1} \cdots \gamma_{-m}) \qquad \text{(da } k \geq 0 \text{ beliebig) .}$$

Die Gleichungen (*) gelten wegen:

$$w_d^{(n+1)} (0 \ \gamma_{n-1} \cdots \gamma_{-m}) = w_d^{(n)} (\gamma_{n-1} \cdots \gamma_{-m}) \bmod d^n .$$

Die Behauptung ist damit bewiesen.

Addierschema im d-Komplement mit Überlauferkennung:

$$\alpha = \alpha_{n-1} \alpha_{n-1} \alpha_{n-2} \cdots \alpha_{-m} \qquad \gamma_n \neq \gamma_{n-1} \leftrightarrow \text{Überlauf bzgl. } Q_d^{(n,m)} ;$$

$$\beta = \beta_{n-1} \beta_{n-1} \beta_{n-2} \cdots \beta_{-m} \qquad \gamma_n = \gamma_{n-1} \leftrightarrow w_d(\alpha) + w_d(\beta)$$

$$\gamma = \gamma_n \ \gamma_{n-1} \gamma_{n-2} \cdots \gamma_{-m} \qquad \qquad \qquad = w_d(\gamma_{n-1} \cdots \gamma_{-m}) .$$

Beispiele:   d = 10 .

1)  $\alpha$ =   993278   $\hat{=}$ – 6722     2)   $\alpha$ =   995213   $\hat{=}$ –  4787

   $\beta$ =   007945   $\hat{=}$ + 7945        $\beta$ =   993174   $\hat{=}$ –  6826

   $\gamma$ = 1001223   $\hat{=}$ + 1223        $\gamma$ = 1988387   $\hat{=}$ – 11613

       kein Überlauf              Überlauf bzgl. $Q^{(5,0)}$

                                  kein Überlauf bzgl. $Q^{(6,0)}$ .

## 1.3.3  Addition im (d-1)-Komplement

Die Addition im (d-1)-Komplement erfolgt wie im d-Komplement durch
Bildung der formalen Summe der beiden Summanden.

Der Gesamtübertrag wird auf die am wenigsten signifikante Stelle
aufaddiert (End-Around-Carry, Berechnung einer weiteren formalen
Summe). Ein neuer Gesamtübertrag entsteht dadurch nicht:

<u>Satz 1.4.</u> *Sei* $\alpha = \alpha_{n-1} \cdots \alpha_{-m}$, $\beta = \beta_{n-1} \cdots \beta_{-m}$, $\gamma = \gamma_n \gamma_{n-1} \cdots \gamma_{-m} = \alpha+\beta$.

*Ist* $\quad w_{d-1}(\alpha) + w_{d-1}(\beta) \in Q_{d-1}^{(n,m)}$, *dann gilt:*

a) $\quad \gamma_{n-1} \cdots \gamma_{-m} + 0\ 0 \ldots 0\ \gamma_n = \gamma_n^* \gamma_{n-1}^* \cdots \gamma_{-m}^*$ *mit* $\gamma_n^* = 0$ .

b) $\quad w_{d-1}(\gamma_{n-1}^* \cdots \gamma_{-m}^*) = w_{d-1}(\alpha) + w_{d-1}(\beta)$ .


<u>Beweis.</u>  a) Annahme: $\gamma_n^* \neq 0 \Rightarrow \gamma_n = 1$; $\gamma_{n-1} = \ldots \gamma_{-m} = d-1$

$$\Rightarrow \sum_{i=-m}^{n-1} \alpha_i d^i + \sum_{i=-m}^{n-1} \beta_i d^i \leq 2(d^n - d^{-m}) < 2 \cdot d^n - d^{-m} = \sum_{i=-m}^{n} \gamma_i d^i$$

$$\Rightarrow \alpha + \beta \neq \gamma \quad \text{(Widerspruch)} .$$

b) Mit den Bezeichnungen von Satz 1.3 wird:

$$w_{d-1}^{(n)}(\alpha) + w_{d-1}^{(n)}(\beta) = w_{d-1}^{(n+k)}(\alpha') + w_{d-1}^{(n+k)}(\beta')$$

$$= [w_{d-1}^{(n+k+1)}(0\alpha_{n+k-1} \cdot \alpha_{-m}) + w_{d-1}^{(n+k+1)}(0\beta_{n+k-1} \cdot \beta_{-m})] \bmod (d^{n+k} - d^{-m})$$

$$= \sum_{i=-m}^{n+k} \gamma_i d^i \bmod (d^{n+k} - d^{-m})$$

$$= [\sum_{i=-m}^{n+k-1} \gamma_i d^i + \gamma_{n+k} d^{-m}] \bmod (d^{n+k} - d^{-m})$$

$$= w_{d-1}^{(n+k)} \begin{bmatrix} \gamma_{n+k-1} \cdots \gamma_{-m} \\ + 0 \quad \cdots \gamma_{n+k} \end{bmatrix} \bmod (d^{n+k} - d^{-m})$$

$$= w_{d-1}^{(n)} \begin{bmatrix} \gamma_{n-1} \cdots \gamma_{-m} \\ + 0 \ \cdots \gamma_n \end{bmatrix} \bmod (d^{n+k} - d^{-m}) = w_{d-1}^{(n)} \begin{bmatrix} \gamma_{n-1} \cdots \gamma_{-m} \\ + 0 \ \cdots \gamma_n \end{bmatrix}$$

$$= w_{d-1}^{(n)}(\gamma_{n-1}^* \cdots \gamma_{-m}^*) .$$


<u>Addierschema im (d-1)-Komplement mit Überlauferkennung:</u>

$$\begin{array}{ll}
\alpha = & \alpha_{n-1}\alpha_{n-1}\alpha_{n-2} \cdots \cdot \alpha_{-m} \\
\beta = & \beta_{n-1}\beta_{n-1}\beta_{n-2} \cdots \cdot \beta_{-m} \\
\gamma = & \gamma_{n+1}\ \gamma_n\ \gamma_{n-1}\gamma_{n-2} \cdots \cdot \gamma_{-m} \\
\\
\gamma^* = & \gamma_n^*\ \gamma_{n-1}^*\gamma_{n-2}^* \cdots \cdot \gamma_{-m}^*
\end{array}$$

$\gamma_n^* \neq \gamma_{n-1}^* \Leftrightarrow$ Überlauf bzgl. $Q_{d-1}^{(n,m)}$ ;

$\gamma_n^* = \gamma_{n-1}^* \Leftrightarrow w_{d-1}(\alpha) + w_{d-1}(\beta)$

$\qquad\qquad = w_{d-1}(\gamma_{n-1}^* \cdots \gamma_{-m}^*)$ .

**Beispiele:** $d = 10$ .

1) $\alpha = 993278 \quad \hat{=} - 6721$ 　2) $\alpha = 005413$

　$\beta = 007951 \quad \hat{=} + 7951$ 　　　　$\beta = 008179$

　$\gamma = 1001229$ 　　　　　　　$\gamma = 013592$

　$\gamma^* = 001230 \quad \hat{=} + 1230$ 　Überlauf bzgl. $Q_{d-1}^{(5, 0)}$

　　kein Überlauf . 　　　　kein Überlauf bzgl. $Q_{d-1}^{(6, 0)}$ .

## 1.3.4  Addition bei Zahlendarstellung durch Betrag und Vorzeichen

Seien $\alpha = \alpha_{n-1} \, 0 \, \alpha_{n-2} \cdots \alpha_{-m}$ und $\beta = \beta_{n-1} \, 0 \, \beta_{n-2} \cdots \beta_{-m}$ zwei durch
B+V dargestellte Summanden. Wir suchen ein Verfahren zur Berech-
nung von $\gamma = \gamma_n \gamma_{n-1} \gamma_{n-2} \cdots \gamma_{-m}$ mit $w_{B+V}(\gamma) = w_{B+V}(\alpha) + w_{B+V}(\beta)$.
Eine naheliegende Methode (siehe z.B. [Ho1]) addiert die "Beträge"
$\alpha_{n-2} \cdots \alpha_{-m}$ und $\beta_{n-2} \cdots \beta_{-m}$, falls $\alpha_{n-1} = \beta_{n-1}$, und subtrahiert den
kleineren vom größeren Betrag, wenn $\alpha_{n-1} \neq \beta_{n-1}$. Ein Überlauf kann
nur im ersten Fall auftreten; er wird durch $\gamma_{n-1} \neq 0$ angezeigt.
Dieses Verfahren erfordert neben einigen Fallunterscheidungen die
Berechnung des Betragsmaximums (bei Summanden mit unterschied-
lichem Vorzeichen).

Eine geeignetere Methode (siehe 1.3.5) transformiert zunächst beide Summanden ins (d-1)-Komplement, führt dort die Addition aus und
wandelt das Ergebnis wieder in Betrag und Vorzeichen um.

## 1.3.5  Übergang zu einer anderen Zahlendarstellung

Die betrachteten d-nären Stellenwertcodierungen unterscheiden sich
nur in der Darstellung negativer Zahlen. Es gilt:

1. $w_{B+V}[d-1 \; \alpha_{n-2} \cdots \alpha_{-m}] = w_{d-1}[d-1 \; \bar{\alpha}_{n-2} \cdots \bar{\alpha}_{-m}] = w_d\Big[d-1 \; \bar{\alpha}_{n-2} \cdots \underset{+1}{\bar{\alpha}}_{-m}\Big]$

2. $w_{d-1}[d-1 \; \alpha_{n-2} \cdots \alpha_{-m}] = w_{B+V}[d-1 \; \bar{\alpha}_{n-2} \cdots \bar{\alpha}_{-m}] = w_d\Big[d-1 \; \alpha_{n-2} \cdots \underset{+1}{\alpha}_{-m}\Big]$

3. $w_d[d-1 \; \alpha_{n-2} \cdots \alpha_{-m}] = w_{d-1}\Big[d-1 \; \alpha_{n-2} \cdots \underset{-1}{\alpha}_{-m}\Big] = w_{B+V}\Big[d-1 \; \bar{\alpha}_{n-2} \cdots \underset{+1}{\bar{\alpha}}_{-m}\Big]$

　　　　　　　　(falls $d-1 \; \alpha_{n-2} \cdots \alpha_{-m} \neq d-1 \; 0..0$) .

Der gleichgroße Darstellungsbereich für das (d-1)-Komplement bzw.
für B+V und das einfache Transformationsverfahren zwischen diesen
beiden Codierungen ermöglicht folgende B+V-Additionsmethode:

Addition zweier B+V-Summanden:

$$\left.\begin{array}{l} \alpha = \alpha_{n-1}\cdots\cdots\alpha_{-m} \\ \beta = \beta_{n-1}\cdots\cdots\beta_{-m} \end{array}\right] \longrightarrow \left.\begin{array}{l} \alpha^* = \alpha_{n-1}\alpha^*_{n-2}\cdots\cdot\alpha^*_{-m} \\ \beta^* = \beta_{n-1}\beta^*_{n-2}\cdots\cdot\beta^*_{-m} \\ \hline \varepsilon = \varepsilon_n\varepsilon_{n-1}\varepsilon_{n-2}\cdots\cdot\varepsilon_{-m} \end{array}\right\} \begin{array}{l}\text{Addition} \\ \text{im } (d-1)- \\ \text{Komplement}\end{array}$$

$$\delta_{n-1}\delta^*_{n-2}\cdots\delta^*_{-m} \longleftarrow \qquad \delta_{n-1}\delta_{n-2}\cdots\cdot\delta_{-m}$$

$$\text{wobei} \quad \alpha^*_i := \begin{cases} \alpha_i & \text{falls } \alpha_{n-1} = 0 \\ d-1 - \alpha_i & \text{falls } \alpha_{n-1} = d-1 \end{cases} \qquad (\beta^*_i, \delta^*_i \ \text{analog}).$$

Wenn kein Überlauf aufgetreten ist (was wir durch Verlängerung der Codierung um eine zusätzliche Stelle erkennen können), gilt:

$$w_{B+V}(\alpha) + w_{B+V}(\beta) = w_{B+V}(\delta_{n-1}\delta^*_{n-2}\cdots\delta^*_{-m}) .$$

Beispiele: $d = 10$ .

1) $\begin{array}{r} - 7681 \\ + 2435 \\ \hline \\ - 5246 \end{array}$ $\left.\begin{array}{l} \alpha = 907681 \\ \beta = 002435 \end{array}\right] \rightarrow \begin{array}{r} 992318 \\ 002435 \\ \hline 0994753 \\ \hline \end{array}$ $905246 \leftarrow 994753$

2) $\begin{array}{r} - 1248 \\ + 4358 \\ \hline \\ + 3110 \end{array}$ $\left.\begin{array}{l} \alpha = 901248 \\ \beta = 004358 \end{array}\right] \rightarrow \begin{array}{r} 998751 \\ 004358 \\ \hline 1003109 \\ \hline \end{array}$ $003110 \leftarrow 003110$

## 1.4 Andere Zahlendarstellungen

Neben den bisher behandelten d-nären Stellenwertcodierungen sind andere Darstellungsarten untersucht worden, die für spezielle Anwendungen vorteilhaft sein können. Diese weniger gebräuchlichen Darstellungen haben jedoch meist den schwerwiegenden Nachteil, daß ihre Anwendung bei den Operationen, auf die sie nicht zugeschnitten sind, außerordentlich kosten- und zeitaufwendig ist.

### 1.4.1 Redundante Zahlendarstellung (vgl. 5.1-5.3)

Hier handelt es sich um eine redundante Stellenwertcodierung, bei der auch negative Ziffern $\alpha_i$ zugelassen sind. Ein Übertrag bei einer Addition (Subtraktion) wird durch die Redundanzen in der nächsten Stelle aufgefangen, kann sich also nicht wie bei den in 1.1 behandelten d-nären Stellenwertcodierungen über alle Positionen fortpflanzen. Die Additionslaufzeit (und damit die Laufzeit von Operationen, die sich auf die Addition zurückführen lassen, z.B. die Multiplikation) wird dadurch im Mittel erheblich reduziert. Ein erhöhter Aufwand ist dagegen erforderlich für Überlauferkennung und für Dekonvertierung (Umwandlung einer redundanten in eine nicht redundante Darstellung).

Es gibt Algorithmen, z.B. die SRT-Division (vgl. 5.5), welche die Vorteile der d-nären Stellenwertcodierungen mit den Vorzügen einer redundanten Zahlendarstellung kombinieren.

## 1.4.2 Residuenarithmetik ([Ga1], [Ba1], [Ba2], [Sa3])

Zahlen werden bei dieser Art der Darstellung durch ihre Restklassen nach verschiedenen Primzahlmoduln codiert; dadurch verkürzt sich die Additions (Subtraktions)- bzw. Multiplikationszeit gegenüber den bisher besprochenen Zahlensystemen, da nur die (erheblich kleineren) Restklassen addiert bzw. multipliziert werden müssen, was für alle Restklassen parallel durchgeführt werden kann. Der Zeitgewinn wird aber teuer bezahlt, da die Bestimmung des Vorzeichens, die Division, die Entdeckung von Überlaufsituationen, die Skalierung und die Konvertierung bzw. Dekonvertierung äußerst aufwendig sind. Es ist zweifelhaft, ob sich die zur Zeit bekannten Algorithmen zur Lösung dieser Probleme wesentlich verbessern (d.h. beschleunigen und/oder verbilligen) lassen. Sollte dies nicht möglich sein, dann lohnt sich die Anwendung der Residuenarithmetik höchstens für eine sehr eingeschränkte Klasse von Aufgaben (z.B. für Probleme, bei denen das Vorzeichen aller Operanden und Ergebnisse bekannt ist, die ferner divisionsfrei sind und bei denen von vornherein feststeht, daß keine Überlaufsituationen auftreten können).

## 1.5 Basiswahl, Register, Schaltwerke, Mikroprogramme

### 1.5.1 Optimale Basiswahl

Die Operanden von arithmetischen Operationen, ihr Ergebnis sowie bei komplizierteren Operationen auch Zwischenergebnisse werden in Registern einer festen Wortlänge abgespeichert. Für ein d-näres Register $R$ der Länge $n$ verwenden wir die Schreibweise:

$$R = [R_{n-1}, \ldots, R_0] \; \hat{=} \; \boxed{R_{n-1} \mid R_{n-2} \mid \cdots \cdots \mid R_0} \quad (R_i \in B_d) \; .$$

R kann $d^n$ verschiedene Zustände annehmen, d.h. zur Darstellung von
höchstens $d^n$ verschiedenen Zahlen verwendet werden. Die maximale
Zustandszahl reduziert sich auf $2 \cdot d^{n-1}$, wenn $R_{n-1}$ als Vorzeichen
interpretiert wird.

**Lemma 1.5.** *Sind die Kosten C eines Registers proportional zur
Länge n und zur Basis d, d.h. C = const $\cdot$ d$\cdot$n, dann entstehen die
geringsten Kosten zur Darstellung von M Zahlen (M $\to \infty$) für die Basis d = e = 2,71... .
Unter den ganzzahligen Basen ist d=3 optimal. Die Kosten für d=2
und d=4 sind gleich und geringfügig höher als die für d=3.*

**Beweis.** Für große M gilt näherungsweise: $d^n = M$, d.h. $n = \frac{\log M}{\log d}$ .
Die Gesamtkosten $C = C(d) = const \cdot d \cdot \frac{\log M}{\log d}$ werden für d=e minimal.

In der Praxis wird zur Zeit ausschließlich mit binären Registern
gearbeitet. Neben technischen Restriktionen (andere Register sind
nicht verfügbar bzw. viel zu teuer) ist für diese Wahl auch der
Gesichtspunkt der Zuverlässigkeit von Bedeutung. d-näre Schaltelemente sind im allgemeinen störanfälliger als binäre. Man muß daher d-näre Ziffern durch eine Folge von binären Ziffern codieren;
dies ist nur für $d = 2^k$ (k $\in$ N) ohne Verluste möglich. Aus diesem
Grund gehen nahezu alle Algorithmen für arithmetische Operationen
von einer Darstellung der Operanden und Ergebnisse zur Basis
$d = 2^k$ aus.

1.5.2 <u>Realisierung von arithmetischen Algorithmen,Mikroprogramme</u>

Algorithmen für arithmetische Operationen werden durch Schaltkreise bzw. durch Schaltwerke realisiert. Schwerpunkt des vorliegenden Buches ist die Beschreibung effizienter Algorithmen. Auf die
Steuerung von Schaltkreisen bzw. Schaltwerken können wir hier
nicht eingehen (siehe z.B. [Hu1], [Le3], [Kl1]).

Schaltwerke lassen sich durch Mikroprogramme sehr übersichtlich
beschreiben. Jede Zeile eines Mikroprogramms entspricht einem Takt
des Schaltwerks. Sie enthält in einer ALGOL-ähnlichen Notation alle Operationen, die das Schaltwerk in diesem Takt ausführt (bedingte Registertransfers; Veränderung von Zählerständen; Zuwei-
sungen von Konstanten an Register usw.). Alle Anweisungen einer
Mikroprogrammzeile werden parallel ausgeführt. Dies impliziert,

daß die Anweisungen einer Zeile in sich widerspruchsfrei sein müssen, z.B. sind Mehrfachzuweisungen an eine Registerposition unzulässig, sofern sie nicht bedingt sind und die Bedingungen sich gegenseitig ausschließen. Eine Mikroprogrammzeile enthält ferner einen Verweis auf die Zeile, die die im nächsten Takt auszuführenden Schaltwerksoperationen enthält. Die meisten Mikroprogramme enthalten Schleifen (Mehrfachdurchlaufen verschiedener Takte). Spezielle Registerinhalte oder Zählerstände können als Kriterium zum Verlassen einer Schleife oder zum Beenden des Mikroprogramms herangezogen werden.

## 1.6 Fest- und Gleitkommadarstellung

### 1.6.1 Festkomma

Eine d-näre Stellenwertcodierung $w^{(n,m)}$ (vgl. Definition 1.2) bezeichnen wir auch als Festkommadarstellung (Komma nach der n-ten Stelle von links). Besonders häufig gebraucht werden die Codierungen $w^{(n,0)}$ (Komma nach der letzten Stelle, Darstellung von integer-Zahlen) und $w^{(1,n-1)}$ (Darstellung von rationalen Zahlen aus dem Intervall [-1:1) in einem Register der Länge n. Eine Veränderung der Kommastellung bezeichnet man als Skalierung; sie entspricht der Multiplikation mit einer Potenz der Basis d und kann durch Links- bzw. Rechtsshifts des Registers vorgenommen werden. Zahlen, die nicht in einem Festkommaregister dargestellt werden können, müssen zunächst skaliert werden; bei Gleitkommadarstellung erfolgt dies automatisch.

### 1.6.1.1 Überlauf- und Skalierungsprobleme bei Festkommadarstellung

### 1. Addition bzw. Subtraktion

Überlaufsituationen können durch eine zusätzliche Registerposition erkannt und durch Skalierung beseitigt werden. An Operanden vorgenommene Skalierungen beeinflussen den Ablauf und das Ergebnis von arithmetischen Operationen. In Figur 1.1 muß der Summand c skaliert werden, weil er zu einem skalierten Summanden (a+b) addiert wird. Außerdem verursacht die Skalierung Rundungsfehler, wenn die aus einem Register herausfallenden Positionen nicht gespeichert und in die Arithmetik einbezogen werden. Diese Probleme gaben Anlaß zur Einführung der Gleitkommaarithmetik.

## 2. Multiplikation (Figur 1.2)

Das Produkt zweier n-stelliger Zahlen (n>1) hat die Länge 2n. Das Register $MP^{(1)}$ enthält die signifikantesten Positionen des Produkts.

Eine <u>integer</u>-Multiplikation liefert einen Überlauf, wenn das Produkt nicht in dem Register $\left(MP^{(1)}, MP^{(2)}\right)$ untergebracht werden kann. Nimmt man an, daß die Faktoren über dem Darstellungsbereich gleich verteilt sind, dann endet im Mittel jede zweite Multiplikation mit einem Überlauf.

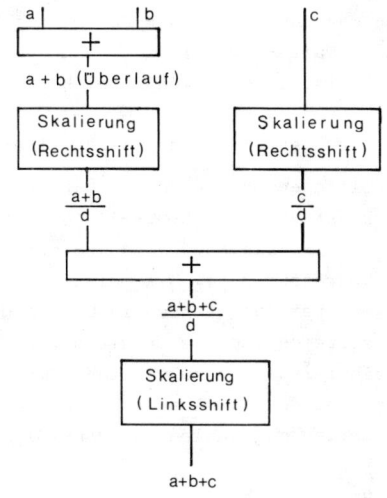

Figur 1.1

Bei Verwendung der Zahlendarstellung $w^{(1,n-1)}$ kann ein Überlauf nicht auftreten. Um eine höhere Genauigkeit zu erzielen, kann es zweckmäßig sein, mit dem doppeltlangen Produkt weiterzurechnen; z.B. dann, wenn das Produkt als Dividend bei einer Division auftritt. Die Verkürzung des Produkts auf einfache Länge erfolgt durch Weglassen von $MP^{(2)}$ und eine Rundung von $MP^{(1)}$ (Korrektur der am wenigsten signifikanten Stellen von $MP^{(1)}$ in Abhängigkeit von $MP_{n-1}^{(2)}$); siehe dazu auch 3.1.

## 3. Division

Viele Fallunterscheidungen sowie Skalierungen von Dividend und/oder Divisor sind erforderlich, um den Quotienten mit hinreichender Genauigkeit berechnen zu können. Der Skalierungsaufwand ist abhängig von der gewählten Zahlendarstellung.

Die meisten Algorithmen (vgl. Kapitel 4) gehen von der Zahlendarstellung $w^{(1,n-1)}$ aus.

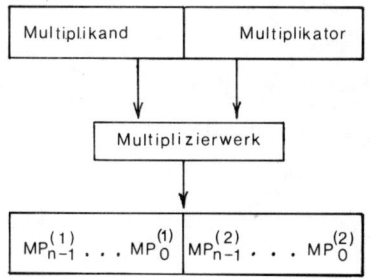

Figur 1.2

Wenn man den Dividenden DD und den Divisor DR so skaliert, daß
$0 \leq |w(DD)| < |w(DR)| \leq 1$, dann gilt $0 \leq \frac{|w(DD)|}{|w(DR)|} < 1$; der Quotient
liegt also im gleichen Bereich wie der Dividend und der Divisor.

## 1.6.1.2 Verteilung der darstellbaren Zahlen

Die Differenz zweier benachbarter darstellbarer Festkommazahlen
ist konstant (Gleichverteilung über dem Darstellungsbereich). Be-
tragskleine Zahlen werden aber erfahrungsgemäß häufiger benutzt
als betragsgrößere. Die meisten Programmierer versuchen, die Größe
der auftretenden Zahlen zu begrenzen oder einen größeren Darstellungsbereich (double precision) zu verwenden, um nicht in eine
Überlaufsituation zu geraten. Von Vorteil ist daher eine Darstellung, bei der die Abstände benachbarter darstellbarer Zahlen mit
dem Betrag der Zahlen wachsen (Gleitkommaarithmetik).

## 1.6.2 Gleitkommadarstellung

## 1.6.2.1 Definition und Rechenregeln

Zur automatischen Behandlung der bei Festkommaoperanden bzw. -er-
gebnissen auftretenden Skalierungsprobleme wurde etwa 1940 die
Gleitkommarechnung eingeführt.

**Definition 1.5.** *1. $(a,e,d)$ heißt <u>(nichtnormalisierte) Gleitkomma-
darstellung</u> von $z \in R$ zur Basis $d$, wenn gilt: $z = a \cdot d^e$ ($e \in \mathbf{Z}$).
$a$ bezeichnet man als <u>Mantisse</u>, $e$ als <u>Exponent</u>.*

*2. $(a,e,d)$ heißt <u>normalisierte Gleitkommadarstellung</u> von $z \in R$*

$$\Leftrightarrow z = \begin{cases} a \cdot d^e & e \in \mathbf{Z}, \ \frac{1}{d} \leq |a| < 1 \quad falls \ z \neq 0 \\ 0 \cdot d^e & falls \ z = 0 \ . \end{cases}$$

Rechenregeln für d-näre Gleitkommazahlen:

1.      $(a_1,e_1,d) \cdot (a_2,e_2,d) = (a_1 \cdot a_2, e_1+e_2, d)$ ;

2.      $(a_1,e_1,d)/(a_2,e_2,d) = (a_1/a_2, e_1-e_2, d)$ ;

3.      $(a_1,e_1,d) \pm (a_2,e_2,d) = \begin{cases} (a_1 \pm a_2 \cdot d^{-(e_1-e_2)}, e_1, d) \ falls \ e_1 \geq e_2 \\ (a_1 \cdot d^{-(e_2-e_1)} \pm a_2, e_2, d) \ falls \ e_1 < e_2 \ . \end{cases}$

Bei Addition bzw. Subtraktion müssen zunächst die Exponenten durch
$|e_1-e_2|$ Rechtsshifts der Mantisse des Summanden mit dem kleineren

Exponenten einander angeglichen werden (Präshifts). Skalierungsaufwand und Rundungsfehler sind bei diesen Operationen höher als
bei Multiplikation bzw. Division (vgl. [Wi1]).

### 1.6.2.2 Normalisierung

Eine automatische Skalierung mit gleichzeitiger Rundungsfehlerkon-
trolle ist nur in normalisierter Darstellung möglich. Während es
unendlich viele nichtnormalisierte Gleitkommaformen für $z \in \mathbb{R}$ gibt,
ist die normalisierte Darstellung für $z \neq 0$ eindeutig bestimmt.

Mantisse und Exponent einer normalisierten Gleitkommazahl werden
meist in eigenen Registern der Länge n bzw. h gespeichert. Im allgemeinen ist h wesentlich kleiner als n; wenn nur Register der Länge n zur Verfügung stehen, kann man die freien Positionen des Ex-
ponentenregisters zur Erhöhung der Wortlänge (d.h. der Genauigkeit
der Mantisse) verwenden (vgl. 1.6.3.3).

Als Zahlendarstellung für Mantisse bzw. Exponent werden meist die
Codierungen $w^{(1,n-1)}$ bzw. $w^{(h,0)}$ benutzt; ob das $(d-1)$-Komplement,
das d-Komplement oder die Darstellung durch Betrag und Vorzeichen
gewählt wird, hängt von der Maschinenkonfiguration und von der auszuführenden arithmetischen Operation ab.

Aufgrund dieser Vereinbarungen ergibt sich:

1.     $\frac{1}{d} \leq |a| \leq 1 - \frac{1}{d^{n-1}}$ für alle von uns behandelten Stellen-
wertcodierungen.

Bemerkung: Im d-Komplement ist a = -1 möglich; dieser Wert wird je-
doch wegen $|a| \overset{!}{<} 1$ zu $a = \frac{1}{d}$ normalisiert.

2.     $e \in E := [e_{min} : e_{max}]$ mit $e_{min}, e_{max} \in \mathbb{Z}$.

Wir verlangen, daß jede ganze Zahl aus dem Intervall E in einem
Register der Länge h darstellbar sein soll,

d.h.     $e_{max} - e_{min} \leq 2 \cdot d^{h-1} - 1$

(die erste Registerposition kann nur 2 verschiedene Werte annehmen).

### 1.6.2.2.1 Pränormalisierung; Exponent-Überlauf und -Unterlauf

Wegen $(a,e,d) = (a \cdot d, e-1, d) = (a/d, e+1, d)$ läßt sich jede Gleitkommazahl $z \overset{\wedge}{=} (a,e,d)$ mit $z \neq 0$ durch eine Folge von d-nären Links-
(Rechts-)Shifts der Mantisse und gleichzeitiger Erniedrigung (Erhöhung) des Exponenten normalisieren, sofern der Exponentenbereich

unbeschränkt ist. Die Beschränkung des Exponenten auf das Intervall $[e_{min} : e_{max}]$ kann sich in zweifacher Weise auswirken:

## 1. Exponent-Überlauf

Ein Exponent-Überlauf liegt genau dann vor, wenn gilt:

$$z \triangleq (a,e,d) \text{ mit } |a| \geq 1, e = e_{max} .$$

Die Gleitkommazahl kann in den Grenzen des Zahlendarstellungsbereichs nicht mehr normalisiert werden: Fehlerstop $z := \infty$.

## 2. Exponent-Unterlauf

$$z \triangleq (a,e,d) \text{ mit } |a| < \frac{1}{d}, e = e_{min}, \text{ d.h. } |z| < d^{e_{min}-1} .$$

Der Betrag von z ist kleiner als der jeder anderen darstellbaren Zahl (außer 0). Ist daher $z \neq 0$, dann kann man z als unendlich kleine Größe $\varepsilon$ mit $sign(\varepsilon) = sign(z)$ betrachten. Für $\varepsilon$ und die bei Überlauf auftretende Größe $\infty$ gelten eigene naheliegende Rechenregeln (siehe z.B. [Bu1]). Eine weitere einfache Lösung des Unterlaufproblems ist die Rundung zur betragskleinsten benachbarten Zahl $\neq 0$, d.h. zu $z_{min} := (sign(z) \cdot \frac{1}{d}, e_{min}, d)$. Bei jeder automatischen Korrektur einer Unterlaufsituation sollte aber eine Meldung an den Benutzer gegeben werden.

### 1.6.2.2.2 Postnormalisierung, "Dirty zero"

Wenn wir nur die normalisierte Darstellung verwenden, muß das Ergebnis einer arithmetischen Operation a*b durch eine Reihe von (Post-)Shifts normalisiert werden:

## 1. Multiplikation bzw. Division

a. $(a_1,e_1,d) \cdot (a_2,e_2,d)$

$$= \begin{cases} (a_1 \cdot a_2, e_1+e_2, d) & \text{falls } \frac{1}{d} \leq |a_1 \cdot a_2| < 1 \text{ und } e_1+e_2 \in E \\ (a_1 \cdot a_2 \cdot d, e_1+e_2-1, d) & \text{falls } \frac{1}{d^2} \leq |a_1 \cdot a_2| < \frac{1}{d} \text{ und } e_1+e_2-1 \in E \\ z_{min} & \text{falls } e_1+e_2 < e_{min} \text{ (Unterlauf)} \\ \infty & \text{sonst (Überlauf) .} \end{cases}$$

b. $\quad (a_1,e_1,d)/(a_2,e_2,d)$

$$= \begin{cases} (a_1/a_2,e_1-e_2,d) & \text{falls } \frac{1}{d} < |a_1/a_2| < 1 \text{ und } e_1-e_2 \in E \\ (a_1/a_2 \cdot \frac{1}{d}, e_1-e_2+1,d) & \text{falls } 1 \leq |a_1/a_2| < d \text{ und } e_1-e_2+1 \in E \\ \infty & \text{falls } e_1-e_2 > e_{max} \quad \text{(Überlauf)} \\ z_{min} & \text{sonst (Unterlauf)} \end{cases}$$

Zur Normalisierung (sofern sie überhaupt möglich ist) reicht also bei diesen beiden Operationen ein einziger Postshift aus.

## 2. Addition bzw. Subtraktion

Hier können sich die Summanden gegenseitig teilweise oder ganz auslöschen. Die Anzahl der Normalisierungsshifts ist abhängig von der Exponentendifferenz und vom Vorzeichen der Summanden.

Beispiel: $\quad a = \quad (0.99999994,17,10) = (0.09999999,18,10)$
$\qquad\quad b = \quad (0.10000002,18,10)$
_____
$\qquad a-b = (- 0.00000003,18,10) = (-0.3,11,10) \quad .$

Die Rundungsfehler bei Teilauslöschung sind besonders groß (siehe [Wi1]). Ein Weiterrechnen mit solchen Ergebnissen liefert oft sehr ungenaue und fragwürdige Resultate.

Die Teilauslöschung ist besonders stark, wenn die Exponenten beider Summanden gleich sind und die Summanden entgegengesetztes (Addition) bzw. gleiches Vorzeichen (Subtraktion) haben. Im Extremfall tritt eine totale Auslöschung ein ("dirty zero"):

$$(a,e,d) - (a,e,d) = (0,e,d) \quad .$$

Diese Zahl darf nicht ohne weiteres als Null interpretiert werden; das einzige, was wir über sie wissen, ist die Beziehung

$$- d^{e-(n-1)} < (0,e,d) < + d^{e-(n-1)} \quad .$$

Falls $e_{max} \gg n$ und $e \approx e_{max}$, kann $(0,e,d)$ in einem ungeheuer großen Bereich liegen ($d=2$, $n=60$, $e=128 \Rightarrow -2^{69} < (0,e,d) < 2^{69}$).

Es gibt eine Menge weiterer "dirty zero"-Probleme, auf die hier nicht eingegangen werden kann (siehe dazu [Bu1]).

### 1.6.3 Basiswahl bei Gleitkommadarstellungen

Neben der Basis d einer Gleitkommazahl z = (a,e,d) sind die Basen $d_a$ und $d_e$ der internen Darstellung von Mantisse bzw. Exponent festzulegen.

Wenn Mantissenoperationen (Multiplikation mit d bzw. Division durch d) durch Shifts der Mantisse vorgenommen werden können, erhält man $d = d_a^r$ (r $\in$ $\mathbb{N}$), ein d-närer Shift wird also durch r Shifts zur Basis $d_a$ ersetzt. Da nahezu ausschließlich Basen der Form $d = 2^k$ (k $\in$ $\mathbb{N}$) verwendet werden, bedeutet dies:

$$d_a = 2^u, \quad d = 2^k = d_a^r \qquad (k = u \cdot r, \; k,u,r \in \mathbb{N}).$$

### 1.6.3.1 Basis $d_e$ des Exponenten

Änderungen des Exponenten (Addition bzw. Subtraktion kleiner ganzer Zahlen) sind mit Mantissenoperationen gekoppelt. Üblich ist daher:

$$d_e = 2 \quad \text{oder aber:} \quad d_e = d_a = 2^u \quad (u \in \mathbb{N}) \; .$$

Die Zahlendarstellung des Exponenten wird so gewählt, daß sich nahezu ebenso viele (und ebenso große) positive wie negative Exponenten darstellen lassen. Mit einem binären Register der Länge h und bei Zahlendarstellung im 2-Komplement ergibt sich für E:

$$E = [e_{min} : e_{max}] = [-2^{h-1} : 2^{h-1}-1] \quad \text{(Exponentenbereich)} \; .$$

### 1.6.3.2 Basis der Mantisse und der Gleitkommazahl

Die einfachste Lösung ist $d = d_a = 2$; in diesem Fall sind alle drei Basen gleich. Die Verwendung einer Basis $d = 2^k$ (k > 1) ist allerdings aus verschiedenen Gründen vorteilhaft:

1. Erweiterung des Darstellungsbereichs:

$$z = a \cdot 2^e \quad \xleftarrow{\quad d=2 \quad} (a,e,d) \xrightarrow{\quad d=2^k \quad} z' = a \cdot (2^k)^e$$

2. Verringerung der Shiftzahl durch größere Shifts:

Es brauchen nur binäre Shifts über eine feste Zahl k von Bits ausgeführt zu werden. Die Exponentendifferenzen sind um einen Faktor k kleiner als für Basis d=2.

3. Kürzerer Exponent:

Um einen etwa gleichgroßen Bereich wie mit Basis d=2 überdecken zu können, sind weniger Exponentenbits erforderlich. Die freiwerdenden Bits können entweder zu einer Registerverkürzung (Kostensenkung) oder zur Verlängerung der Mantisse (Genauigkeitssteigerung) verwandt werden.

Ein Nachteil der Verwendung einer Basis $d = 2^k$ (k > 1) ist der Genauigkeitsverlust. Durch die Vergrößerung des Darstellungsbereichs wachsen die Abstände zwischen den darstellbaren Zahlen und damit die Rundungsfehler. Ferner wird die Überprüfung der Mantisse auf Normalisierung dadurch erschwert, daß eine normalisierte Zahl mit bis zu k Nullen bzw. Einsen beginnen kann (das Vorzeichen mit eingeschlossen).

### 1.6.3.3 Beispiele

1. $d = d_a = 2^4$; Exponentenlänge h = 7, Mantissenlänge n = 25,

   $d_e = 2$ (IBM 360)

Die Mantisse kann 6 Ziffern zur Basis d = 16 aufnehmen; das erste Mantissenbit enthält das Vorzeichen.

Negative Zahlen werden durch Betrag und Vorzeichen dargestellt. Dies ermöglicht eine besonders einfache Normalisierungsprüfung. Der Exponent steht links von der Mantisse; dies ist zweckmäßig, wenn mit erhöhter Geschwindigkeit gerechnet werden soll (Mantissenverlängerung):

| V | e (7 Bits) | $A_1$ | $A_2$ | $A_3$ | $A_4$ | $A_5$ | $A_6$ | $A_i \in \{0,...,15\}$ |
|---|---|---|---|---|---|---|---|---|

↑ ⊢— Exponent —⊣———————————— Mantisse ————————————⊣
Vorzeichen

Zahlenbereich: $E = [-64:+63]$; $\frac{1}{16} \cdot 16^{-64} \leq |z| \leq (1 - \frac{1}{16^6}) \cdot 16^{+63}$

2. $d = d_a = d_e = 2$, Wortlänge h+n = 32

h = 9 ist erforderlich, um annähernd denselben Zahlenbereich $2^{-260} \leq |z| \leq (1 - \frac{1}{2^{24}}) \cdot 2^{252}$ wie in Beispiel 1 zu überdecken.

Die Mantisse wird dadurch um 2 Bits verkürzt, was den Genauigkeitsverlust durch Verwendung der Basis 16 teilweise ausgleicht.

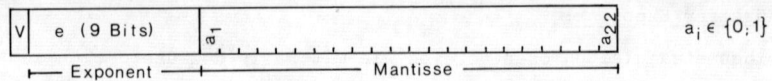

| V | e (9 Bits) | $a_1$ | | $a_{22}$ | $a_i \in \{0;1\}$ |

├── Exponent ──┤├──── Mantisse ────┤

Zahlenbereich: $E = [-256:+255]$; $2^{-257} \leq |z| \leq (1 - \frac{1}{2^{22}}) \cdot 2^{+255}$ .

Beide Konfigurationen haben in etwa gleiche Darstellungsbereiche
und Genauigkeitseigenschaften. Die Vorteile der Basis d=16 (Beispiel 1) gegenüber d=2 liegen in der geringeren Anzahl von Präshifts, Postshifts und Exponentenoperationen.

## 3. Die Wortstruktur der Rechenanlage TR 440

Diese Maschine arbeitet mit einer Wortlänge von 52 Bits; 48 davon
dienen zur Aufnahme der eigentlichen Information (Mantisse bzw.
Exponent bei Gleitkommazahlen, Operations- und Adressteile bei Be-
fehlen, codierte Textzeichen bei Darstellung alphanumerischer Zeichen), 2 Bits werden zur Typenkennung verwandt (Unterscheidung zwischen Fest- bzw. Gleitkommazahlen, Befehle und Alphatext), 2 weitere sind Prüfbits (Ergänzung der Gesamtsumme der Binärstellen des
Worts auf dieselbe Restklasse modulo 3, d.h. Dreierprobe).

a. Aufbau einer einfach langen Gleitkommazahl (Basis $d = 2^4$)

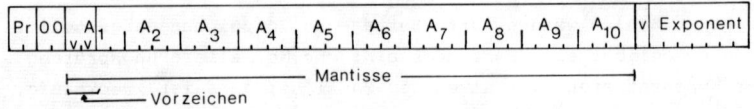

| Pr | 00 | $A_1$ v,v | $A_2$ | $A_3$ | $A_4$ | $A_5$ | $A_6$ | $A_7$ | $A_8$ | $A_9$ | $A_{10}$ | v | Exponent |

├── Vorzeichen

├──── Mantisse ────┤

b. Aufbau einer einfach langen Festkommazahl

| Pr | 01 | v v | $a_3$ | Binärzahl; 48 Bits mit Vorzeichen | $a_{48}$ |

└─ Typenkennung

c. Befehlswort (Jedes Wort enthält zwei Befehle)

| Pr | 10 | Operationsteil | Adressteil | Operationsteil | Adressteil |

└─ Prüfbits (Dreierprobe)

d. Alphanumerische Zeichen

| Pr | 11 | Codierung von Alphatext |

# 2. Addierwerke

## 2.1 (m,k)-Zähler, Halfadder, Fulladder

**Definition 2.1.** *Ein d-närer $(m,k)$-Zähler ist ein Schaltkreis mit m Eingängen und k Ausgängen definiert durch:*

$$f_{(m,k)} : B_d^m \supset D \to B_d^k$$

$$(a_1,\ldots,a_m) \to (z_{k-1},\ldots,z_0) \text{ mit } \sum_{j=1}^{m} a_j = \sum_{i=0}^{k-1} z_i \cdot d^i \quad .$$

$f_{(3,2)}$ *heißt* __Fulladder__, $f_{(2,2)}$ __Halfadder__.

**Folgerung.** *1. Sei* $u_D := max\{\sum_{i=1}^{m} a_i \mid (a_1,\ldots,a_m) \in D\}$. *Dann gilt:*

$$u_D \le d^k - 1, \quad d.h. \quad k \ge \lceil log_d(u_D+1) \rceil \quad .$$

*2. Für* $D = B_d^m$ *ergibt sich:* $u_D = m \cdot (d-1)$, *d.h.* $k \ge \lceil log_d[m \cdot (d-1)+1] \rceil$.

**Beispiel:** Sei d=2 und $D := B^4 \smallsetminus (1,1,1,1)$. Dann gilt $u_D = 3$, d.h. $k \ge 2$. Da die Eingangskombination $(1,1,1,1)$ ausgeschlossen wird, kann man einen $(4,2)$-Zähler verwenden; dieser Zähler wird bei einem speziellen Multiplizierwerk eingesetzt ([Fe3], vgl. auch 3.4.8.2).

__Realisierung von binären (m,2)-Zählern (m ∈ {2,3,4}) über {v,·,⁻}__
__als Bausteinsystem. Laufzeit- und Kostenüberlegungen__

$z_0 = s = a_1 \oplus a_2 \oplus \ldots \oplus a_m$ (Summe)

$z_1 = c = \lfloor \sum_{i=1}^{m} a_i/2 \rfloor$ (Übertrag, Carry)

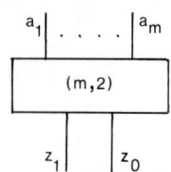

Figur 2.1

Den für einen Schaltkreis SK erforderlichen __Aufwand__ $\kappa_{SK}$ messen wir mit der Kostenfunktion von Hotz [Ho1], welche die Negation als kostenfrei betrachtet (double rail logic) und die Summe der Eingänge in Bausteine vom Typ "AND" bzw. "OR" als Maß für die Kosten nimmt. Die __Laufzeit__ (Stufenzahl) $\tau_{SK}$ eines

Schaltkreises definieren wir als Maximalzahl hintereinanderge-
schalteter AND- bzw. OR-Bausteine.

a) <u>(2,2)-Zähler (Halfadder); HA</u>

$$c = a_1 \cdot a_2 \; ;$$
$$s = a_1 \oplus a_2 = a_1\bar{a}_2 v \bar{a}_1 a_2 \qquad (*)$$
$$= (a_1 v a_2) \cdot \overline{a_1 \cdot a_2} = (a_1 v a_2) \cdot \bar{c}; \quad (**)$$

$$\kappa_{HA} = \begin{cases} 8 \text{ Berechnung von s nach } (*) \\ 6 \text{ Berechnung von s nach } (**); \end{cases}$$

$$\tau_{HA} = 2 \; .$$

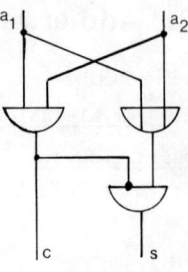

Figur 2.2 (Halfadder)

Bei der Berechnung von s nach Formel (**) (siehe Figur 2.2) wird
die Logik für den Übertrag c mitbenutzt; dies ergibt eine Kostensenkung ohne gleichzeitige Laufzeiterhöhung.

b) <u>(3,2)-Zähler (Fulladder); FA</u>

$$c = a_1 a_2 v (a_1 \oplus a_2) \cdot a_3 \quad | \quad s = (a_1 \oplus a_2) \oplus a_3 \qquad (i)$$
$$= a_1 a_2 v (a_1 v a_2) \cdot a_3 \quad | \quad = (\bar{a}_1 a_2 v a_1 \bar{a}_2) \cdot \bar{a}_3 v \overline{(\bar{a}_1 a_2 v a_1 \bar{a}_2)} \cdot a_3$$
$$= a_1 a_2 v a_1 a_3 v a_2 a_3 \quad | \quad = \bar{a}_1 \bar{a}_2 a_3 v \bar{a}_1 a_2 \bar{a}_3 v a_1 \bar{a}_2 \bar{a}_3 v a_1 a_2 a_3 \; (ii).$$

Die Formeln (ii) realisieren den Fulladder als disjunktive Normalform; Realisierung (i) entspricht der Hin-
tereinanderschaltung zweier Halfadder zu
einem Fulladder. Es gilt:

$$\kappa_{FA} = \begin{cases} 14; \\ 25; \end{cases} \quad \tau_{FA} = \begin{cases} 4 \text{ Formeln (i)} \\ 2 \text{ Formeln (ii)} \end{cases} .$$

Häufig ist $a_3$ ein Übertragsbit, dessen
Wert später vorliegt als der von $a_1$ bzw.
von $a_2$. In diesem Fall wird der neue
Übertrag c bei (i) ebenso wie bei (ii)
in 2 (zusätzlichen) Stufen berechnet.

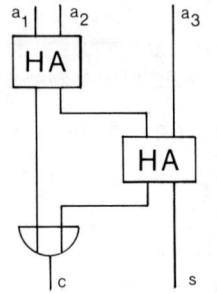

Figur 2.3 (Fulladder)

c) <u>(4,2)-Zähler (Eingangskombination (1,1,1,1) unzulässig)</u>

Ein (4,2)-Zähler läßt sich am übersichtlichsten aus 3 Halfaddern
aufbauen (siehe Figur 2.4):

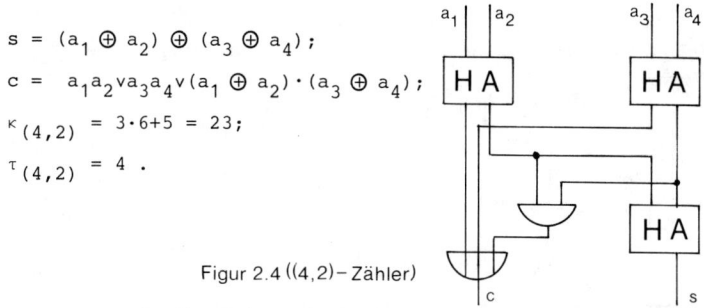

$$s = (a_1 \oplus a_2) \oplus (a_3 \oplus a_4);$$

$$c = a_1 a_2 \vee a_3 a_4 \vee (a_1 \oplus a_2) \cdot (a_3 \oplus a_4);$$

$$\kappa_{(4,2)} = 3 \cdot 6 + 5 = 23;$$

$$\tau_{(4,2)} = 4.$$

Figur 2.4 ((4,2)-Zähler)

Realisierungen von (m,2)-Zählern (m = 2,3,4) unter Verwendung von
NAND-Gattern bzw. Schwellenelementen sind in [Fe3] angegeben.

## 2.2 Beschreibung der Logik einfacher Addierwerke

### 2.2.1 Grundlegende Formeln, Wahl einer Zahlendarstellung

In diesem und den folgenden Abschnitten beschäftigen wir uns mit
Verfahren zur Addition zweier n-stelliger Binärzahlen a und b. Die
Untersuchungen aus 1.3 zeigen, daß hierzu die formale Summe s beider Summanden berechnet werden muß; dies gilt für alle behandelten
binären Stellenwertcodierungen (B+V, 2-Komplement, 1-Komplement).
Die zusätzlichen Operationen (Überlauftest durch Vorzeichenverdopplung, Transformation in eine andere Codierung, End-around-carry bei
Verwendung des 1-Komplements) werden im folgenden nicht mehr beschrieben, da sie die eigentlichen Addiermethoden nicht beeinflussen.

Die Subtraktion läßt sich wegen a-b = a+(-b) auf die Addition zurückführen, so daß sich eine Behandlung von Subtrahierwerken er-
übrigt.

Ist $a = a_{n-1} \cdots a_0$ und $b = b_{n-1} \cdots b_0$, dann gilt für die Bits
$s_i$ der formalen Summe $s = s_n s_{n-1} \cdots s_0$ (definiert durch die Beziehung:

$$\sum_{i=0}^{n-1} a_i \cdot 2^i + \sum_{i=0}^{n-1} b_i \cdot 2^i = \sum_{i=0}^{n} s_i \cdot 2^i \quad ( s_i \in \{0,1\} ) ) :$$

$$s_i = a_i \oplus b_i \oplus c_{i-1}; \quad c_i = a_i \cdot b_i \vee (a_i \oplus b_i) \cdot c_{i-1} \quad (i=0,.,n-1);$$

$$s_n = c_{n-1}; \quad c_{-1} = 0.$$

$c_i$ (der Übertrag von Position i zur Position i+1) und $s_i$ sind die Ausgänge eines Fulladders mit den Eingängen $a_i, b_i$ und $c_{i-1}$.

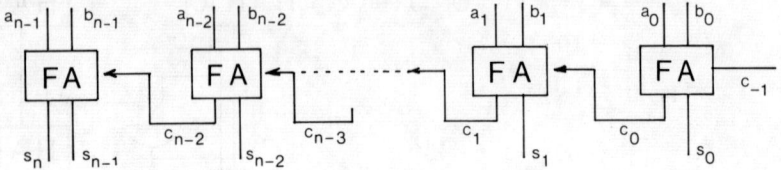

Figur 2.5

Die Formeln zeigen, daß die Additionslaufzeit entscheidend durch die zur Berechnung der Überträge erforderliche Zeit beeinflußt wird.

<u>Zahlendarstellung</u>

Die günstigste Codierung für die Addition bzw. Subtraktion zweier Binärzahlen ist das 2-Komplement, da kein End-around-Carry benötigt wird und die Berechnung des Gesamtübertrags $c_{n-1}$ nicht erforderlich ist. Bei einer Subtraktion muß jedes Bit des betreffenden Summanden invertiert und eine 1 auf die am wenigsten signifikante Stelle der Darstellung addiert werden; letzteres erfolgt ohne Zeitverlust durch geeignete Vorbesetzung von $c_{-1}$. Wir setzen:

$$b_i^* := \begin{cases} b_i \\ \bar{b}_i \end{cases} \text{ bzw. } c_{-1} := \begin{cases} 0 \text{ im Falle einer Addition:} & a+b \\ 1 \text{ im Falle einer Subtraktion:} & a-b. \end{cases}$$

Alle Laufzeit- und Kostenberechnungen dieses Kapitels beziehen sich auf eine <u>2-Komplement-Darstellung beider Summanden</u>.

2.2.2 <u>Serielle Addition</u>

Das langsamste und billigste Addierwerk berechnet nacheinander $(c_0, s_0)$, $(c_1, s_1)$, ..., $(c_{n-1}, s_{n-1})$ mit einem einzigen Fulladder (siehe Figur 2.6):

$$(c_i, s_i) = f_{(3,2)}(a_i, b_i, c_{i-1}) .$$

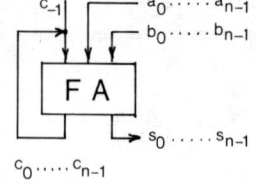

Figur 2.6

Das folgende Mikroprogramm enthält eine Variable T, die angibt, ob eine Subtraktion (T=1) oder eine Addition (T=0) auszuführen ist.

**Mikroprogramm A1** (serielle Addition)

0 : $[a_{n-1}, \ldots, a_0]$ := Summand 1; $[b_{n-1}, \ldots, b_0]$ := Summand 2; $Z$ := n;

1 : $b_i$ := $b_i \oplus T$ (i=0,\ldots,n-1); c := T;

2 : $\left. \begin{array}{l} a_i := a_{i+1} \\ b_i := b_{i+1} \end{array} \right]$ (i=0,\ldots,n-2); $\begin{array}{l} (c, a_{n-1}) := f_{(3,2)} (a_0, b_0, c); \quad Z:=Z-1; \\ b_{n-1} := 0; \end{array}$

3 : <u>if</u> $Z > 0$ <u>then</u> <u>goto</u> 2;

4 : Fertigmeldung (bzw. Test auf Überlauf des Ergebnisses).

Die wesentlichen Bestandteile dieses Programms sind in Figur 2.7 enthalten. Der Zähler Z sorgt dafür, daß genau n Takte an die getakteten Schieberegister A und B sowie an das einstellige Übertragsregister c gegeben werden.

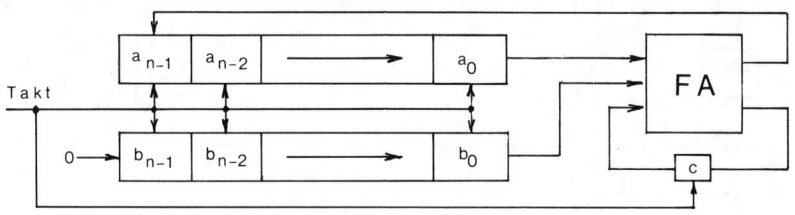

Figur 2.7 (Serielle Addition)

Nach n Takten enthält $(a_{n-1}, \ldots, a_0)$ die (formale) Summe (bzw. die Differenz) der beiden Ausgangszahlen. Der <u>Aufwand</u> für die Addierlogik ist bei diesem Addierer <u>unabhängig von der Länge n der Summanden</u>. Die <u>Laufzeit</u> wächst dagegen <u>linear mit n</u>.

### 2.2.3 Das von-Neumann-Addierwerk

Diese älteste Version eines Paralleladdierwerks enthält im Gegensatz zum seriellen Addierwerk für jede Stelle der beiden Summanden einen eigenen Halfadder (bzw. Fulladder, vgl. 2.2.4). Mikroprogramm A2 beschreibt die Arbeitsweise dieses Addierers:

**Mikroprogramm A2** (von-Neumann-Addierwerk)

Zur Erkennung von Überlaufsituationen setzen wir Vorzeichenverdopplung voraus, d.h. $a_{n-1} = a_{n-2}^*$, $b_{n-1} = b_{n-2}$;

0 : $A = [a_{n-1},..,a_0]$ := Summand 1; $B = [b_{n-1},..,b_0]$ := Summand 2;

1 : $b_i := b_i \oplus T$    (i=0,...,n-1);

2 : <u>if</u> $B \vee T \neq 0$

$$\underline{then} \begin{bmatrix} a_i := a_i \oplus b_i & (i=0,..,n-1) \\ b_{i+1} := a_i \cdot b_i & (i=0,..,n-2) \\ b_0 := T; \; T := 0; \; \underline{goto} \; 2 \end{bmatrix} \underline{else} \begin{bmatrix} T := a_{n-1} \oplus a_{n-2}; \\ \underline{goto} \; 3 \end{bmatrix};$$

3 : <u>if</u> $T \neq 0$ <u>then</u> <u>goto</u> 5;

4 : Fertigmeldung: kein Überlauf;

5 : Fertigmeldung: Überlauf;

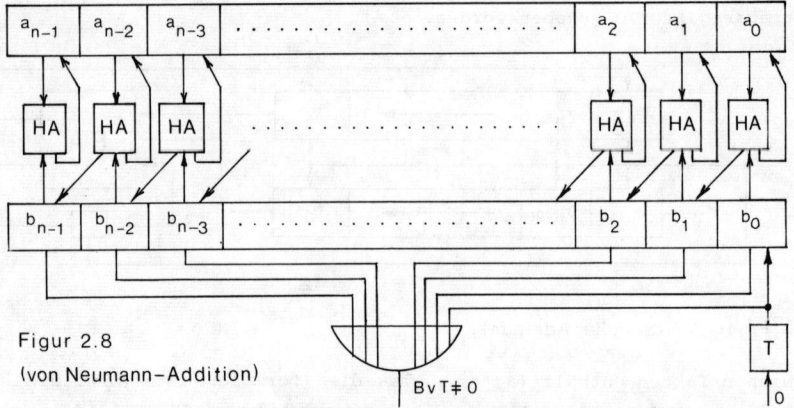

Figur 2.8

(von Neumann-Addition)

Figur 2.8 enthält die wesentlichen Bestandteile von Mikroprogramm A2. Takt 2 des Programms wird maximal (n+2)-mal durchlaufen (beim letzten Durchlauf ist bereits B=0). Dieser ungünstigste Fall liegt vor, wenn beide Operanden einer Subtraktion den Wert Null haben. Nach dem i-ten Durchlaufen von Takt 2 gilt dann $b_{i-1} = 1$; im (n+1)-ten Durchlauf wird $b_{n-1}$ ins A-Register übernommen und erst beim nächsten Versuch ist die Bedingung B=0 erfüllt.

Für die mittlere Laufzeit (Taktzahl) von A2 gilt ([Cl1], [vN1]):

<u>Satz 2.1.</u> *Sind die Positionen $a_i$ und $b_i$ unabhängig voneinander mit 0 bzw. mit 1 besetzt und ist $P(a_i=0) = P(a_i=1) = \frac{1}{2}$ (analog für $b_i$), dann gilt für die mittlere Laufzeit des von Neumann-Addierwerks:*

$$\overline{\tau_{v.N}} = O(log_2 n) \quad .$$

## 2.2.4 Carry-Save-Addition, "Adder Tree"

Die Erweiterung des von-Neumann-Addierers durch Verwendung von
Fulladdern anstelle von Halfaddern wird als Carry-Save-Addition
bezeichnet. Hierdurch wird zunächst die Addition von 3 Summanden
ermöglicht. Da die Fulladder nur 2 Ausgänge, aber 3 Eingänge haben,
kann bei jedem Durchlauf der Schleife (Takt 2 von Mikroprogramm A2)
ein neuer Summand verarbeitet werden. Diese Additionsform (Figur
2.9) eignet sich besonders für die Addition zahlreicher Summanden;
sie wird auch bei Multiplikations- und Divisionsverfahren angewandt (siehe 3.4 bzw. 4.5.4).

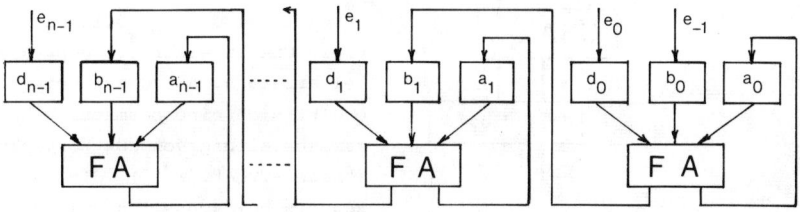

Figur 2.9 (Carry-Save-Addition)

Zur Aufnahme des Carry-In $e_{-1}$ des neuen
Summanden ($e_{n-1}, \ldots, e_0$) wird die freie
Registerposition $b_0$ verwendet. Für Ad-
ditionen ist $e_{-1} = 0$, für Subtraktionen
$e_{-1} = 1$. Nebenstehend eine schematische
Darstellung, die wir ab jetzt immer ver-
wenden.

Die Laufzeit zur Addition von m Summanden $S_1, \ldots, S_m$ kann durch Li-
nearisierung des CSA-Werkes weiter verkürzt werden: die Rückkopp-
lungen (Rückspeicherungen ins A- bzw. B-Register) entfallen; das
entstehende Addierwerk (Figur 2.10) enthält m-2 "CSA-Stufen", die
aus jeweils n Fulladdern bestehen. Die Ausgänge einer CSA-Stufe
werden zusammen mit einem neuen Summanden auf die Eingänge der
nächsten Stufe geschaltet.

Für die Addition der beiden übrigbleibenden Summanden kann einer
der im nächsten Abschnitt besprochenen schnellen Addierer eingesetzt werden (z.B. Carry-Look-Ahead-Addition, siehe 2.3). Wenn wir
Zeit und Kosten der abschließenden Addition nicht berücksichtigen,

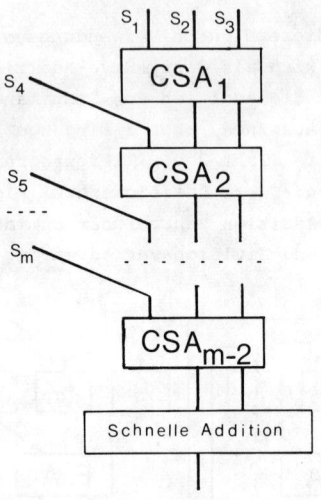

Figur 2.10

ergibt sich für m (m ≥ 3) Summanden folgender Kosten- und Zeitaufwand:

$\kappa = (m-2) \cdot n$ Fulladder;

$\tau = \begin{cases} 2 \cdot (m-2) & \text{je nach Realisie-} \\ 4 \cdot (m-2) & \text{rung der Fulladder.} \end{cases}$

An Figur 2.10 erkennt man sofort, daß eine weitere Beschleunigung (durch Erniedrigung der Stufenzahl) dadurch erreicht wird, daß möglichst viele CSA in einer Stufe parallel arbeiten. Auf diese Weise ergibt sich eine baumartige Zusammenstellung von CSA-Werken ("Adder-Tree" [Wa1]), die besonders bei schnellen Multiplizierwerken mit Vorteil eingesetzt werden kann.

Figur 2.11 zeigt einen "Adder-Tree" für m=20 Summanden. Der Aufwand ist mit m-2 = 18 Carry-Save-Addierern ebenso hoch wie bei der "linearen" Realisierung, die Stufenzahl erniedrigt sich aber von 18 auf 7. Eine ausführliche Diskussion des "Adder-Tree"-Konzepts findet sich in 3.4.4.

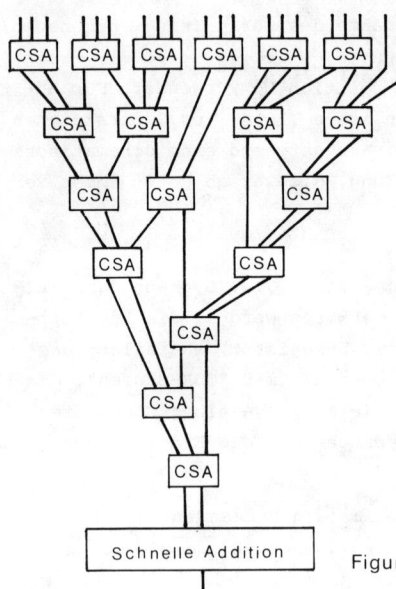

Figur 2.11 (Adder Tree)

## 2.2.5 Carry-Ripple-Addition (synchron)

Der Carry-Ripple-Addierer besteht wie der Carry-Save-Addierer aus
n Fulladdern. Der Übertrag wird ohne Zwischenspeicherung von einem
Fulladder zum nächsten weitergeleitet (Figur 2.12):

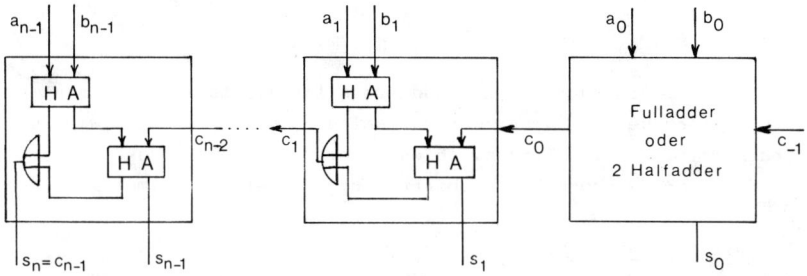

Figur 2.12 (Carry-Ripple-Addition)

Die Addition läuft in einem einzigen (relativ langen) Takt ab. Zur
Bestimmung der Taktfrequenz muß der ungünstigste Fall betrachtet
werden. Dieser liegt dann vor, wenn $c_{-1} = 1$ und $a_i \oplus b_i = 1$ (i=0,..
..,n-2) gilt. Der Übertrag $c_{-1}$ läuft in diesem Fall über alle n
Stellen. Zur Weiterleitung eines Übertrags werden jeweils zwei logische Stufen benötigt (siehe Figur 2.12). Eine Ausnahme bildet
die Berechnung von $c_0$; bei Aufbau des ersten Fulladders aus 2 Halfaddern braucht man 4 logische Stufen, bei Verwendung der disjunkti-
ven Normalform für $c_0$ und $s_0$ hingegen nur 2 Stufen. Dies ergibt:

$$\tau_{C-R} = \begin{cases} 2n+2 \\ 2n \end{cases} \qquad \kappa_{C-R} = \begin{cases} 14n & \text{falls} & 2 \text{ Halfadder} \\ 14n+11 & \text{falls} & \text{disj. Normalform .} \end{cases}$$

## 2.2.6 Asynchroner Carry-Ripple-Addierer (Carry Completion)

Beim Carry-Ripple-Addierer kann das Summenbit $s_i$ erst dann endgül-
tig berechnet werden, wenn der Übertrag $c_{i-1}$ sich nicht mehr ändern kann. Dies kann durch einen einfachen Zusatzschaltkreis festgestellt werden, der im folgenden konstruiert wird. Hierdurch verkürzt sich die mittlere Laufzeit des Carry-Ripple-Addierers auf
etwa $2 \cdot \log_2 n$ Stufen (vgl. das entsprechende Ergebnis für die von-
Neumann-Addition).

**Definition 2.2.** *Sei* $a = a_{n-1} \ldots a_0$ , $b = b_{n-1} \ldots b_0$ :

$(a_{j+k}, b_{j+k}), \ldots, (a_{j+1}, b_{j+1})$ *heißt* *Propagationskette der Länge* $k$

$$\Leftrightarrow \begin{cases} a_{j+r} \oplus b_{j+r} = 1 & \text{für } r = 1, \ldots, k \\ a_{j+r} \oplus b_{j+r} = 0 & \text{für } r = 0, \ r = k+1 \ . \end{cases}$$

Ein Maß für die Laufzeit des Addierers ist die Länge der längsten Propagationskette. Durch zwei Variablen $f_i$ und $h_i$ stellen wir für jedes Bitpaar $(a_i, b_i)$ fest, ob es zu einer Propagationskette gehört und ob der zugehörige Übertrag $c_{i-1}$ bereits bestimmt ist.

**Definition 2.3.** $f_i := a_i \cdot b_i \vee (a_i \oplus b_i) \cdot f_{i-1} = a_i \cdot b_i \vee (a_i \vee b_i) \cdot f_{i-1}$ ;

$$h_i := \overline{a_i} \cdot \overline{b_i} \vee (a_i \oplus b_i) \cdot h_{i-1} = \overline{a_i \vee b_i} \vee \overline{a_i \cdot b_i} \cdot h_{i-1} \ .$$

*Zu Beginn der Addition ist* $f_i = h_i = 0$ $(i \geq 0)$, $f_{-1} = c_{-1}$, $h_{-1} = \overline{c_{-1}}$ .

**Folgerung.** *Ist* $f_i \vee h_i \neq 0$, *dann ist die Bestimmung des Übertrags für das Bitpaar* $(a_i, b_i)$ *beendet und es gilt:* $f_i = c_i$; $h_i = \overline{c_i}$. *Die Addition kann beendet werden, wenn gilt:* $\prod_{i=0}^{n-2} (f_i \vee h_i) = 1$ .

*Die Berechnung von* $(f_i, h_i)$ *aus* $(f_{i-1}, h_{i-1})$ *verursacht die Kosten* $\kappa = 12$.

**Laufzeit und Kosten:**

Wenn man berücksichtigt, daß Teile der Zusatzlogik bereits im Carry-Ripple-Addierer enthalten sind, erhält man leicht:

$$\kappa_{ASYN} = 14n + 11(n-1) = 25n - 11, \quad \tau_{ASYN} \leq 2 \cdot L + 4 \ .$$

Hierbei ist L die Länge der längsten Propagationskette.

**2.2.7  Exclusive-Or-Addierer** ([Ki1],[Ki2],[Sa1],[Le2],[Fe2])

Zur Hardware-Realisierung werden bei diesem Addierer neben Exclusive-Or-Gattern schnelle Schalter benutzt, die durch ein Signal von außen geöffnet oder geschlossen werden können.

Schalter $\begin{cases} \text{geschlossen falls } U=1 \\ \text{geöffnet \quad falls } U=0 \end{cases}$

Die Addierlogik läßt sich wie folgt beschreiben; nach 2.2.1 gilt:

$$c_i = a_i \cdot b_i \ v \ (a_i \oplus b_i) \cdot c_{i-1} \ ; \qquad s_i = (a_i \oplus b_i) \oplus c_{i-1} \ ;$$

d.h.

$$c_i = \begin{cases} 1 & , \text{ falls } a_i \cdot b_i = 1 \\ 0 & , \text{ falls } \overline{a_i} \cdot \overline{b_i} = 1 \\ c_{i-1}, & \text{ falls } a_i \oplus b_i = 1. \end{cases}$$

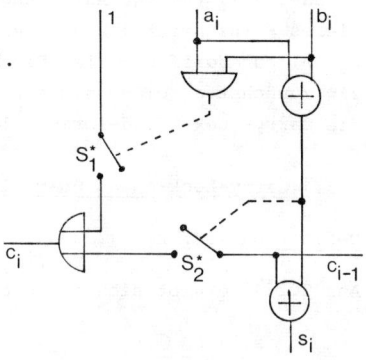

Figur 2.13 demonstriert die Berechnung von $c_i$ und $s_i$. Schalter $S_1^*$ wird geschlossen, falls $a_i \cdot b_i = 1$, d.h. $c_i = 1$; entsprechendes gilt für Schalter $S_2^*$. Kilburn [Ki1] benutzt noch einen dritten Schalter, durch den $c_i$ auf 0 gesetzt wird, wenn $a_i$ und $b_i$ gleichzeitig den Wert 0 haben.

Figur 2.13 (Exclusive-OR-Addition)

## Laufzeit- und Kostenanalyse

Der Exclusive-Or-Addierer läßt sich nur schwer mit den übrigen Addierern vergleichen, da er andere Bauelemente enthält.

Im ungünstigsten Fall (vgl. 2.2.5) muß der Übertrag über alle Schalter und alle OR-Gatter weitergeleitet werden. Hinzu kommt noch die Zeit zum Öffnen bzw. Schließen der Schalter.

Der Addierer ist besonders vorteilhaft, wenn Schalter zur Verfügung stehen, deren Schalt- bzw. Durchlaufzeit sehr niedrig ist. Wenn man annimmt, daß die Verzögerungszeit beim Passieren eines Schalters in etwa der Laufzeit eines AND- bzw. OR-Gatters entspricht, ergibt sich eine Additionszeit, die der des Carry-Ripple-Addierers entspricht. Auch von der Kostenseite her lassen sich diese beiden Addierer bedingt miteinander vergleichen, wobei die Frage der Verfügbarkeit bzw. der Preis der benutzten Bauelemente beachtet werden muß.

Bemerkung: Auch bei den im folgenden besprochenen Addierern lassen sich schnelle Schalter anstelle von AND- bzw. OR-Gattern zur Berechnung bzw. zur Weiterleitung von Überträgen einsetzen; wir werden darauf nicht mehr eingehen.

## 2.3 Carry-Look-Ahead-Addition

Die Carry-Look-Ahead-Addition verkürzt die Additionslaufzeit durch beschleunigte Berechnung der Überträge; dies erfolgt durch teilweise oder vollständige Auflösung der rekursiven Definition von $c_j$. Dieses Prinzip ist das zur Zeit wohl meistgebrauchte Verfahren zur schnellen Addition zweier Binärzahlen. Wir demonstrieren das Prinzip zunächst an einem nicht realisierbaren Extremfall, aus dem sich die Carry-Look-Ahead-Formeln leicht ableiten lassen.

### 2.3.1 Carry-Look-Ahead über alle n Stellen (n-Bit-Carry-Look-Ahead)

**Definition 2.4.** $k_i := a_i \cdot b_i$, $d_i := a_i \vee b_i$, $e_i := a_i \oplus b_i = \overline{k_i \vee \overline{d_i}}$ .

Aus 2.2.1 ergibt sich für die Summen- bzw. Übertragsbits:

$$s_i = a_i \oplus b_i \oplus c_{i-1} = e_i \cdot \overline{c}_{i-1} \vee \overline{e}_i \cdot c_{i-1} \qquad (i = 0, \ldots, n-1) ;$$

$$c_j = a_j \cdot b_j \vee (a_j \oplus b_j) \cdot c_{j-1} = k_j \vee e_j \cdot c_{j-1}$$

$$= a_j \cdot b_j \vee (a_j \vee b_j) \cdot c_{j-1} = k_j \vee d_j \cdot c_{j-1} \quad .$$

$$\overline{c}_j = \overline{a}_j \cdot \overline{b}_j \vee (a_j \oplus b_j) \cdot \overline{c}_{j-1} = \overline{d}_j \vee e_j \cdot \overline{c}_{j-1}$$

$$= \overline{a_j \vee b_j} \vee \overline{a_j \cdot b_j} \cdot \overline{c}_{j-1} = \overline{d}_j \vee \overline{k}_j \cdot \overline{c}_{j-1} \quad .$$

Durch Auflösen der Rekursionsformeln für $c_j$ und $\overline{c}_j$ erhält man:

$$c_j = k_j \vee d_j k_{j-1} \vee d_j d_{j-1} k_{j-2} \vee \ldots \vee d_j d_{j-1} \ldots d_1 k_0 \vee d_j \ldots d_0 c_{-1} \qquad \text{(i)} ;$$

$$\overline{c}_j = \overline{d}_j \vee \overline{k}_j \overline{d}_{j-1} \vee \overline{k}_j \overline{k}_{j-1} \overline{d}_{j-2} \vee \ldots \vee \overline{k}_j \overline{k}_{j-1} \ldots \overline{k}_1 \overline{d}_0 \vee \overline{k}_j \ldots \overline{k}_0 \overline{c}_{-1} \qquad \text{(ii)}.$$

Die Variablen $d_i$ in (i) und die Variablen $\overline{k}_i$ in (ii) können durch die Exclusive-OR-Gatter $e_i$ ersetzt werden.

Wenn man auf die Hilfsvariablen $k_i$ und $d_i$ verzichtet, kommt man sofort mit nur zwei logischen Stufen aus, muß jedoch dann einen exponentiell mit j wachsenden Aufwand für $c_j$ bzw. für $\overline{c}_j$ in Kauf nehmen. Wir scheiden diese Möglichkeit daher aus.

### Laufzeit und Kosten

Für großes n sind Gatter mit n Eingängen nicht verfügbar; zumindest aber wachsen die Gatterkosten nicht mehr linear mit der Zahl der

Eingänge, was bei der Kostenfunktion vorausgesetzt wurde. Ferner
ist die Gatterlaufzeit nicht mehr unabhängig von der Eingangszahl.
Die im folgenden angegebenen Laufzeit- und Kostenformeln sind daher nur als Anhaltswerte zu betrachten. Aufwand und Laufzeit der
vollständigen Carry-Look-Ahead-Addition sind abhängig davon, ob $s_i$
in zwei logischen Stufen aus $e_i$ und $c_{i-1}$ berechnet wird (Methode A)
oder ob $s_i$ durch Einsetzen der Formeln (i) bzw. (ii) für $c_{i-1}$ bzw.
$\bar{c}_{i-1}$ in nur einer logischen Stufe bestimmt wird (Methode B).

__Zeitplan:__    Methode A                              Methode B

| Stufe | Berechnung von |
|-------|----------------|
| 1 | $k_i, d_i$ |
| 2 | $e_i$ |
| 3 | $\left[ c_i = f_1(k_i, d_i), \overline{c_i} = f_2(k_i, d_i) \right]$ |
| 4 | |
| 5 | $\left[ s_i = f_3(e_i, c_{i-1}) \right]$ |

| Stufe | Berechnung von |
|-------|----------------|
| 1 | $k_i, d_i$ |
| 2 | $e_i$ |
| 3 | |
| 4 | $\left[ s_i = f_4(k_i, d_i, e_i) \right]$ |

__Satz 2.2.__ _1. Methode A:_

$$\tau_A = 5 \quad , \quad \kappa_A = \frac{1}{6} n^3 + n^2 + 11\frac{5}{6} n - 1 \; ;$$

_2. Methode B:_

$$\tau_B = 4 \quad , \quad \kappa_B = \frac{1}{3} n^3 + 3 n^2 + 8\frac{2}{3} n \; .$$

Der Beweis ist elementar. Man erkennt, daß nahezu die gesamten Kosten durch die Berechnung der Überträge verursacht werden. Der Aufwand bei Methode B ist mehr als doppelt so hoch wie der von Methode A, weil zusätzlich zu den Überträgen $c_i$ auch die Komplemente $\bar{c}_i$
berechnet werden müssen.

## 2.3.2  Carry-Look-Ahead 1. Ordnung (Gruppengröße g)

Technische Restriktionen und Kostenüberlegungen verbieten die Anwendung der n-Bit-Carry-Look-Ahead-Addition für Summanden großer
Länge. Man teilt daher die Summanden in kleinere Gruppen der Größe
g ein, wobei g (meist ist g = 4, 5 oder 6) so gewählt ist, daß das
Carry-Look-Ahead-Prinzip technisch durchführbar und vom Aufwand her

vertretbar ist. Ohne wesentliche Einschränkung dürfen wir annehmen, daß n durch g teilbar ist (im anderen Fall vereinfacht sich die Logik für die am weitesten links stehende Gruppe). Wir setzen also:

$$n = n_1 \cdot g \qquad (n_1 \in \mathbb{N}) \quad .$$

Der Gesamtübertrag einer Gruppe wird nach dem Carry-Ripple-Prinzip über die Gruppen weitergeleitet. Ein binärer Carry-Look-Ahead-Addierer 1. Ordnung ist daher ein Carry-Ripple-Addierer zur Basis $d = 2^g$ .

Zur Abkürzung definieren wir:

<u>Definition 2.5.</u>

$$A_i := (a_{(i+1)g-1}, \ldots, a_{ig})$$
$$B_i := (b_{(i+1)g-1}, \ldots, b_{ig})$$
$$S_i := (s_{(i+1)g-1}, \ldots, s_{ig})$$
$$(i = 0, \ldots, n_1-1)$$

$$C_i := c_{(i+1)g-1}$$
$$(i = -1, \ldots, n_1-2).$$

$C_i$ *ist der Gesamtübertrag der Gruppe i zur Gruppe i+1 .*

Der Carry-Look-Ahead-Addierer 1. Ordnung läßt sich nun in folgender Weise schematisch darstellen:

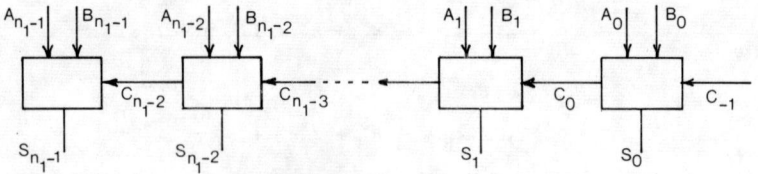

Figur 2.14 (Carry-Look-Ahead-Addition erster Ordnung)

$$S_i := A_i \; \hat{\oplus} \; B_i \; \hat{\oplus} \; C_{i-1} \qquad (\text{"} \hat{\oplus} \text{"} : \text{Addition modulo } 2^g).$$

Die Formeln zur Berechnung von $C_j$ entnehmen wir aus 2.3.1:

$$C_j = c_{(j+1)g-1} = k_{(j+1)g-1} \vee d_{(j+1)g-1} \cdot k_{(j+1)g-2} \vee \cdots \vee$$

$$\vee \; d_{(j+1)g-1} \cdot \cdots \cdot d_{jg+1} \cdot k_{jg} \vee d_{(j+1)g-1} \cdot \cdots \cdot d_{jg} \cdot C_{j-1}$$

(die $d_i$ können wie in 2.3.1 durch die Variablen $e_i$ ersetzt werden).

Tabelle 2.1: Zeitplan für Carry-Look-Ahead-Addition 1. Ordnung

| Stufe | Gruppe $(n_1-1)$ | Gruppe $(n_1-2)$ | ..... | Gruppe 1 | Gruppe 0 |
|---|---|---|---|---|---|
| 1 | | $k_i,d_i$ | | | |
| 2 | | $e_i$ | | | Überträge |
| 3 | | | | | Gruppe 0 |
| 4 | | | | Überträge | Summenbits |
| 5 | | | | Gruppe 1 | Gruppe 0 |
| 6 | | | | Summenbits | |
| 7 | | | | Gruppe 1 | |
| . | | | | | |
| . | | | ..... | | |
| . | | | | | |
| | | Überträge | | | |
| | | Gruppe $(n_1-2)$ | | | |
| $2n_1$ | Überträge | Summenbits | | | |
| $2n_1+1$ | Gruppe $(n_1-1)$ | Gruppe $(n_1-2)$ | | | |
| $2n_1+2$ | Summenbits | | | | |
| $2n_1+3$ | Gruppe $(n_1-1)$ | | | | |

Tabelle 2.1 zeigt, daß für alle Gruppen mit Ausnahme der letzten die zugehörigen Summenbits nach höchstens $2n_1+1$ Stufen berechnet sind, wenn außer dem Gesamtübertrag auch alle Einzelüberträge beschleunigt werden. Für die Gruppe $0,\ldots,n_1-2$ kann eine weniger aufwendige (langsamere) Berechnung der Einzelüberträge vorgenommen werden, ohne daß sich die Gesamtlaufzeit der Addition erhöht; wir gehen auf diese naheliegenden Varianten jedoch nicht ein.

Die im folgenden angegebenen Laufzeit- und Kostenresultate basieren auf Tabelle 2.1. Man beachte, daß hier ebenso wie bei den anderen Addierwerken der letzte Gruppenübertrag $C_{n-1}$ nicht berechnet werden muß, da wir als Zahlendarstellung das 2-Komplement mit Vorzeichenverdopplung vorausgesetzt haben.

Laufzeit und Kosten:

$$\tau_{CLA1} = 2 \cdot n_1 + 3 = 2 \cdot \frac{n}{g} + 3 \ ;$$

$$\kappa_{CLA1} \leq \frac{1}{6}(n-3)g^2 + \frac{1}{2}(3n-5)g + \frac{1}{3}(43n-3) \ .$$

Wie früher werden die Kosten entscheidend durch den für die Überträge erforderlichen Aufwand bestimmt.

### 2.3.3 Carry-Look-Ahead 2. Ordnung

Das im vorigen Abschnitt besprochene Prinzip kann iteriert werden, indem man g' Gruppen zu einer "Sektion" zusammenfaßt, die Gesamt-überträge der Sektionen beschleunigt und mit einem Carry-Ripple-Addierer der Basis $d = (2^g)^{g'}$ über die Sektionen weiterleitet. Zur Realisierung dieses Konzepts ist es zweckmäßig, eine Reihe von neuen Hilfsfunktionen und Bezeichnungen einzuführen; wir nehmen an, daß $n = n_1 \cdot g = n_2 \cdot g' \cdot g$ $(n_2 \in \mathbb{N})$ gilt.

<u>Definition 2.6.</u> *Wir vereinbaren die folgenden neuen Hilfsvariablen:*

a. $\quad A_i^{(2)} := (A_{(i+1)g'-1}, \dots, A_{ig'}); \qquad C_i^{(2)} := C_{(i+1)g'-1}$

$\qquad B_i^{(2)} := (B_{(i+1)g'-1}, \dots, B_{ig'}); \qquad\qquad = c_{(i+1)g' \cdot g-1} ;$

$\qquad S_i^{(2)} := (S_{(i+1)g'-1}, \dots, S_{ig'}); \qquad (i=-1, \dots, n_2-2) ;$

$\qquad\qquad (i = 0, \dots, n_2-1); \qquad C_i^{(2)}$ *ist der Gesamtüber-*

$\qquad\qquad\qquad\qquad\qquad\qquad\qquad$ *trag der Sektion i.*

b. $\quad D_j := d_{(j+1)g-1} \cdot \dots \cdot d_{jg} ;$

$\qquad K_j := k_{(j+1)g-1} \vee d_{(j+1)g-1} \cdot k_{(j+1)g-2} \vee \dots \vee d_{(j+1)g-1} \cdots d_{jg+1} \cdot k_{jg}$

$\qquad\qquad\qquad\qquad\qquad\qquad (j = 0, \dots, n_1-1) .$

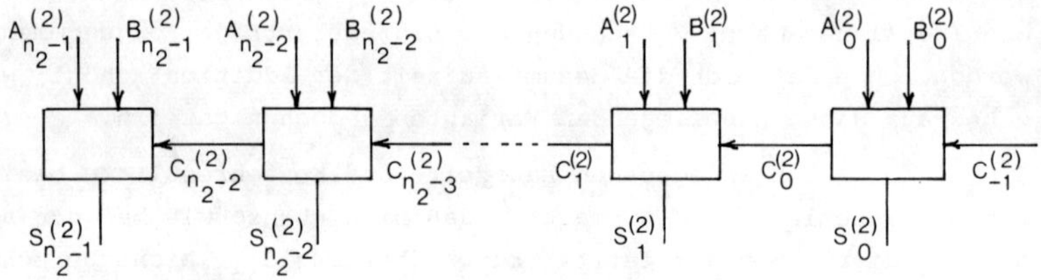

Figur 2.15 ( Carry-Look-Ahead-Addition zweiter Ordnung )

$$S_i^{(2)} := A_i^{(2)} \overset{\wedge}{\oplus} B_i^{(2)} \overset{\wedge}{\oplus} C_{i-1}^{(2)} \qquad (\text{" } \overset{\wedge}{\oplus} \text{ " = Addition modulo } (2^g)^{g'}).$$

Die Gruppenüberträge der Sektion i berechnen sich mit den neuen Hilfsfunktionen wie folgt:

$$C_{(i+1)g'-r} = K_{(i+1)g'-r} \vee D_{(i+1)g'-r} \cdot K_{(i+1)g'-r-1} \vee \cdots \vee$$

$$\vee D_{(i+1)g'-r} \cdot \cdots \cdot D_{ig'+1} \cdot K_{ig'}$$

$$\vee D_{(i+1)g'-r} \cdot \cdots \cdot D_{ig'+1} \cdot D_{ig'} \cdot C_{(i-1)}^{(2)} \quad (r=1,\ldots,g')$$

Man sieht, daß sich auch der Gesamtübertrag

$$C_i^{(2)} = C_{(i+1)g'-1}$$

einer Sektion in 2 logischen Stufen aus $C_{i-1}^{(2)}$ berechnen läßt.

Kosten und Laufzeit des CLA-Addierers 2. Ordnung können auf der Basis eines Zeitplans (Tabelle 2.2) berechnet werden. Bei der zugehörigen Realsierung erhöhen sich die Kosten für große n nur unwesentlich gegenüber den für Carry-Look-Ahead 1. Ordnung anfallenden Kosten. An zusätzlichen Kosten entsteht nur der Aufwand für die beschleunigte Berechnung der Gruppenüberträge innerhalb der Sektionen. Die Kosten für die neuen Hilfsfunktionen werden durch die vereinfachte Berechnung der Gruppenüberträge (mit den Hilfsfunktionen $K_i$ und $D_i$) wieder ausgeglichen. Man erhält:

$$\tau_{CLA2} = 2n_2 + 7 = 2 \cdot \frac{n}{g \cdot g'} + 7 \quad ;$$

$$\kappa_{CLA2} = \kappa_{CLA1} + \frac{1}{2}(g^2 - g'^2) + \frac{5}{2}(g - g') + \frac{n}{6g}(g'^2 + 9g' + 2) \quad .$$

Im wichtigsten Spezialfall ($g = g'$) vereinfacht sich dies zu:

$$\kappa_{CLA2} = \kappa_{CLA1} + \frac{1}{6} n \cdot (g + 9 + \frac{2}{g}) \quad .$$

Das beschriebene Additionsprinzip läßt sich auf Carry-Look-Ahead-Verfahren höherer als zweiter Ordnung erweitern (Zusammenfassung von je g" Sektionen, Definition neuer Hilfsfunktionen, beschleunigte Berechnung des Gesamtübertrags der neuen größeren Sektionen, usw.). In der Praxis sind diese Methoden von untergeordneter Bedeutung, da die Wortlänge der Summanden begrenzt ist ($n \leq 200$, im allgemeinen sogar $n \leq 60$) und die Vorteile von Carry-Look-Ahead-Verfahren höherer als zweiter Ordnung sich erst bei größeren Werten von n auszuwirken beginnen. Für relativ kleine Werte von n ist eine Hierarchie von 3 oder mehr Gruppenarten unökonomisch.

Tabelle 2.2: Zeitplan für CLA 2. Ordnung

| Stufe | Sektion $n_2-1$ | Sektion $n_2-2$ | ..... | Sektion 1 | Sektion 0 |
|---|---|---|---|---|---|
| 1<br>2<br>3 | | $k_i, d_i$<br>$e_i, D_i$<br>$K_i$ | | | |
| 4<br>5 | | | | | Gruppen-<br>überträge |
| 6<br>7 | | | | Gruppen-<br>überträge | Einzel-<br>überträge |
| 8<br>9 | | | | Einzel-<br>überträge | Summenbits |
| .<br>.<br>. | | | ..... | Summenbits | |
| $2n_2$<br>$2n_2+1$ | | Gruppen-<br>überträge | | | |
| $2n_2+2$<br>$2n_2+3$ | Gruppen-<br>überträge | Einzel-<br>überträge | | | |
| $2n_2+4$<br>$2n_2+5$ | Einzel-<br>überträge | Summenbits | | | |
| $2n_2+6$<br>$2n_2+7$ | Summenbits | | | | |

## 2.4  Carry-Skip (vereinfachte Carry-Look-Ahead-Addition)

Die Carry-Skip-Technik ist ein Kompromiß zwischen Carry-Ripple und Carry-Look-Ahead-Addition. Die Überträge einer Gruppe der Größe g werden wie beim Carry-Ripple-Addierer in maximal 2g Stufen berechnet; zur beschleunigten Weiterleitung der Überträge über die Gruppen hinweg dient ein einfacher Zusatzschaltkreis. Bei geeigneter Einteilung des Addierers in Gruppen ergibt sich dadurch eine wesentliche Verkürzung der maximalen Laufzeit im Vergleich zum Carry-Ripple-Addierer.

### 2.4.1  Konstante Gruppengröße g

Wir verwenden die in 2.3.3 eingeführten Hilfsfunktionen:

$$D_j := d_{(j+1)g-1} \cdot \cdots \cdot d_{jg} \quad ;$$
$$K_j := k_{(j+1)g-1} \vee d_{(j+1)g-1} \cdot k_{(j+1)g-2} \vee \cdots \vee d_{(j+1)g-1} \cdot \cdots d_{jg+1} \cdot k_{jg}$$

Für den Gesamtübertrag $C_j$ der Gruppe j erhalten wir damit:

$$C_j = k_{(j+1)g-1} \vee d_{(j+1)g-1} \cdot k_{(j+1)g-2} \vee \cdot \vee d_{(j+1)g-1} \cdots d_{jg+1} \cdot k_{jg}$$

$$\vee \; d_{(j+1)g-1} \cdots d_{jg} \cdot C_{j-1}$$

$$= K_j \vee D_j \cdot C_{j-1} \quad .$$

Der Carry-Skip-Addierer berechnet einen Übertrag $C_j = 1$ wie folgt:

a. $K_j = 1$, $D_j \cdot C_{j-1} = 0$; d.h. der Übertrag entsteht erst in Gruppe j: $C_j = K_j$ wird durch einen Carry-Ripple-Addierer der Länge g in maximal $2 \cdot g$ logischen Stufen berechnet.

b. $D_j \cdot C_{j-1} = 1$; d.h. $C_{j-1}$ wird über die Gruppe j weitergeleitet: in diesem Fall erfolgt die Weiterleitung des Übertrags durch die (bereits berechnete) Hilfsfunktion $D_j$ in 2 logischen Stufen.

Der Aufbau einer Carry-Skip-Gruppe ist Figur 2.16 zu entnehmen. Die zur Berechnung von $D_j$ benutzten OR-Gatter sind bereits in den zugehörigen Fulladdern enthalten (vgl. 2.1). Sie bleiben daher bei den Kostenberechnungen unberücksichtigt.

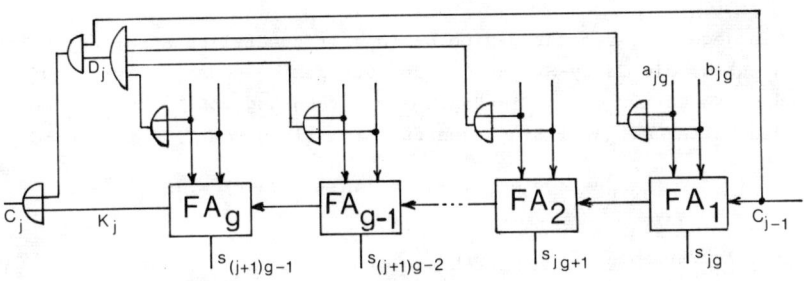

Figur 2.16 (Carry-Skip-Addition erster Ordnung)

<u>Laufzeit und Kosten</u>

Bei der Berechnung der Laufzeit muß wie immer der ungünstigste Fall betrachtet werden. Dieser liegt vor für Summanden $a = (a_{n-1}, \ldots, a_0)$ und $b = (b_{n-1}, \ldots, b_0)$ der Form:

$$a_0 = b_0 = 1 \;, \; c_{-1} = 0 \;, \; a_i \oplus b_i = 1 \quad (i = 1, \ldots, n-2) \;.$$

In diesem Fall entsteht also ein Übertrag nur in der Gruppe 0 ($K_0$ = 1), er wird nicht sofort über diese Gruppe weitergeleitet ($D_0 \cdot c_{-1}$ = 0), aber über alle weiteren Gruppen. Die Berechnung von $K_0$ und die Bestimmung der Summenbits der letzten Gruppe benötigen maximale Laufzeit; alle anderen Summen- bzw. Übertragsbits liegen früher vor als $s_{n-1}$. Mit $n_1 := n/g$ ergibt sich:

$$\tau_{C-SKIP,max} = \underset{(*)}{2 \cdot g+1} + \underset{(**)}{2 \cdot (n_1-2)} + \underset{(***)}{2 \cdot g} = 4g + 2n_1 - 3 \ .$$

(*)   : Berechnung von $K_0$ in $2 \cdot g$ Stufen und von $C_0 = K_0 \vee D_0 \cdot c_{-1}$ in einer zusätzlichen Stufe.

(**) : Weiterleitung des Übertrags $C_0$ über die Gruppen $1,\ldots,n_1-2$.

(***): Berechnung von $s_{n-1}$ in $2g$ Stufen (je zwei pro Fulladder).

Minimale Laufzeit ergibt sich für die Gruppengröße $g_{opt} = \sqrt{\frac{n}{2}}$ , d.h. für $n = 2 \cdot g_{opt}^2$, $n_1 = 2 \cdot g_{opt}$ :

$$\tau_{C-SKIP,max}(g_{opt}) = 4 \cdot \sqrt{2} \cdot \sqrt{n} - 3 \approx 5{,}656 \cdot \sqrt{n} - 3 \ .$$

**Beispiele:**  a.   $n = 32 \Rightarrow g_{opt} = 4$ , $\tau = 29$ ;

b.   $n = 50 \Rightarrow g_{opt} = 5$ , $\tau = 37$ .

Die gegenüber dem Carry-Ripple-Addierer zusätzlich anfallenden Kosten für die Carry-Skip-Logik der Gruppe j beschränken sich auf das AND-Gatter mit g Eingängen zur Berechnung von $D_j$ und die beiden Gatter mit zwei Eingängen zur Ermittlung von $C_j = K_j \vee D_j \cdot C_{j-1}$.

$$\kappa_{C-SKIP} = \kappa_{C-R} + n_1 \cdot (g+4) = 14n + \frac{n}{g} \cdot (g+4) = 15n + \frac{4n}{g} \ .$$

## 2.4.2  Variable Gruppengröße

Die Diskussion des ungünstigsten Falls aus 2.4.1 zeigt, daß der Übertrag über die inneren Gruppen sehr schnell weitergeleitet wird, während die beiden Randgruppen, in denen der Übertrag generiert wird bzw. endet, relativ viel Zeit in Anspruch nehmen. Im folgenden untersuchen wir, um wieviel die Addition durch Verkürzung der Randgruppen bei gleichzeitiger Verlängerung von inneren Gruppen beschleunigt werden kann ([Le1], [Ma2]).

**Definition 2.7.** $k_j$ *sei die Länge der Gruppe* $G_j$ *eines C-Skip-Addierers.*

$$K_n := (k_{n_1-1}, \ldots, k_0)$$

*heißt* Gruppenschema, *wenn gilt:*

$$k_j \geq 1, \quad n_1 \geq 2 \quad und \quad k_0 + k_1 + \ldots + k_{n_1-1} = n \ .$$

$S(K_n)$ *bezeichne die maximale Laufzeit der Carry-Skip-Addition bei Verwendung des Schemas* $K_n$.
*Ein Gruppenschema mit minimaler Laufzeit heißt* optimal.

In 2.4.1 wurde $S((g,\ldots,g)) = 4g + 2n_1 - 3$ bewiesen. Dieses Resultat läßt sich auf variable Gruppengrößen verallgemeinern. Im folgenden wird vorausgesetzt, daß mindestens ein $k_i > 1$ ist.

**Lemma 2.3.** $\quad S(K_n) = \max\limits_{0 \leq \alpha < \beta \leq n_1-1} [2 \cdot v_{(\alpha,\beta)} + sign(k_\alpha - 1)],$

*wobei* $\qquad v_{(\alpha,\beta)} := k_\alpha + k_\beta + \beta - \alpha - 1.$

**Beweis.** Wird ein Übertrag in $G_\alpha$ generiert und läuft er bis zur Gruppe $G_\beta$ ($\beta > \alpha$) einschließlich, dann sind im ungünstigsten Fall die Summenbits des aus $G_\beta, \ldots, G_\alpha$ bestehenden Abschnitts erst nach

$$h = \begin{cases} 2 \cdot k_\alpha + 1 + 2 \cdot (\beta + \alpha - 1) + 2k_\beta & \text{falls } k_\alpha > 1 \\ 2 + 2 \cdot (\beta - \alpha - 1) + 2k_\beta & \text{falls } k_\alpha = 1 \end{cases}$$

logischen Stufen berechnet. (Wenn $k_\alpha = 1$ und $\alpha = 0$, nehmen wir an, daß der erste Fulladder mit disjunktiver Normalform in 2 logischen Stufen realisiert ist.)

Zur Bestimmung eines optimalen Schemas $K_n$ ist das folgende Optimierungsproblem (O*) zu lösen:

$O^*:$ *Bestimme* $n_1, k^*_{n_1-1}, \ldots, k^*_0$ *mit*

$$S((k^*_{n_1-1}, \ldots, k^*_0)) = \min\limits_{(k_{n_1-1}, \ldots, k_0)} \max\limits_{0 \leq \alpha < \beta \leq n_1-1} [2 \cdot v_{(\alpha,\beta)} + sign(k_\alpha - 1)]$$

$$= \min\limits_{\substack{(k_{n_1-1}, \ldots, k_0) \\ n_1 \geq 2; \Sigma k_i = n}} \max\limits_{0 \leq \alpha < \beta \leq n_1-1} 2 \cdot v_{(\alpha,\beta)} + 1$$

$$= 2 \cdot T(K^*_n) + 1 \ ,$$

*wobei* $\quad T(K^*_n) := \min\limits_{(k_{n_1-1}, \ldots, k_0)} \max\limits_{0 \leq \alpha < \beta \leq n_1-1} v_{(\alpha,\beta)} \qquad .$

Wir suchen also die Gruppenanzahl $n_1$ und die Gruppengrößen $k_i^*$, so daß die maximale Laufzeit $S(K_n^*)$ dieses Schemas minimal wird. Zur Lösung dieser Aufgabe benötigen wir zwei Hilfssätze:

**Lemma 2.4.** *Es gibt eine Lösung $K_n^*$ des Optimierungsproblems (O\*), bei der sich benachbarte Gruppengrößen um höchstens 1 unterscheiden.*

**Beweis.** Sei $K_n = (k_{n_1-1}, \ldots, k_0)$ ein Gruppenschema. Es existiere ein $h$ ($0 \leq h \leq n_1-2$), für das $|k_{h+1}-k_h| \geq 2$ gilt. Dann definieren wir ein neues Schema $K_n'$ durch:

$$K_n' = \begin{cases} (1, n-2, 1) & \text{falls } K_n = (n-1, 1) \\ (.., k_{h+1}-1, k_h+1, ..) & \text{falls } K_n \neq (n-1,1) \ , \ k_{h+1} > k_h \\ (.., k_{h+1}+1, k_h-1, ..) & \text{falls } K_n \neq (n-1,1) \ , \ k_{h+1} < k_h \ . \end{cases}$$

Durch eine einfache Überlegung zeigt man, daß gilt:

$$S(K_n') \leq S(K_n) \ ;$$

durch wiederholte Anwendung dieses Prinzips erhält man schließlich ein Schema, bei dem sich benachbarte Gruppengrößen um höchstens 1 unterscheiden und dessen Laufzeit nicht höher als die von $K_n$ ist.

Wir können uns also auf Schemata beschränken, bei denen sich benachbarte Gruppen um höchstens 1 unterscheiden. Lemma 2.5 zeigt, daß in diesem Fall $\max v_{(\alpha,\beta)}$ für $\alpha = 0$, $\beta = n_1-1$ angenommen wird:

**Lemma 2.5.** *Ist $|k_i-k_{i+1}| \leq 1$ ($i = 0, \ldots, n_1-2$), dann gilt:*

$$\max_{0 \leq \alpha < \beta \leq n_1-1} v_{(\alpha,\beta)} = v_{(0, n_1-1)} = k_0 + k_{n_1-1} + n_1 - 2 \ .$$

**Beweis.** $\max v_{(\alpha,\beta)}$ werde angenommen für $\beta = \beta^*$ .

$$\Rightarrow v_{(\alpha-1,\beta^*)} = k_{\alpha-1} + 1 + k_{\beta^*} + \beta^* - \alpha - 1 \geq v_{(\alpha,\beta^*)} \quad \text{(da } k_{\alpha-1}+1 \geq k_\alpha \text{)} \ ;$$

$$\Rightarrow \max v_{(\alpha,\beta^*)} = v_{(0,\beta)} = k_0 + k_{\beta^*} + \beta^* - 1 \ .$$

Analog zeigt man, daß $\beta^* = n_1-1$ gilt.
Aus Lemma 2.5 ergibt sich sofort:

**Lemma 2.6.** *a. $T(K_n^*) = \min\limits_{\substack{(k_{n_1-1}, \ldots, k_0) \\ n_1 \geq 2, \Sigma k_i = n, \ |k_i-k_{i+1}| \leq 1}} (k_0 + k_{n_1-1} + n_1 - 2)$ .*

*b. Einen optimalen Wert für $T(K_n^*)$ erhält man dadurch, daß man die Randgruppen möglichst klein macht und die Gruppengröße von den*

*Rändern zur Mitte hin um je genau 1 anwachsen läßt; dadurch wird auch $n_1$ möglichst klein.*

Wir sind nun in der Lage, optimale Schemata zu konstruieren und ihre Laufzeit anzugeben:

<u>Satz 2.7.</u> *a. Sei $n = m(m+1)$ ($m \in \mathbb{N}$). Für das optimale Schema $K_n^*$ gilt:*

$$K_n^* = (k_{n_1-1}^*, \ldots, k_0^*) = (1, 2, \ldots, m-1, m, m, m-1, \ldots, 1), \text{ also } n_1 = 2m.$$

$$\tau_n = S(K_n^*) = 4m+1 .$$

*b. Sei $n = m^2$ ($m \in \mathbb{N}$) .*

$$K_n^* = (k_{n_1-1}^*, \ldots, k_0^*) = (1, 2, \ldots, m-1, m, m-1, \ldots, 1); \quad n_1 = 2m-1 .$$

$$\tau_n = S(K_n^*) = 4m-1 .$$

*c. Ist $m^2 < n < m(m+1)$ bzw. $m(m-1) < n < m^2$, dann gilt für die Laufzeit:*

$$\tau_n = 4m+1 \quad bzw. \quad \tau_n = 4m-1 .$$

*Ein optimales Schema erhält man aus dem größeren Schema (für $m(m+1)$ bzw. $m^2$) durch Streichen von Gruppen von den Rändern her, beginnend mit der kleinsten Gruppe; man streicht, solange die Summe der Längen der gestrichenen Gruppen $m(m+1)-n$ bzw. $m^2-n$ nicht übersteigt. Wenn keine Gruppe mehr vollständig entfernt werden kann, reduziert man die Gesamtlänge der übriggebliebenen Gruppen auf den Wert $n$ durch "Abschleifen" der Gruppen maximaler Größe (unter Beibehaltung der Bedingung $|k_i - k_{i+1}| \le 1$).*

<u>Beweis.</u> a,b: Die optimalen Schemata sind eindeutig bestimmt.

$$\tau_n = S(K_n^*) = 2 \cdot \min_{\substack{K_n \\ n_1 \ge 2; \sum k_i = n}} \max_{0 \le \alpha < \beta \le n_1-1} v_{(\alpha, \beta)} + 1 = 2 \cdot v_{(0, n_1-1)} + 1$$

$$= 2 \cdot \min[k_0 + k_{n_1-1} + n_1 - 2] + 1 = 2 \cdot [1 + 1 + n_1 - 2] + 1 = 2n_1 + 1 .$$

c. Das Streichen einer Randgruppe bzw. das Abschleifen einer inneren Gruppe ändert $S(K_n^*)$ nicht (die Verkleinerung von $n_1$ wird durch die Vergrößerung der neuen Randgruppe ausgeglichen).

<u>Beispiele:</u> 1. $n = 56 = 7 \cdot 8$: $\Rightarrow m = 7$, $n_1 = 2 \cdot m = 14$; $\tau_{56} = 4 \cdot 7 + 1 = 29$.

Optimales Schema: $(1, 2, 3, 4, 5, 6, 7, 7, 6, 5, 4, 3, 2, 1)$.

<u>Bemerkung:</u> Maximale Laufzeit hat z.B. ein Übertrag, der in der zweiten Gruppe von rechts generiert wird und über alle anderen Gruppen bis zur letzten weitergeleitet wird; $\tau_n = 2 \cdot 2 + 1 + 2 \cdot 11 + 2 = 29$.

2. $n = 50 \in [49,56]$ ; $\tau_{50} = \tau_{56} = 4 \cdot 7 + 1 = 29$ .

Optimale Schemata:

a. $(1,2,3,4,5,6,7,7,6,5,4,3,2,1)$, $n_1=10$, $\tau_{50}=2 \cdot (3+3+10-2)+1 = 29$ ;

b. $(1,2,3,4,5,6,7,7,6,5,4,3,2,1)$, $n_1=11$, $\tau_{50}=2 \cdot (1+4+11-2)+1 = 29$ ;

c. $(1,2,3,4,5,6,7,7,6,5,4,3,2,1)$, $n_1=11$, $\tau_{50}=2 \cdot (4+1+11-2)+1 = 29$ .

3. $n = 44 \in [42,49]$ , $\tau_{44} = \tau_{49} = 4 \cdot 7 - 1 = 27$ .

Optimale Schemata sind z.B.

a. $(1,2,3,4,5,6,\underset{6}{7},6,5,4,3,2,1)$, $n_1=10$, $\tau_{44} = 2 \cdot (3+2+10-2)+1 = 27$ ;

b. $(1,2,3,4,5,6,\underset{6}{7},\underset{5}{6},5,4,3,2,1)$, $n_1=11$, $\tau_{44} = 2 \cdot (1+3+11-2)+1 = 27$ .

Die Aussagen a.-c. von Satz 2.7 lassen sich zu einem generellen Laufzeitergebnis zusammenfassen:

**Satz 2.8.** *Für die maximale Laufzeit des Carry-Skip-Addierers mit variabler Gruppengröße gilt:*

$$\tau_n = \begin{cases} 2 \cdot \lceil \sqrt{4n+1} \rceil - 1, & \text{falls } m^2 < n \le m \cdot (m+1) \\ 2 \cdot \lceil \sqrt{4n} \rceil - 1 \;\;, & \text{falls } (m-1)m < n \le m^2 \end{cases} \quad \text{d.h.} \;\; \tau_n \approx 4 \cdot \sqrt{n} \;.$$

*(Es ist hierbei vorausgesetzt, daß AND- bzw. OR-Gatter mit einer beliebig großen Zahl von Eingängen zur Verfügung stehen und daß die Gatterlaufzeit von der Anzahl der Eingänge unabhängig ist.)*

Beweis. $m^2 < n \le m \cdot (m+1) \quad \leftrightarrow \quad \lceil \sqrt{4n+1} \rceil = 2m+1$ ;

$\qquad\qquad (m-1) m < n \le m^2 \quad \leftrightarrow \quad \lceil \sqrt{4n} \rceil = 2m$ .

Im ersten Fall ergibt sich: $\tau_n = 4m+1 = 2 \cdot (2m+1)-1 = 2 \cdot \lceil \sqrt{4n+1} \rceil - 1$ ,

im zweiten Fall erhält man: $\tau_n = 4m-1 = 2 \cdot 2m-1 \quad = 2 \cdot \lceil \sqrt{4n} \rceil - 1$ .

Laufzeit und Kostenanalyse:

Ein Vergleich mit der Laufzeit

$$\tau_{C-SKIP,max}(g_{opt}) = 4 \cdot \sqrt{2} \cdot \sqrt{n} - 3$$

des Carry-Skip-Addierers mit konstanter Gruppengröße $g = g_{opt} \approx \sqrt{n/2}$ zeigt, daß variable Gruppengrößen die Additionszeit um den Faktor $\sqrt{2}$ beschleunigen (wenn man von Laufzeitproblemen und der Verfügbarkeit der Gatter einmal absieht).

Die Kosten für variable Gruppengrößen übersteigen bei der von uns gewählten Kostenfunktion, die als Maß für die Kosten die Gesamtzahl der Gattereingänge nimmt, die entsprechenden Kosten bei fester Gruppengröße nur unwesentlich. Es gilt für $k_0 > 1$:

$$\kappa = \kappa_{C-R} + \sum_{i=0}^{n_1-1} k_i + 4 \cdot n_1 = \kappa_{C-R} + n + 4 \cdot n_1 < \kappa_{C-R} + 5n .$$

### 2.4.3 Carry-Skip-Addition höherer Ordnung

Das Carry-Skip-Additionsprinzip kann iteriert werden (Zusammenfassung von Gruppen zu Sektionen, vgl. 2.3.3); auch eine Kombination mit Carry-Look-Ahead-Techniken ist möglich. Figur 2.17 und 2.18 zeigen zwei Beispiele; weitere Varianten sind möglich.

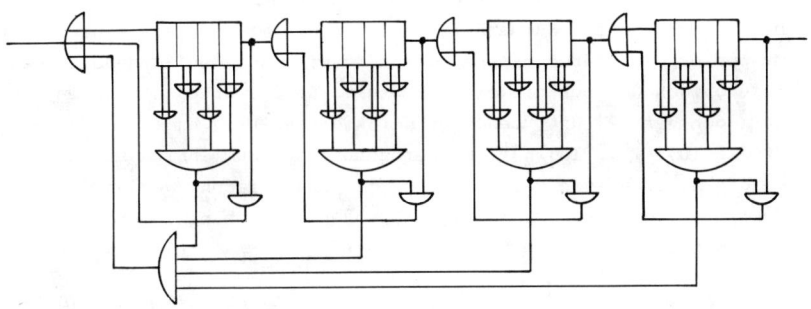

Figur 2.17 (Carry-Skip-Addition zweiter Ordnung)

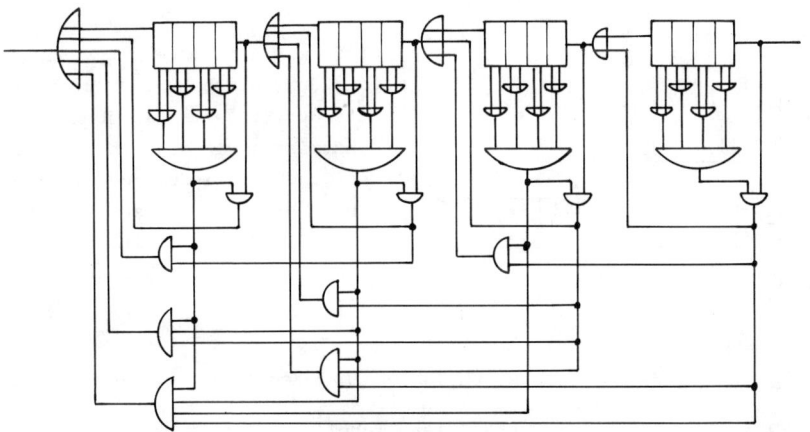

Figur 2.18 (Kombination von Carry-Skip und Carry-Look-Ahead)

## 2.5 Conditional-Sum-Addition [Sk1]

Der Conditional-Sum-Addierer arbeitet nach einem anderen Prinzip
als die bisher besprochenen Addierwerke, die durch mehr oder weniger aufwendige Übertragsberechnungen die maximale Übertragslaufzeit und damit die maximale Additionsdauer verkürzen.

Der Addierer wird in Gruppen $G_i$ ($i=0,\ldots,n_1-1$) eingeteilt. Für jede dieser Gruppen $G_i$ werden die Summenbits sowie der Gesamtübertrag
$c_i$ <u>für beide Alternativen</u> ($c_{i-1}=0$ bzw. $c_{i-1}=1$) berechnet. Der Addierer startet (Stufe 0) mit Gruppen der Größe 1. Beim Übergang
von Stufe i zu Stufe i+1 wird die Gruppengröße verdoppelt, indem
man jeweils zwei benachbarte Gruppen zu einer neuen zusammenfaßt.
Die Berechnung der Summenbits bzw. des Gesamtübertrags einer neuen
Gruppe erfolgt durch eine einfache Auswahl aus den Summenbits der
zugehörigen Gruppen niedrigerer Stufe. Da die Gruppengröße in Stufe i den Wert $2^i$ hat, benötigt der Addierer $\lceil \log_2 n \rceil +1$ logische
Stufen ($0,1,\ldots,\lceil \log_2 n \rceil$) zur Berechnung der Summenbits für die
beiden Alternativen $c_{-1}=0$ bzw. $c_{-1}=1$. Abschließend werden die korrekten Summenbits in Abhängigkeit von $c_{-1}$ durch eine Torschaltung
ausgewählt.

Bezeichnet man mit $\boxed{c_{i,j}^m \mid s_{i,j}^m}$ das Übertragsbit und die $2^m$ Summenbits der i-ten Gruppe in Stufe m, wenn der Eingangsübertrag für
diese Gruppe den Wert j hat ($j \in \{0,1\}$), dann arbeitet der Addierer wie folgt:

| $c_{2i+1,0}^m$ | $s_{2i+1,0}^m$ | $c_{2i,0}^m$ | $s_{2i,0}^m$ |
|---|---|---|---|
| $c_{2i+1,1}^m$ | $s_{2i+1,1}^m$ | $c_{2i,1}^m$ | $s_{2i,1}^m$ |

$\downarrow$

| $c_{i,0}^{m+1}$ | $s_{i,0}^{m+1}$ |
|---|---|
| $c_{i,1}^{m+1}$ | $s_{i,1}^{m+1}$ |

Bevor wir die Formeln zur Berechnung der Summen bzw. Übertragsbits der Stufe m+1 angeben, demonstrieren wir die Arbeitsweise
des Conditional-Sum-Addierers an
einem Beispiel, das zeigt, daß
der Addierer für Additionen und
Subtraktionen gleichermaßen geeignet ist.

<u>Beispiel:</u> n = 12; negative Zahlen im 2-Komplement dargestellt.

Das Ergebnis der Rechnung (siehe Tabelle 2.3) kann in Abhängigkeit
von $c_{-1}$ als Summe bzw. als Differenz interpretiert werden:

Tabelle 2.3   (Beispiel zur Conditional-Sum-Addition)

| | a | 0 | 0 | 1 | 1 | 0 | 1 | 0 | 0 | 0 | 1 | 1 | 0 | $c_{-1}$ |
|---|---|---|---|---|---|---|---|---|---|---|---|---|---|---|
| | b | 1 | 1 | 0 | 1 | 0 | 1 | 0 | 1 | 1 | 0 | 0 | 1 | |
| Stufe 0 | | 0¦1 | 0¦1 | 0¦1 | 1¦0 | 0¦0 | 1¦0 | 0¦0 | 0¦1 | 0¦1 | 0¦1 | 0¦1 | 0¦1 | 0 |
| | | 1¦0 | 1¦0 | 1¦0 | 1¦1 | 0¦1 | 1¦1 | 0¦1 | 1¦0 | 1¦0 | 1¦0 | 1¦0 | 1¦0 | 1 |
| 1 | | | 1 1 | 1¦ | 0 0 | 0¦ | 1 0 | 0¦ | 0 1 | 0¦ | 1 1 | 0¦ | 1 1 | 0 |
| | | | 0 0 | 1¦ | 0 1 | 0¦ | 1 1 | 0¦ | 1 0 | 1¦ | 0 0 | 1¦ | 0 0 | 1 |
| 2 | | | | 0 0 0 0 | 0¦ | | | 1 0 0 1 | 0¦ | | | 1 1 1 1 | 0 |
| | | | | 0 0 0 1 | 0¦ | | | 1 0 1 0 | 1¦ | | | 0 0 0 0 | 1 |
| 3 | | | | 0 0 0 0 | 0¦ | | | 1 0 0 1 1 1 1 | | | | | 0 |
| | | | | 0 0 0 1 | 0¦ | | | 1 0 1 0 0 0 0 | | | | | 1 |
| 4 | | | | | | 0 0 0 0 1 0 0 1 1 1 1 1 | | | | | | | 0 |
| | | | | | | 0 0 0 0 1 0 1 0 0 0 0 0 | | | | | | | 1 |

Interpretationsmöglichkeiten:

1. $c_{-1} = 0$ (Addition)                          2. $c_{-1} = 1$ (Subtraktion)

$$\left. \begin{array}{l} w_2(001101000110) \;=\; 838 \\ w_2(110101011001) \;=\; -679 \end{array} \right] + \qquad (*) \left. \begin{array}{l} w_2(001101000110) \;=\; 838 \\ w_2(001010100110) \;=\; 678 \end{array} \right] -$$

$$w_2(000010011111) \;=\; 159 \qquad\qquad\qquad w_2(000010100000) \;=\; 160$$

(*)  Die Bits des Summanden b sind invertiert worden, da eine Subtraktion ausgeführt wird.


Die am weitesten links stehenden Überträge einer Stufe brauchen
nicht berechnet zu werden, da wir nach Voraussetzung das 2-Komple-
ment mit Vorzeichenverdopplung der Summanden bzw. Ergebnisse verwenden. Eine Ausnahme bildet Stufe 0, wo $S_{n-1,0}^{0}$ und $S_{n-1,1}^{0}$ über
$c_{n-1,0}^{0}$ und $c_{n-1,1}^{0}$ berechnet werden (vgl. dazu die anschließenden
Formeln).

Formeln zur Berechnung der Summen- bzw. Übertragsbits

Durch Anwendung der Regeln der Booleschen Algebra erhält man:

A. Logik der Stufe 0

$$c_{i,0}^{0} = a_i \cdot b_i \;\;;\;\; c_{i,1}^{0} = a_i \cdot b_i \vee (a_i \oplus b_i) = a_i \vee b_i \;\;;$$

$$S_{i,0}^{0} = \overline{S_{i,1}^{0}} \;\;;\;\; S_{i,1}^{0} = a_i \oplus b_i \oplus 1 = a_i b_i \vee \overline{a}_i \overline{b}_i = \overline{c_{i,0}^{0} \vee c_{i,1}^{0}} \;.$$

B. <u>Berechnung von Stufe m+1 aus Stufe m ($0 \leq m \leq \lceil \log_2 n \rceil - 1$)</u>

$$\boxed{c_{i,0}^{m+1} \mid S_{i,0}^{m+1}} = \begin{cases} \boxed{c_{2i+1,0}^{m} \mid S_{2i+1,0}^{m}; \ S_{2i,0}^{m}} & \text{falls } c_{2i,0}^{m} = 0 \\[2mm] \boxed{c_{2i+1,1}^{m} \mid S_{2i+1,1}^{m}; \ S_{2i,0}^{m}} & \text{falls } c_{2i,}^{m} = 1 \end{cases}$$

$$= \boxed{\overline{c_{2i,0}^{m}} \cdot c_{2i+1,0}^{m} \vee c_{2i,0}^{m} \cdot c_{2i+1,1}^{m} \ \mid \ \overline{c_{2i,0}^{m}} \cdot S_{2i+1,0}^{m} \vee c_{2i,0}^{m} \cdot S_{2i+1,1}^{m}; \ S_{2i,0}^{m}}$$

$$\boxed{c_{i,1}^{m+1} \mid S_{i,1}^{m+1}} = \begin{cases} \boxed{c_{2i+1,0}^{m} \mid S_{2i+1,0}^{m}; \ S_{2i,1}^{m}} & \text{falls } c_{2i,1}^{m} = 0 \\[2mm] \boxed{c_{2i+1,1}^{m} \mid S_{2i+1,1}^{m}; \ S_{2i,1}^{m}} & \text{falls } c_{2i,1}^{m} = 1 \end{cases}$$

$$= \boxed{\overline{c_{2i,1}^{m}} \cdot c_{2i+1,0}^{m} \vee c_{2i,1}^{m} \cdot c_{2i+1,1}^{m} \ \mid \ \overline{c_{2i,1}^{m}} \cdot S_{2i+1,0}^{m} \vee c_{2i,1}^{m} \cdot S_{2i+1,1}^{m}; \ S_{2i,1}^{m}}$$

C. <u>Auswahl des Ergebnisses in Abhängigkeit von $c_{-1}$</u>

Seien $S_{0,0}^{k} = t_{n-1}^{0} \ldots t_{0}^{0}$ und $S_{0,1}^{k} = t_{n-1}^{1} \ldots t_{0}^{1}$ die beiden Alternativen des Ergebnisses ($k = \lceil \log_2 n \rceil$).

Dann berechnen sich die Bits der Summe $S = s_{n-1} \ldots s_{0}$ wie folgt:

$$s_i = t_i^{0} \cdot \overline{c_{-1}} \vee t_i^{1} \cdot c_{-1} \qquad (i = 0, \ldots, n-1) \ .$$

Bei einer Addition wird also die erste der beiden Alternativen, bei einer Subtraktion die zweite gewählt; man kann die Laufzeit geringfügig erniedrigen, indem man diese Auswahl in die Logik einer früheren Stufe einbezieht. Wir gehen darauf jedoch nicht weiter ein.

<u>Laufzeit- und Kostenanalyse:</u>

<u>Laufzeit.</u> Jede Stufe des Addierers erfordert ebenso wie die Auswahl des Ergebnisses das Durchlaufen je eines AND- bzw. OR-Gatters.

$$\tau_{\text{Cond-Sum}} = 2 \cdot (\lceil \log_2 n \rceil + 2) \ .$$

<u>Kosten.</u> Wir berechnen die Kosten für $n = 2^k$ ($k \in \mathbb{N}$). Wenn n keine Zweierpotenz ist, ergeben sich die Kosten aus dem Aufwand für die nächstgrößere Zweierpotenz reduziert um den Aufwand für die zusätzlichen Bits.

<u>Stufe 0 bzw. Auswahl des Ergebnisses:</u> Kosten jeweils 6n.

Stufe m ($1 \leq m \leq \log_2 n$):

Zu berechnen sind $\boxed{c_{i,0}^m \mid s_{i,0}^m}$ bzw. $\boxed{c_{i,1}^m \mid s_{i,1}^m}$ ($i=0,\ldots,\dfrac{n}{2^m} - 1$).

Die Hälfte der $2^m$ Summenbits jeder Gruppe sowie die Übertragsbits (den Übertrag der am weitesten links stehenden Gruppe, der nicht berechnet zu werden braucht, ausgenommen) werden aus den zugehörigen Gruppenüberträgen der Stufe m-1 durch je zwei AND- und ein OR-Gatter berechnet (Kosten jeweils = 6); die andere Hälfte der Summenbits wird aus Stufe m-1 ungeändert übernommen (vgl. die entsprechenden Formeln). Die Gesamtkosten der Stufe m belaufen sich daher auf:

$$\kappa_m = 2 \cdot \underbrace{\frac{n}{2^m} \cdot 2^{m-1} \cdot 6}_{} + \underbrace{2 \cdot (\frac{n}{2^m} - 1) \cdot 6}_{} = 6n + \frac{6n}{2^{m-1}} - 12 \ .$$

[Kosten für die: Summenbits    Übertragsbits]

$$\kappa_{\text{Cond-Sum}} = 6n + \sum_{m=1}^{\log_2 n} \kappa_m + 6n = 6n \cdot \log_2 n + 24n - 12 \cdot \log_2 n - 12.$$

Neben seiner hohen Geschwindigkeit und seinen vergleichsweise niedrigen Kosten liegt ein besonderer Vorteil des Conditional-Sum-Addierers darin, daß er nur AND- und OR-Gatter mit je zwei Eingängen sowie Negationsglieder benötigt. Außerdem ist eine überlappte Ausführung mehrerer Additionen (Pipelining-Prinzip) möglich, da alle Bits einer Stufe des Addierers vollständig synchron berechnet werden und nur von den Bits der unmittelbar vorangehenden Stufe abhängen.

## 2.6  Carry-Select-Addition

Das Prinzip der Conditional-Sum-Addition läßt sich dadurch verallgemeinern, daß g ($g \geq 2$) Gruppen einer Stufe zu einer neuen Gruppe der nächsthöheren Stufe zusammengefaßt werden. Die Gruppengröße in Stufe i beträgt $g^i$ gegenüber $2^i$ bei der Conditional-Sum-Addition, wodurch sich die Gesamtzahl der Stufen auf $1 + \lceil \log_g n \rceil$ reduziert. Ein spezieller Addierer dieses Typs für eine Wortlänge von n=100, eine Gruppengröße g=5 und konzipiert für eine möglichst hohe Zielgeschwindigkeit bei relativ geringem Aufwand wurde von Bedrij [Be1] angegeben. Die im folgenden angegebene Addierlogik verallgemeinert und systematisiert diese Untersuchungen auf beliebige Gruppengrößen und Wortlängen. Der Übersicht halber verzichten wir auf die Anwen-

dung zahlreicher Tricks, durch die sich eine Kostensenkung unter
Beibehaltung der geforderten Zielgeschwindigkeit ergibt.

## Aufbau des Carry-Select-Addierers (Gruppengröße g):

Die Formeln zur Berechnung von Stufe 0 (Gruppengröße $g^0=1$) stimmen
mit denen der Cond-Sum-Addition überein. Entsprechendes gilt für
die Auswahl der Summenbits aus den beiden als Ergebnis der letzten
Stufe vorliegenden Alternativen.

Wir beschreiben jetzt die Logik zur Berechnung der Gruppen $S_{0,0}^{m+1}$
bzw. $S_{0,1}^{m+1}$ (wegen der Gleichartigkeit des Aufbaus aller Gruppen genügt es, diese spezielle Gruppe zu untersuchen).

| $c_{g-1,0}^{m}$ | $S_{g-1,0}^{m}$ | $c_{g-2,0}^{m}$ | $S_{g-2,0}^{m}$ | $\cdots$ | $c_{1,0}^{m}$ | $S_{1,0}^{m}$ | $c_{0,0}^{m}$ | $S_{0,0}^{m}$ |
|---|---|---|---|---|---|---|---|---|
| $c_{g-1,1}^{m}$ | $S_{g-1,1}^{m}$ | $c_{g-2,1}^{m}$ | $S_{g-2,1}^{m}$ | $\cdots$ | $c_{1,1}^{m}$ | $S_{1,1}^{m}$ | $c_{0,1}^{m}$ | $S_{0,1}^{m}$ |

$$\downarrow$$

| $c_{0,0}^{m+1}$ | $S_{0,0}^{m+1} \overset{\text{def}}{=} (S'_{g-1,0}; S'_{g-2,0}; \ldots; S'_{1,0}; S'_{0,0})$ |
|---|---|
| $c_{0,1}^{m+1}$ | $S_{0,1}^{m+1} \overset{\text{def}}{=} (S'_{g-1,1}; S'_{g-2,1}; \ldots; S'_{1,1}; S'_{0,1})$ |

Für die g Komponenten $S'_{i,\alpha}$ ($\alpha \in \{0,1\}$) von $S_{0,\alpha}^{m+1} = (S'_{g-1,\alpha}, \ldots, S'_{0,\alpha})$
gilt:

$$S'_{i,\alpha} \in \{S_{i,0}^{m}, S_{i,1}^{m}\} \qquad (i = 0, \ldots, g-1).$$

Welche der beiden Alternativen zu wählen ist, hängt von den Über-
trägen $c_{i-1,\alpha}^{m}, \ldots, c_{0,\alpha}^{m}$ ab. Im einzelnen ergibt sich durch Verallgemeinerung der entsprechenden Formeln der Conditional-Sum-Addition:

$$S'_{0,\alpha} = S_{0,\alpha}^{m} ;$$
$$S'_{1,\alpha} = S_{1,0}^{m} \cdot \overline{c_{0,\alpha}^{m}} \vee S_{1,1}^{m} \cdot c_{0,\alpha}^{m} ;$$
$$S'_{i+1,\alpha} = S_{i+1,0}^{m} \cdot (\overline{c_{i,1}^{m} \vee c_{i,0}^{m}} \cdot \overline{c_{i-1,1}^{m}} \vee \ldots \vee \overline{c_{i,0}^{m}} \cdot \ldots \cdot \overline{c_{1,0}^{m} \cdot c_{0,\alpha}^{m}})$$
$$\vee S_{i+1,1}^{m} \cdot (c_{i,0}^{m} \vee c_{i,1}^{m} \cdot c_{i-1,0}^{m} \vee \ldots \vee c_{i,1}^{m} \cdot \ldots \cdot c_{1,1}^{m} \cdot c_{0,\alpha}^{m}) ;$$

$$(i = 1, \ldots, g-2; \ \alpha \in \{0,1\})$$

$$c_{0,\alpha}^{m+1} = c_{g-1,0}^m \cdot (\overline{c_{g-2,1}^m} v \overline{c_{g-2,0}^m} \cdot \overline{c_{g-3,1}^m} v \cdot \cdot v \overline{c_{g-2,0}^m} \cdot \cdot \cdot \overline{c_{1,0}^m \cdot c_{0,\alpha}^m})$$

$$v \; c_{g-1,1}^m \cdot (\overline{c_{g-2,0}^m} v \overline{c_{g-2,1}^m} \cdot \overline{c_{g-3,1}^m} v \cdot \cdot v \overline{c_{g-2,1}^m} \cdot \cdot \cdot \overline{c_{1,1}^m \cdot c_{0,\alpha}^m}) \; .$$

Diese Beziehungen (zu ihrer Verifikation beachte man, daß gilt: $c_{i,0}^m = 1 \Rightarrow c_{i,1}^m = 1$ sowie $c_{i,1}^m = 0 \Rightarrow c_{i,0}^m = 0$) zeigen, daß die Carry-Select-Addition sowohl Elemente des Conditional-Sum- als auch des Carry-Look-Ahead-Addierers in sich vereinigt. Die Kosten für die Logik einer Gruppe der Größe g wachsen mit $g^3$ (vgl. 2.3.2).

Laufzeit- und Kostenanalyse:

Laufzeit: Bei Verwendung der angegebenen Formeln sind in jeder Stufe je zwei AND- bzw. OR-Gatter zu durchlaufen (falls g>2):

$$\tau_{\text{Carry-Select}} = \begin{cases} 4 + 2 \cdot \lceil \log_2 n \rceil \; , & g = 2 \; ; \\ 4 + 4 \cdot \lceil \log_g n \rceil \; , & g > 2 \; . \end{cases}$$

Beispiel: n = 100; g = 5

$$\tau_{\text{Carry-Select}} = 4+4 \cdot 3 = 16 < \tau_{\text{Cond-Sum}} = 4+2 \cdot 7 = 18 \; .$$

Kosten: Wir bestimmen den Aufwand für den Spezialfall $n = g^k$ (k∈ℕ). Ebenso wie beim Conditional-Sum-Addierer ergibt sich zunächst:

$$\kappa_{\text{Carry-Select}} = 12n + \sum_{m=1}^{\log_g n} \kappa_m \; ,$$

wobei $\kappa_m$ den in Stufe m entstehenden Aufwand zur Berechnung der Summen- und Übertragsbits bezeichnet.

Für $\kappa_m$ erhält man nach einer einfachen Rechnung:

$$\kappa_m = \frac{n}{g^m} \cdot [\frac{1}{3}g^3 + 3g^2 - \frac{16}{3}g - 4] + 2 \cdot [\frac{n}{g^m}(g^m - g^{m-1}) \cdot 6 + (\frac{n}{g^m} - 1) \cdot 6]$$

$$= \frac{n}{g^m} \cdot [\frac{1}{3}g^3 + 3g^2 - \frac{16}{3}g + 8] + 12n - 12\frac{n}{g} - 12 \; .$$

Die Kosten des Carry-Select-Addierers berechnen sich daher zu:

$$\kappa = 12n + 12(n - \frac{n}{g} - 1) \cdot \log_g n + (\frac{1}{3}g^3 + 3g^2 - \frac{16}{3}g + 8) \cdot n \cdot \sum_{m=1}^{\log_g n} \frac{1}{g^m}$$

$$= 12n + 12(n - \frac{n}{g} - 1) \cdot \log_g n + (\frac{1}{3}g^3 + 3g^2 - \frac{16}{3}g + 8) \cdot (n-1)/(g-1)$$

Dies läßt sich umformen zu:

$$^K\text{Carry-Select}$$
$$= 12n + 12(n-\frac{n}{g}-1)\cdot\log_g n + (\frac{1}{3}g^2 + \frac{10}{3}g - 2 + \frac{6}{g-1})(n-1)$$
$$\approx 12n\cdot\log_g n + \frac{n}{3}(g^2+10g-6) \quad .$$

## 2.7 Zusammenfassung, Vergleich

Tabelle 2.4 stellt Laufzeit und Kosten zur Addition zweier n-stelliger Zahlen für die in Kapitel 2 besprochenen Addierer zusammen. Neben dem Exclusive-Or-Addierer wurden Addierer, die das Ergebnis in mehreren Takten berechnen (v-Neumann- bzw. CSA-Addition) nicht aufgenommen, da es nicht sinnvoll erscheint, sie in Bezug auf Laufzeit und Kosten mit den anderen zu vergleichen.

Tabelle 2.4

| | Laufzeit | Kosten $\approx$ | Zeit x Kosten $\approx$ |
|---|---|---|---|
| C-Ripple (synchron) | $2n+2$ | $14n$ | $28n^2+28n$ |
| C-Ripple (synchron) | $2n$ | $14n+11$ | $28n^2+22n$ |
| C-Ripple (asynchron) | $\leq 2\cdot L+4$ | $25n-11$ | $50n\cdot L$ |
| vollst. CLA | $5$ | $\frac{1}{6}\cdot n^3+n^2+11\frac{5}{6}n$ | $\frac{5}{6}n^3+5n^2$ |
| vollst. CLA | $4$ | $\frac{1}{3}\cdot n^3+3n^2+8\frac{2}{3}n$ | $\frac{4}{3}n^3+12n^2$ |
| CLA 1. Ordnung | $2\cdot n/g+3$ | $\frac{1}{6}\cdot n\cdot g^2+\frac{3}{2}\cdot ng$ | $\frac{1}{3}\cdot n^2 g+\frac{1}{2}\cdot ng^2$ |
| CLA 2. Ordnung (g=g') | $2\cdot n/g^2+7$ | $\frac{1}{6}\cdot n\cdot g^2+\frac{5}{3}\cdot ng$ | $\frac{1}{3}\cdot n^2+\frac{7}{6}\cdot ng^2$ |
| Carry-Skip | $4g+2n/g-3$ | $15n + 4\cdot\frac{n}{g}$ | $60ng$ |
| C-Skip ($g_{opt}$) | $4\sqrt{2}\sqrt{n}-3$ | $15n+4\cdot\sqrt{2}\sqrt{n}$ | $60\cdot\sqrt{2}\cdot n\sqrt{n}$ |
| C-Skip (variabel) | $4\sqrt{n}$ | $15n+8\sqrt{n}$ | $60n\sqrt{n} + 32n$ |
| Conditional-Sum | $2\cdot\lceil\log_2 n\rceil+4$ | $6n\cdot\log_2 n+24n$ | $12n\cdot(\log_2 n)^2$ |
| Carry-Select | $4\cdot\lceil\log_g n\rceil+4$ | $12n\cdot\log_g n+\frac{ng^2}{3}$ | $48n\cdot(\log_g n)^2$ |

Die Tabellenwerte zeigen, daß im Hinblick auf eine schnelle und vergleichsweise kostengünstige Addition (bei der von uns verwendeten Kostenfunktion) die folgenden Addierer besonders vorteilhaft sind:

- Carry-Look-Ahead 2. Ordnung,
- Carry-Skip mit variabler Gruppengröße,
- Conditional-Sum,
- Carry-Select .

# 3. Multiplikation

## 3.1 Registerkonfiguration, Zahlendarstellung, Überlaufprobleme

Die Multiplikation wird bei fast allen zur Zeit in elektronischen
Rechenanlagen verwendeten Verfahren auf eine Folge von Additionen
zurückgeführt; serielle und parallele Methoden unterscheiden sich
hinsichtlich der Reihenfolge der Ausführung der Additionen.

Wir setzen im folgenden voraus, daß beide Faktoren des Produkts in
gleich großen Registern der Länge n dargestellt sind. Die Behandlung von Operanden unterschiedlicher Länge bereitet keine prinzi-
piellen Schwierigkeiten, doch müssen in den Mikroprogrammen eine
Reihe von Fallunterscheidungen beachtet werden. Im einzelnen werden folgende Register verwandt:

$MD = [MD_{n-1}, \ldots, MD_0]$ : Multiplikandenregister;

$MQ = [MQ_{n-1}, \ldots, MQ_0]$ : Multiplikatorregister;

$MP = [MP_{n-1}, \ldots, MP_0]$ : Register des Partialprodukts;

$MH = [MH_{n-1}, \ldots, MH_0]$ : Hilfsregister .

Das Ergebnis der Multiplikation ist doppelt so lang wie die Faktoren; wir speichern es im allgemeinen in dem gekoppelten Register
(MP,MQ). Der ursprüngliche Inhalt des Multiplikatorregisters geht
bei dieser Organisation verloren.

Als Zahlendarstellung benutzen wir eine der drei in Kapitel 1 eingeführten binären Stellenwertcodierungen. Die Vor- und Nachteile
der einzelnen Codierungen für die Multiplikation (bzw. auch für die
Division) sind folgende:

### 1. Betrag und Vorzeichen

Dies ist die geeignetste Darstellung für Multiplikations- und Di-
visionsalgorithmen. Es genügt, die Beträge der Operanden zu multi-
plizieren bzw. zu dividieren; das Vorzeichen des Ergebnisses erhält man durch Vergleich der Vorzeichen der beiden Operanden.

### 2. (d-1)-Komplement

Eine im (d-1)-Komplement dargestellte negative Zahl läßt sich durch
Invertieren aller Bits mit Ausnahme des Vorzeichens in eine B+V-

Zahl umwandeln (und umgekehrt). Dies gibt Anlaß zu folgendem einfachen Algorithmus (vgl. auch 1.3.5):

$$MD_{n-1}MD_{n-2}\cdots MD_0 \qquad MQ_{n-1}MQ_{n-2}\cdots MQ_0 \qquad \text{Faktoren: } (d-1)\text{-Komplement}$$

$$MD_{n-1}MD^*_{n-2}\cdots MD^*_0 \qquad MQ_{n-1}MQ^*_{n-2}\cdots MQ^*_0 \qquad \text{Faktoren: } (B+V)$$

$$\underbrace{\qquad\qquad\qquad\downarrow\qquad\qquad\qquad}$$

$$MP_{2n-1}MP^*_{2n-2}\cdots\cdots\cdots\cdots MP^*_0 \qquad \text{Produkt: } (B+V)$$

$$\downarrow$$

$$MP_{2n-1}MP_{2n-2}\cdots\cdots\cdots\cdots MP_0 \qquad \text{Produkt: } (d-1)\text{-Komplement}$$

Die Verwendung des $(d-1)$-Komplements im Multiplikationsalgorithmus
selbst ist dagegen wenig zweckmäßig (Behandlung zahlreicher Sonderfälle, End-around-Carry bei den Additionen, siehe 3.3.4).

### 3. d-Komplement

Der Übergang zu einer B+V-Darstellung bzw. die Rücktransformation
ist in diesem Fall zeitaufwendiger als beim $(d-1)$-Komplement. Trotz-
dem bietet sich eine Transformation eines oder beider Faktoren in
vielen Fällen an, da die Behandlung negativer im d-Komplement dar-
gestellter Faktoren wesentlich umständlicher ist als bei Darstellung durch B+V.

### Überlaufprobleme

Das Produkt zweier n-stelliger Zahlen läßt sich bei jeder der drei
betrachteten Stellenwertcodierungen in einem Register der Länge 2n
unterbringen. Eine Vorzeichenverdopplung (d-Komplement) bzw. das
Einfügen einer Null nach dem Vorzeichen (B+V) wie bei den Addierwerken ist hier also nicht unbedingt notwendig; allerdings müssen
dann die Register MP und MD um eine Stelle verlängert werden und
bei Zahlendarstellung im d-Komplement ist ein zeitraubender Sonderfall zu behandeln (vgl. dazu die Bemerkungen im Anschluß an Mikroprogramm M1). Bei Vorzeichenverdopplung treten diese Probleme nicht
auf.

Die Position des Kommas im 2n Bit langen Ergebnisregister (MP,MQ)
ist abhängig von der Kommastellung der Operanden:

I. <u>Integer-Darstellung</u> (d-Komplement)

$$-d^{n-1} \leq w^{(n,0)}(MD) \;,\; w^{(n,0)}(MQ) \leq d^{n-1} - 1 \;;$$

$$-d^{2n-2}+d^{n-1} \leq w^{(n,0)}(MD) \cdot w^{(n,0)}(MQ)$$

$$= w^{(2n,0)}(MP,MQ) \leq d^{2n-2} \;.$$

Das Ergebnis der Multiplikation kann nur dann so gerundet werden, daß es mit der Darstellung der Operanden übereinstimmt, wenn gilt:

$$MP_{n-1} = MP_{n-2} = \ldots = MP_0 = MQ_{n-1} \quad .$$

II. Festkommadarstellung $w^{(1,n-1)}$ (d-Komplement)

$$-1 \leq w^{(1,n-1)} (MD) \quad , \quad w^{(1,n-1)} (MQ) \leq 1 - \frac{1}{d^{n-1}} \quad ;$$

$$- 1 + \frac{1}{d^{n-1}} \leq w^{(1,n-1)} (MD) \cdot w^{(1,n-1)} (MQ)$$

$$= w^{(2,2n-2)} (MP,MQ) \leq 1 \quad .$$

Durch einen Linksshift von (MP,MQ) (die Kommaposition wird hierbei mitgeschoben) und durch anschließende Rundung des Registers auf n Stellen kann man erreichen,daß die Darstellung des Produkts mit der Darstellung der Operanden übereinstimmt.

$$(MP,MQ) \xrightarrow{\text{SHL + Rundung}} MP*$$

$$w^{(2,2n-2)}(MP,MQ) \xrightarrow{\text{Rundung in } Q} w^{(1,n-1)}(MP*)$$

Eine Ausnahme bildet das Produkt $(-1) \cdot (-1) = +1$ . In diesem Fall (und nur in diesem) gilt $MP_{n-1} \neq MP_{n-2}$ .

Bei Gleitkommadarstellung kann dieser "Überlauf" durch einen Linksshift der Kommaposition in (MP,MQ) mit gleichzeitiger Erhöhung des Exponenten um 1 beseitigt werden; für Festkommazahlen besteht diese Möglichkeit nicht. Dieser Ausnahmefall kann bei Darstellung im (d-1)-Komplement bzw. bei Betrag und Vorzeichen nicht auftreten.

Der Multiplikationsalgorithmus selbst wird durch die Stellung des Kommas bei den Operanden nicht beeinflußt. Wir beschränken uns daher bei allen Methoden auf die Multiplikation von ganzen Zahlen; in allen anderen Fällen erhält man hieraus den Wert des Produkts durch Skalierung.

## 3.2 Serielle Multiplikation ohne Multiplikatorcodierung

### 3.2.1 Das Mikroprogramm M1

Das einfachste Multiplikationsverfahren besteht aus n bedingten Additionen und n Rechtsshifts des Partialprodukts. Es ist nur für nichtnegative Multiplikatoren anwendbar; dagegen ist das Vorzeichen des Multiplikanden beliebig.

**Definition 3.1.** $P^{(0)} := 0$ ; $\qquad\qquad Q^{(j)} := \frac{P^j}{d^j}$ $(j=0,\ldots,n)$ ;

$\qquad\qquad P^{(j+1)} := P^{(j)} + d^j \cdot MQ_j \cdot w(MD)$ $\quad Q^{(j)}$ heißt *reduziertes*

$\qquad\qquad\qquad (j=0,\ldots,n-1)$ ; $\qquad\qquad$ *Partialprodukt.*

**Folgerung.** *Für nichtnegative Multiplikatoren* $(MQ_{n-1}=0)$ *gilt:*

$\quad a.\ P^{(n)} = \sum_{i=0}^{n-1} d^i \cdot MQ_i \cdot w(MD) = w(MQ) \cdot w(MD)$ ;

$\quad b.\ Q^{(j+1)} = \frac{1}{d} \cdot (Q^{(j)} + MQ_j \cdot w(MD))$ .

Die Berechnung von $Q^{(j+1)}$ aus $Q^{(j)}$ erfolgt durch eine bedingte Addition und einen anschließenden Rechtsshift.

Den Ablauf des Algorithmus (Berechnung von $Q^{(1)}, \ldots, Q^{(n)}$) beschreiben wir durch das folgende Mikroprogramm (für die Basis d=2):

**Mikroprogramm M1:**

0 : MD := Mnd; MQ := Mtor; MP := 0; U := $MQ_{n-1}$; Z := n;

0*: <u>if</u> U = 1 <u>then</u> MQ := $\overline{MQ}$ + 1;

1 : Z := Z-1; <u>if</u> $MQ_0$ = 1 <u>then</u> MP := MP + MD;

2 : SHR(MP,MQ); <u>if</u> Z > 0 <u>then</u> <u>goto</u> 1;

2*: <u>if</u> U = 1 <u>then</u> (MP,MQ) := $\overline{(MP,MQ)}$ + 1;

3 : ENDE .

**Bemerkungen.** a. SHR(A) bezeichne einen <u>R</u>echts<u>s</u>hift des Registers A; hierbei wird das Vorzeichen nachgeschoben; die am weitesten rechts stehende Position von A geht verloren.

b. Der nicht ganzzahlige Teil von $Q^{(j)}$ wird in den nicht mehr benötigten Anteil des Registers MQ geschoben; die Additionen beziehen sich also nur auf ein Register der Länge n. Da MQ mitgeschoben wird, enthält $MQ_0$ immer die "aktuelle" Stelle des Multiplikators (vgl. Figur 3.1).

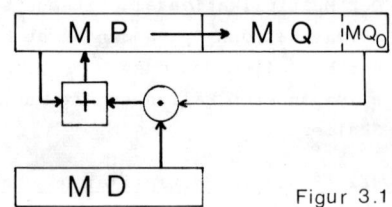

Figur 3.1

c. Überlaufsituationen bzgl. des Partialprodukts ($MP_{n-1} \neq MP_{n-2}$ nach Durchlaufen von Takt 1) werden durch die Vorzeichenverdopplung erkannt und durch den Rechtsshift in Takt 2 wieder aufgehoben.

d. Die Takte 0* und 2* entfallen bei Zahlendarstellung durch B+V.
Die Umwandlung in einen positiven Multiplikator (MQ := $\overline{MQ}$+1) ist
nicht möglich, wenn MQ = [1 0...0] gilt; dieser Fall kann bei Vorzeichenverdopplung nicht eintreten; dadurch wird die Behandlung
eines lästigen Sonderfalls umgangen.

e. Nach Ablauf des Mikroprogramms gilt:

$$w((MP,MQ)) = \begin{cases} Q^{(n)} & \text{Komma am Ende von MQ;} \\ d^n \cdot Q^{(n)} = P^{(n)} & \text{Komma am Ende von MP.} \end{cases}$$

f. Die Länge der beiden Faktoren kann unterschiedlich sein; wir erweitern das Mikroprogramm nicht auf diesen Fall, da sich die Befehle des neuen Programms auf Teile von Registern beziehen müßten;
außerdem werden in der überwiegenden Zahl aller Fälle beide Faktoren in Registern gleicher Länge gespeichert.

## 3.2.2  Direkte Behandlung negativer Multiplikatoren im d-Komplement

Man kann das Mikroprogramm M1 so erweitern, daß negative im d-Komplement dargestellte Multiplikatoren nicht erst in positive umge-
wandelt werden müssen. Dazu betrachten wir $|w(MQ)|$:

$$|w(MQ)| = \begin{cases} \sum_{i=0}^{n-2} MQ_i \cdot d^i & \text{falls } MQ_{n-1}=0; \\ \sum_{i=0}^{n-2} \overline{MQ}_i \cdot d^i+1, & \text{sonst .} \end{cases}$$

Im Spezialfall d=2 erhalten wir damit:

$$|w(MQ)| = \sum_{i=0}^{n-2} [MQ_i \oplus MQ_{n-1}]2^i + MQ_{n-1} .$$

Für das Produkt gilt dann:

$$w(MD) \cdot w(MQ) = (1-2 \cdot MQ_{n-1}) \cdot [\sum_{i=0}^{n-2} (MQ_i \oplus MQ_{n-1}) 2^i + MQ_{n-1}] \cdot w(MD) .$$

Das neue Mikroprogramm braucht nur geringfügig gegenüber M1 abge-
ändert zu werden (Änderung der Vorbesetzung von MP und MQ).

## Mikroprogramm M2:

0 : MD := Mnd; MQ := Mtor; U := $MQ_{n-1}$; Z := n;
0*: $MP_j$ := $MD_j \cdot MQ_{n-1}$; $MQ_j$ := $MQ_j \oplus MQ_{n-1}$ (j = 0,...,n-1);

[ weiter wie in Mikroprogramm M1 ]

Beispiele:  n=8 , d=2 .

1) MD = 00111111; MQ = 00100111;
   w(MD) = 63  ; w(MQ) = 39  .

| MP | MQ | |
|---|---|---|
| 00000000 | 00100111 | |
| + 00111111 | | |
| 00111111 | | ADD |
| 00011111 | 10010011 | SHR |
| + 00111111 | | |
| 01011110 | | ADD |
| 00101111 | 01001001 | SHR |
| + 00111111 | | |
| 01101110 | | ADD |
| 00110111 | 00100100 | SHR |
| 00011011 | 10010010 | SHR |
| 00001101 | 11001001 | SHR |
| + 00111111 | | |
| 01001100 | | ADD |
| 00100110 | 01100100 | SHR |
| 00010011 | 00110010 | SHR |
| 00001001 | 10011001 | SHR |

w(MP,MQ) = 2457 = 63·39 .

2) MD = 00111110; MQ = 11001111;
   w(MD) = 62  ; $w_2$(MQ) = - 49 .

| MP | MQ | |
|---|---|---|
| 00111110 | 00110000 | |
| 00011111 | 00011000 | SHR |
| 00001111 | 10001100 | SHR |
| 00000111 | 11000110 | SHR |
| 00000011 | 11100011 | SHR |
| + 00111110 | | |
| 01000001 | | ADD |
| 00100000 | 11110001 | SHR |
| + 00111110 | | |
| 01011111 | | ADD |
| 00101111 | 01111000 | SHR |
| 00010111 | 10111100 | SHR |
| 00001011 | 11011110 | SHR |
| 11110100 | 00100010 | |

Korrektur, da U=1

$w_2$(MP,MQ) = -3038 = 62·(-49) .

### 3.2.3  Beschleunigung der Multiplikation durch Carry-Save-Addition

Die Mikroprogramme M1 und M2 sind sehr zeitaufwendig, da die Taktdauer der (maximalen) Laufzeit für eine Addition angepaßt werden
muß. Eine entscheidende Verkürzung der Taktdauer läßt sich durch
Einsatz eines Carry-Save-Addierers erreichen. Die Additionsüber-
träge werden hierbei in einem Hilfsregister MH gespeichert und im
nächsten Takt mitverarbeitet. Nach dem n-ten Multiplikationszyklus
müssen dann noch die Inhalte der Register MP und MH addiert werden.

Mikroprogramm M3:

0 : MD := Mnd; MQ := Mtor; MH := 0; U := $MQ_{n-1}$; Z := n;
0*: $MP_j$ := $MD_j \cdot MQ_{n-1}$; $MQ_j$ := $MQ_j \oplus MQ_{n-1}$  (j=0,...,n-1);
1 : Z := Z-1; $MP_j$ := $MH_j \oplus MP_j \oplus MQ_0 \cdot MD_j$;
    $MH_j$ := $MH_j \cdot MP_j$ v $MH_j \cdot MQ_0 \cdot MD_j$ v $MP_j \cdot MQ_0 \cdot MD_j$;  $\Big]$ (j=0,...,n-1)
2 : SHR(MP,MQ); if Z>0  then goto 1;
3 : if MH $\neq$ 0 then [$MP_j$ := $MH_j \oplus MP_j$; $MH_{j+1}$ := $MP_j \cdot MH_j$ (j=0,..,n-2);
               $MH_0$ := 0;  goto 3];
3*: if U$\neq$0 then [ (MP,MQ):=$\overline{(MP,MQ)}$ ; (MD,MH):= 00...01 ] else goto 5;
                      A              B
4*: if B $\neq$ 0 then [$A_j$ := $A_j \oplus B_j$ (j=0,...,2n-1);
                $B_{j+1}$ :=$^jA_j \cdot B_j$ (j=0,...,2n-2); $B_0$:=0; goto 4*];
5 : ENDE .

An zwei Stellen dieses Programms (Takt 3 bzw. Takt 4*) werden von-Neumann-Additionen durchgeführt.

### 3.2.4 Shifts über Nullen und Einsen des Multiplikators (Verfahren von Booth [Le3])

Enthält der Multiplikator einen Nullblock der Länge k, dann können wir die Multiplikation durch einen Shift des Partialprodukts über k Stellen beschleunigen. Bei einem Einsblock in MQ können wir wegen

$$w(0\ldots\underset{v}{0}1\ldots1\underset{u}{0}\ldots0) = \sum_{i=u}^{v} 2^i = 2^{v+1} - 2^u$$

die v-u+1 Additionen des Multiplikanden (jeweils verbunden mit einem Shift) durch eine Subtraktion (an der Position u) und eine Addition (an der Position v+1) ersetzen; arithmetische Operationen sind daher nur an den 01- bzw. 10-Wechseln des Multiplikators erforderlich.

Das hierauf basierende Verfahren von Booth (vgl. Tabelle 3.1) ist anwendbar für alle beschriebenen binären Stellenwertcodierungen. Die einzelnen Varianten unterscheiden sich in der Ausführung der Subtraktion und in der Besetzung der Registerposition $MQ_{-1}$ voneinander.

| $MQ_i$ | $MQ_{i-1}$ | Operation |
|--------|------------|-----------|
| 0 | 1 | ADD ; Shift |
| 1 | 0 | SUB ; Shift |
| 0 | 0 | --- ; Shift |
| 1 | 1 | --- ; Shift |

Tabelle 3.1 (Verfahren von Booth)

#### Mikroprogramm M4 (Verfahren von Booth; Zahlendarstellung im 2-Kompl.)

Wir hängen an $MQ = MQ_{n-1}\ldots MQ_0$ eine Stelle $MQ_{-1}$ an, die im 2-Komplement mit 0 vorzusetzen ist. Da auch Subtraktionen durchgeführt werden müssen, benötigen wir neben w(MD) auch -w(MD). Dazu speichern wir uns zu Beginn $-w(MD) = w(\overline{MD})+1$ in ein Hilfsregister MH; man beachte, daß MD = [10...0] aufgrund der Vorzeichenverdopplung nicht möglich ist.

0 : MD := Mnd; MQ := Mtor; $MQ_{-1}$ := 0; MP := 0; Z := n;
1 : MH := $\overline{MD}$ + 1;
2 : Z := Z-1; if $(MQ_0, MQ_{-1})$ = (0,1) then MP := MP + MD;
          if $(MQ_0, MQ_{-1})$ = (1,0) then MP := MP + MH;
3 : SHR(MP,MQ); if Z > 0 then goto 2;
4 : ENDE .

**Bemerkungen.** a. Das Verfahren von Booth ist das einfachste Beispiel einer allgemeineren Technik (Multiplikatorcodierung), die in 3.3 behandelt wird. Der Beweis dafür, daß die Methode sowohl für positive als auch für negative Multiplikatoren korrekt arbeitet, ergibt sich aus dem für die Multiplikatorcodierung hergeleiteten Resultat (siehe 3.3.2); man beachte, daß im Gegensatz zu den bisherigen Multiplikationsalgorithmen das Mikroprogramm M4 keine Korrektur des Ergebnisses in Abhängigkeit vom Vorzeichen des Multiplikators oder des Produkts benötigt.

b. Die Additionen in Takt 2 von M4 können durch Verwendung eines Carry-Save-Addierers überlappt ausgeführt werden (vgl. 3.2.3).

c. Wenn Shifts über mehr als eine Stelle möglich sind, kann man über ganze Null- bzw. Einsblöcke hinwegshiften; dadurch verringert sich im Mittel die Anzahl der Multiplikationszyklen um etwa den Faktor 2,6 (siehe [Fr1]; hier ist das entsprechende Ergebnis für die Division hergeleitet). Das zugehörige Mikroprogramm M5 basiert auf einer Zusatzschaltung, welche die Länge des zu übershiftenden Blocks feststellt.

**Mikroprogramm M5 (variable Shifts beliebiger Größe)**

$0$ : $MD := Mnd$; $MQ := Mtor$; $MQ_{-1} := 0$; $MP := 0$; $Z := n$;

$1$ : $MH := \overline{MD} + 1$;

$2$ : if $(MQ_0, MQ_{-1}) = (0,1)$ then $MP := MP+MD$;

if $(MQ_0, MQ_{-1}) = (1,0)$ then $MP := MP+MH$;

$j := min(L,Z)$; [L ist die Länge des aktuellen 0- bzw. 1-Blocks:
$$L = k \Leftrightarrow (MQ_{k-1} = ... = MQ_0 \; ; \; MQ_k \neq MQ_{k-1})]\,;$$

$3$ : $SHR(MP,MQ)$ über $j$ Stellen; $Z := Z-j$;

$4$ : if $Z > 0$ then goto 2;

$5$ : ENDE .

Für Blöcke der Länge 1 ist das Verfahren von Booth ineffektiv. Durch eine Zusatzlogik, die Blöcke der Länge 1 erkennt und dann eine einfachere Berechnung vornimmt, kann die Anzahl der auszuführenden arithmetischen Operationen reduziert werden. Die vereinfachte Methode arbeitet wie folgt ($\tilde{1} := -1$):

| $MQ$ = | ...00100... | ...011111101111110.... |
|---|---|---|
| Verfahren von Booth | ...01$\tilde{1}$00... | ...100000$\tilde{1}$10000$\tilde{1}$0.... |
| vereinfachte Methode | ...00100... | ...1000000$\tilde{1}$00000$\tilde{1}$0.... |

Beispiele zum Verfahren von Booth

1. MD = 11010010011 ;          2. MD = 00001101011 ;

   MH = 00101101101 ;             MH = 11110010101 ;

   MQ = 11110011000 ;             MQ = 11110001111 ;

   $w_2$(MD) = -365 ;             $w_2$(MD) = +107 ;
   $w_2$(MQ) = -104 .            $w_2$(MQ) = -113 .

| MP | MQ | $MQ_{-1}$ | |
|---|---|---|---|
| 00000000000 | 11110011000 | 0 | |
| 00000000000 | 00011110011 | 0 | SHR(3) |
| + 00101101101 | | | Add MH |
| 00101101101 | 00011110011 | 0 | |
| 00001011011 | 01000111100 | 1 | SHR(2) |
| + 11010010011 | | | Add MD |
| 11011101110 | 01000111100 | 1 | |
| 11110111011 | 10010001111 | 0 | SHR(2) |
| + 00101101101 | | | Add MH |
| 00100101000 | 10010001111 | 0 | |
| 00000010010 | 10001001000 | 1 | SHR(4) |

$w_2$(MP,MQ) = 37960

= (-365)·(-104).

| MP | MQ | $MQ_{-1}$ | |
|---|---|---|---|
| 00000000000 | 11110001111 | 0 | |
| + 11110010101 | | | Add MH |
| 11110010101 | 11110001111 | 0 | |
| 11111111001 | 01011111000 | 1 | SHR(4) |
| + 00001101011 | | | Add MD |
| 00001100100 | 01011111000 | 1 | |
| 00000001100 | 10001011111 | 0 | SHR(3) |
| + 11110010101 | | | Add MH |
| 11110100001 | 10001011111 | 0 | |
| 11111111010 | 00011000101 | 1 | SHR(4) (*) |

(*): j=min(L,Z) = min(5,4)=4;

$w_2$(MP,MQ) = -12091

= 107·(-113).

In Klammern ist die jeweilige Shiftgröße j angegeben; j darf nicht größer sein als der aktuelle Zählerstand Z (vgl. Beispiel 2).

## 3.3 Multiplikatorcodierung

Ziel der Multiplikatorcodierung ist es, die Anzahl der Additions- bzw. Subtraktionsoperationen einer Multiplikation durch Verwendung von geeigneten Vielfachen des Multiplikanden zu erniedrigen. Ein erstes Beispiel für diese Technik war das Verfahren von Booth.

Steht das i-fache des Multiplikanden ($0 \leq i \leq 2^h-1$) zur Verfügung, dann kann man jeweils h Zyklen des Multiplikationsalgorithmus zu einem einzigen zusammenfassen (Multiplikation zur Basis $2^h$). Die Multiplikatorcodierung erreicht denselben Effekt durch Verwendung betragskleinerer Vielfacher V des Multiplikanden ($-2^{h-1} \leq V \leq +2^{h-1}$).

### 3.3.1 Multiplikatorcodierung für nichtnegative Multiplikatoren (Gruppen zu je h+1 Bits)

Sei    MQ = [$MQ_{n-1}$,...,$MQ_0$] , $MQ_{n-1}$ = 0, d.h. w(MQ) $\geq$ 0 .

Wir teilen den Multiplikator, von rechts beginnend, in Gruppen zu

je h(h ∈ ℕ) Bits ein. Ohne wesentliche Einschränkung setzen wir
voraus, daß h ein Teiler von n ist (im anderen Fall Sonderbehandlung der am weitesten links stehenden Gruppe). Die Gruppe i liefert
zusammen mit dem rechts angrenzenden Bit der Gruppe (i-1) ein Vielfaches $k_{hi}$ des Multiplikanden; die h für diese Gruppe erforderlichen Multiplikationszyklen werden durch die Addition von
$k_{hi} \cdot 2^{hi} \cdot w(MD)$ ersetzt.

**Definition 3.2.** *Das Vielfache $k_{hi}$ definieren wir wie folgt:*

$$k_{hi} = k_{hi}(MQ_{(i+1)h-1}, \ldots, MQ_{ih}, MQ_{ih-1})$$

$$:= -2^{h-1} MQ_{(i+1)h-1} + \sum_{j=0}^{h-2} MQ_{ih+j} \cdot 2^j + MQ_{ih-1} .$$

Wir zeigen nun, daß bei dieser Wahl von $k_{hi}$ die Beziehung

$$w(MD) \cdot w(MQ) = \sum_{i=0}^{n/h-1} [k_{hi} \cdot w(MD)] \cdot 2^{hi}$$

erfüllt ist. Hierzu genügt es, zu beweisen, daß gilt:

$$w(MQ) = \sum_{i=0}^{n/h-1} k_{hi} \cdot 2^{hi} .$$

Dies wird im folgenden Lemma für nichtnegative MQ verifiziert.

**Lemma 3.1.** *Sei $w(MQ) \geq 0$ und $MQ_{-1} := MQ_{n-1} = 0$; dann gilt:*

a.    $-2^{h-1} \leq k_{hi} \leq 2^{h-1}$ ;    b.    $w(MQ) = \sum_{i=0}^{n/h-1} k_{hi} \cdot 2^{hi}$ ;

c.    $k_{hi}(\overline{MQ}_{(i+1)h-1}, \ldots, \overline{MQ}_{ih-1}) = -k_{hi}(MQ_{(i+1)h-1}, \ldots, MQ_{ih-1}).$

**Beweis.** Teil a. ist trivial. Für Behauptung b. gilt wegen $MQ_{n-1}=0$:

$$w(MQ) = \sum_{i=0}^{n-1} MQ_i \cdot 2^i = \sum_{i=0}^{n/h-1} [(\sum_{j=0}^{h-1} MQ_{ih+j} \cdot 2^j) \cdot 2^{hi}]$$

$$= \sum_{i=0}^{n/h-1} [(-MQ_{(i+1)h-1} \cdot 2^{h-1} + \sum_{j=0}^{h-2} MQ_{ih+j} \cdot 2^j) \cdot 2^{hi}]$$

$$\underbrace{+ \sum_{i=0}^{n/h-1} 2 \cdot MQ_{(i+1)h-1} \cdot 2^{h-1} \cdot 2^{hi}}_{(*)} .$$

(*) läßt sich wegen $MQ_{n-1} = MQ_{-1} = 0$ umformen zu:

$$(*) = \sum_{i=0}^{n/h-1} MQ_{(i+1)h-1} \cdot 2^{h(i+1)} = \sum_{i=1}^{n/h} MQ_{ih-1} \cdot 2^{hi} = \sum_{i=0}^{n/h-1} MQ_{ih-1} \cdot 2^{hi} .$$

Hieraus ergibt sich:

$$w(MQ) = \sum_{i=0}^{n/h-1} [\, (-MQ_{(i+1)h-1} \cdot 2^{h-1} + \sum_{j=0}^{h-2} MQ_{ih+j} \cdot 2^{j} + MQ_{ih-1}) \cdot 2^{hi}\,].$$

Behauptung b. ist damit bewiesen. Aussage c. verifiziert man analog.

Aus den Formeln der Multiplikatorcodierung ergibt sich folgendes Mikroprogramm:

**Mikroprogramm M6 (Multiplikatorcodierung in Gruppen zu h+1 Bits)**

0 : MD := Mnd; MQ := Mtor; MP := 0; Z := n; $MQ_{-1}$ := 0;

1 : $k := -2^{h-1} \cdot MQ_{h-1} + \sum_{j=0}^{h-2} MQ_j \cdot 2^j + MQ_{-1}$ ;

2 : MH := k·MD ;

3 : Z := Z-h; MP := MP + MH ;

4 : SHR(MP,MQ) über h Stellen; if Z > 0 then goto 1;

5 : ENDE .

Die Anwendbarkeit dieses Mikroprogramms hängt neben dem Multi-
plikatorvorzeichen auch von der
Darstellung der negativen Multiplikandenvielfachen ab (vgl.
dazu die folgende Diskussion).

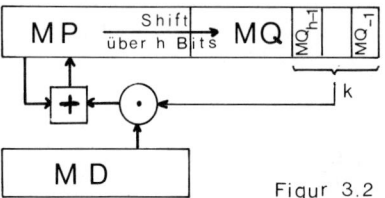

Figur 3.2

A. **Zahlendarstellung im 2-Komplement**

Alle Zwischenergebnisse werden im 2-Komplement dargestellt. Der Beweis, daß M6 auch für negative Multiplikatoren das korrekte Ergebnis liefert, wird in 3.3.2 durchgeführt.

B. **Zahlendarstellung durch Betrag und Vorzeichen**

M6 ist in allen Fällen anwendbar. Partialprodukte bzw. Vielfache
des Multiplikanden(betrags) können negativ werden, das Endergebnis
ist in jedem Fall nichtnegativ. Es ist daher zweckmäßig, zur Darstellung der Zwischenergebnisse das 2-Komplement zu verwenden.

C. **Zahlendarstellung im 1-Komplement**

Diese Darstellungsart ist völlig ungeeignet. Man überlegt sich
leicht, daß alle Additionen (Takt 3 des Mikroprogramms M6) auf die
gesamte Länge des Partialprodukts ausgedehnt werden müssen. Die

Länge des Registers MH müßte also variabel sein. Neben einem erhöhten Kostenaufwand für diese Additionen würde sich zudem eine
höhere Laufzeit durch das End-around-Carry ergeben. Wir werden diese Probleme an einem Beispiel in 3.3.4 demonstrieren. Wie bereits
mehrfach erwähnt, ist bei Darstellung der Faktoren im 1-Komplement
ein Übergang zur Codierung durch Betrag und Vorzeichen vorteilhaft.

Überlaufprobleme werden in 3.3.3 behandelt. Bevor wir Beispiele zur
Multiplikatorcodierung angeben, erweitern wir M6 auf negative Multiplikatoren.

### 3.3.2 Multiplikatorcodierung für beliebige Multiplikatoren (Zahlendarstellung im 1- bzw. 2-Komplement)

<u>Lemma 3.2.</u>
*Setzt man* $MQ_{-1} := \begin{cases} MQ_{n-1} & \textit{Darstellung im 1-Komplement} \\ 0 & \textit{Darstellung im 2-Komplement;} \end{cases}$

*dann gelten die Formeln der Multiplikatorcodierung <u>unabhängig</u> vom
Vorzeichen des Multiplikators.*

<u>Beweis.</u>  Wir müssen  $w(MQ) = \sum\limits_{i=0}^{n/h-1} k_{hi} \cdot 2^{hi}$  beweisen.

Für $MQ_{n-1} = 0$ haben wir dies in 3.3.1 gezeigt. Sei daher $MQ_{n-1} = 1$
($w(MQ) \leq 0$).  Dann gilt:

$$w(MQ) = -[-w(MQ)] = -[w(\overline{MQ})+\alpha] \quad \text{mit } \alpha = \begin{cases} 0 & \text{1-Komplement} \\ 1 & \text{2-Komplement.} \end{cases}$$

$$= -[\sum\limits_{i=0}^{n/h-1} k_{hi} \ (\overline{MQ}_{(i+1)h-1},\ldots,\overline{MQ}_{ih-1}) \cdot 2^{hi}+\alpha]$$

$$= \begin{cases} -[-\sum\limits_{i=0}^{n/h-1} k_{hi} \ (MQ_{(i+1)h-1},\ldots,MQ_{ih-1}) \cdot 2^{hi}] \ , \\ \qquad \text{falls } MQ_{-1} = MQ_{n-1} = 1 \ \text{(1-Komplement)} \\ -[-\sum\limits_{i=0}^{n/h-1} k_{hi} \ (MQ_{(i+1)h-1},\ldots,MQ_{ih-1}) \cdot 2^{hi}-1+1] \\ \qquad \text{falls } MQ_{-1} = 0 \ \ \text{(2-Komplement)} \ . \end{cases}$$

Die letzte Gleichung ergibt sich aus der Vorbesetzung von $MQ_{-1}$:

$$k_0(\overline{MQ_{h-1}},\ldots,\overline{MQ_0},0) \qquad = -k_0(MQ_{h-1},\ldots,MQ_0,1)$$
$$= -[k_0(MQ_{h-1},\ldots,MQ_0,0)+1] = -k_0(MQ_{h-1},\ldots,MQ_0,0) - 1 \ .$$

<u>Bemerkung:</u>  Das Verfahren von Booth ist ein Spezialfall (h=1) der
Multiplikatorcodierung; es gilt in diesem Fall $k_i := -MQ_i + MQ_{i-1}$ .

Das Mikroprogramm M6 braucht also nicht geändert zu werden, wenn der Multiplikator negativ ist und das 2-Komplement als· Zahlendarstellung benutzt wird.

Alle Vielfachen $k_{hi}$ (i=0,...,n/h-1) können parallel berechnet werden; dies ist für parallele Multiplizierverfahren von Bedeutung. Es gibt andere Arten der Multiplikatorcodierung, die eine parallele Berechnung aller Vielfachen nicht erlauben.

### 3.3.3 Überlaufprobleme

Wegen $k_{hi} \in [-2^{h-1}:2^{h-1}]$ und der vorausgesetzten Vorzeichenverdopplung müssen die Register MP und MD um h-1 (Vorzeichen-)Bits verlängert werden (Zahlendarstellung im 2-Komplement); im 1-Komplement bzw. bei Betrag und Vorzeichen wäre eine Verlängerung um h-2 Bits ausreichend. Einen Extremfall, in dem h-1 zusätzliche Stellen benötigt werden, zeigt das folgende Beispiel.

Beispiel: h = 3

$MQ = 110100100$ | $w_2(MQ) = -92$
$MD = 110000000$ | $w_2(MD) = -128$

$= 11\ 110000000$
(Verlängerung von MD um
h-1=2 Stellen)

$-MD = 00\ 010000000$
$-4MD = 01\ 000000000$
$-3MD = -2MD - MD$
$= 00\ 110000000$ .

| | MP | MQ | MQ$_{-1}$ |
|---|---|---|---|
| | 00 000000000 | 110100100 0 | |
| + | 01 000000000 | −4 | |
| | 01 000000000 | | |
| | 00 001000000 | 000110100 1 | |
| + | 00 110000000 | −3 | |
| | 00 111000000 | | |
| | 00 000111000 | 000000110 1 | |
| + | 00 010000000 | −1 | |
| | 00 010111000 | | |
| | 00 000010111 | 000000000 1 | |

$w_2(MP,MQ) = 11776 = (-92) \cdot (-128)$.

### 3.3.4 Beispiele

A. Parallele Berechnung der Vielfachen $k_{hi}$

h=4 : $k_{4i} = -8MQ_{4i+3} + 4MQ_{4i+2} + 2MQ_{4i+1} + MQ_{4i} + MQ_{4i-1} \in [-8:+8]$;

h=3 : $k_{3i} = -4MQ_{3i+2} + 2MQ_{3i+1} + MQ_{3i} + MQ_{3i-1} \in [-4,+4]$;

h=2 : $k_{2i} = -2MQ_{2i+1} + MQ_{2i} + MQ_{2i-1} \in [-2,+2]$.

In den folgenden Beispielen verwenden wir jeweils denselben negativen im 2-Komplement dargestellten Multiplikator. Bei Codierung im

1-Komplement hat das am weitesten rechts stehende Vielfache $k_0$ bei negativen Multiplikatoren einen um 1 höheren Wert; alle anderen Vielfachen bleiben unverändert.

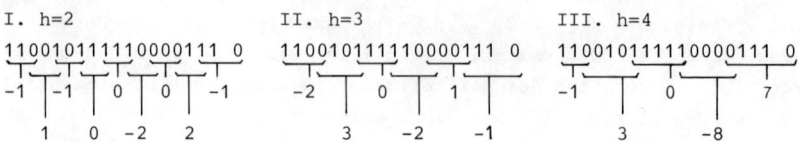

I. h=2   II. h=3   III. h=4

zu III. Man sieht, daß die Gruppengrößen des Multiplikators unterschiedlich sein dürfen; so betrachten wir hier die Randgruppe links als Gruppe der Größe 2. Dasselbe Ergebnis erhielten wir auch bei Erweiterung dieser Gruppe um zwei zusätzliche Vorzeichenbits.

B. Anwendung von Mikroprogramm M6 (serielle Multiplikation)

1. h=3, n=10  (Sonderbehandlung der letzten Gruppe)

| | MP | MQ | $MQ_{-1}$ |
|---|---|---|---|
| MD = 0001101000 | | | |
| = 000001101000 | 000000000000 | 0011101101 | 0 |
| | +111011001000 | | -3 |
| MQ = 0011101101 | 111011001000 | | |
| -MD = 111110011000 | 111111011001 | 0000011101 | 1 |
| -2MD = 111100110000 | +111100110000 | | -2 |
| -3MD = 111011001000 | 111100001001 | | |
| +4MD = 000110100000 | 111111100001 | 0010000011 | 1 |
| | +000110100000 | | +4 |
| | 000110000001 | | |
| | 000000110000 | 0010010000 | 0  0 |
| | 000000011000 | 0001001000 | ∅  0 |

$w_2(MD) = 104$
(um 2 Bits verlängert);
$w_2(MQ) = 237$

Zur Berechnung von $\pm$ 3MD ist eine Addition erforderlich.

Die letzte Gruppe des Multiplikators besteht nur noch aus einem einzigen Bit; daher wird im letzten Shift nur um eine Stelle geshiftet.

Die Faktoren und das Endergebnis haben für jede der drei behandelten Stellenwertcodierungen den gleichen Wert:

$$w(MQ) \cdot w(MD) = 104 \cdot 237 = 24648 = w(MP, MQ) .$$

Bei Codierung der Faktoren durch Betrag und Vorzeichen und Darstellung von negativen Zwischenergebnissen durch das 2-Komplement läuft die Rechnung genauso ab.

## 2. $h=2$, $n=10$, Zahlendarstellung im 2-Komplement

```
MD  = 1100010011  | w₂(MD) = -237
    = 11100010011 | (um 1 Bit ver-
                   |  längert);
MQ  = 1110011000  | w₂(MQ) = -104

2MD  = 11000100110
-MD  = 00011101101
-2MD = 00111011010
```

(alle benötigten Vielfachen erhält man durch Negieren und/oder
einen Shift).

$$w_2(MP,MQ) = 24648$$
$$= w_2(MD) \cdot w_2(MQ)$$

```
     MP              MQ          MQ₋₁
 ─────────────────────────────────────
 00000000000    1110011000 0
                          ‾‾‾‾
                            0
 00000000000    0011100110 0
+  00111011010              -2
   00111011010
   00001110110  1000111001 1
                          ‾‾‾‾
+  11000100110              +2
   11010011100
   11110100111  0010001110 0
                          ‾‾‾‾
+  00111011010              -2
   00110000001
   00001100000  0100100011 1
                          ‾‾‾‾
                            0
   00000011000  0001001000 ⅄
```

## 3. $h=3$, $n=10$, Zahlendarstellung im 1-Komplement

Dieses Beispiel soll lediglich die bei Multiplikation im 1-Komplement auftretenden Probleme aufzeigen (variable Länge der Additionen, End-around-carry usw.).

```
MD   = 11110010111
MQ   = 1100010010
-MD  = 00001101000
2MD  = 11100101111
   + 11110010111
     111011000110
3MD  = 11011000111
-4MD = 00110100000
```

$$w_1(MD) = -104$$
$$w_1(MQ) = -237$$
$$w_1(MD) \cdot w_1(MQ) = 24648$$
$$= w_1(MP,MQ) .$$

```
      MP               MQ          MQ₋₁
 ──────────────────────────────────────
 00000000000     1100010010 1
                          ‾‾‾‾
+  11011000111              +3
   11011000111
   11111011000   1111100010 0
                          ‾‾‾‾
+  11100101111   111        +2
   111100001000  110
   11100001000   111
   11111100001   0001111100 0
                          ‾‾‾‾
+  00110100000   000000     -4
   100110000001  000111
   00110000001   001000
   00000110000   0010010001 1
                          ‾‾‾‾
                            0
   00000011000   0001001000 Ø
```

Die Vielfachen $k_{hi} \cdot MD$ müssen bei
Zahlendarstellung im 1-Komple-
ment auf die volle Länge des Partialprodukts verlängert werden
(durch Anhängen von $i \cdot h$ Vorzeichen). MP braucht nur um $h-2$ Stellen
verlängert zu werden, da der im 2-Komplement mögliche Sonderfall

(siehe 3.3.3) hier nicht auftreten kann. Wesentlich einfacher ist
ein Übergang zur Darstellung durch Betrag und Vorzeichen: die Rechnung würde in diesem Fall wie in Beispiel 1 ablaufen.

### 3.3.5 Schaltkreis zur Berechnung von $k_{2i} \cdot MD$

Die Multiplikatorcodierung wird überwiegend für eine Gruppengröße
h=2 angewandt, da größere Werte von h zusätzliche Additionen erfordern. Für eine Anwendung der Multiplikatorcodierung bei paral-
len Multiplizierwerken sollten alle Vielfachen des Multiplikanden
möglichst schnell berechnet werden können. Alle $k_{2i} \cdot MD$ können
durch einen einfachen Schaltkreis in vier logischen Stufen berechnet werden; als Zahlendarstellung legen wir das 2-Komplement zu-
grunde, da die bisherigen Untersuchungen gezeigt haben, daß diese
Codierung zur Darstellung der Zwischenergebnisse verwendet werden
sollte.

| $MQ_{2i+1}$ | $MQ_{2i}$ | $MQ_{2i-1}$ | $k_{2i}$ |
|:---:|:---:|:---:|:---:|
| 0 | 0 | 0 | 0 |
| 0 | 0 | 1 | 1 |
| 0 | 1 | 0 | 1 |
| 0 | 1 | 1 | 2 |
| 1 | 0 | 0 | -2 |
| 1 | 0 | 1 | -1 |
| 1 | 1 | 0 | -1 |
| 1 | 1 | 1 | 0 |

Aus Tabelle 3.2 erhalten wir wegen

$$MQ_{2i+1} = \begin{cases} 0 \Rightarrow k_{2i} \geq 0 \\ 1 \Rightarrow k_{2i} \leq 0 \end{cases} \quad \text{die Beziehung:}$$

$$\begin{aligned} k_{2i} \cdot MD &= k_{2i} \cdot [MD_{n-1}, \ldots, MD_0] \\ &= |k_{2i}| \cdot ([\alpha_{n-1}, \ldots, \alpha_0] \\ &\qquad + [0, \ldots, 0, MQ_{2i+1}]) \ , \end{aligned}$$

wobei zur Abkürzung

$$\alpha_j := MD_j \oplus MQ_{2i+1} \text{ gesetzt wurde .}$$

Tabelle 3.2

Berücksichtigt man, daß die Darstellung von $k_{2i} \cdot MD$ um ein Bit
länger sein kann als die von MD (Vorzeichenverdopplung), dann ergibt sich:

$$k_{2i} \cdot MD$$

$$= \begin{cases} [\alpha_{n-1}, \alpha_{n-1}, \alpha_{n-2}, \ldots, \alpha_0] + [0, \ldots, 0, 0, MQ_{2i+1}] & \text{falls } |k_{2i}| = 1 \\ [\alpha_{n-1}, \alpha_{n-2}, \alpha_{n-3}, \ldots, \alpha_0, 0] + [0, \ldots, 0, MQ_{2i+1}, 0] & \text{falls } |k_{2i}| = 2 \\ [\ 0, \ 0, \ 0, \ldots, 0\ ] & \text{falls } |k_{2i}| = 0 \end{cases}$$

$$= [\alpha_{n-1} \cdot (\beta_1 \vee \beta_2), \alpha_{n-1} \cdot \beta_1 \vee \alpha_{n-2} \cdot \beta_2, \ldots, \alpha_1 \cdot \beta_1 \vee \alpha_0 \cdot \beta_2, \alpha_0 \cdot \beta_1]$$

$$+ [\ 0 \ , \ 0 \ , \ldots, MQ_{2i+1} \cdot \beta_2, MQ_{2i+1} \cdot \beta_1]$$

wobei: $\beta_r = 1 \overset{\text{def}}{\Leftrightarrow} |k_{2i}| = r$    $(r = 1,2)$;

d.h.    $\beta_1 = MQ_{2i} \oplus MQ_{2i-1} = \overline{MQ}_{2i} \cdot MQ_{2i-1} \vee MQ_{2i} \cdot \overline{MQ}_{2i-1}$;

     $\beta_2 = MQ_{2i+1} \cdot \overline{MQ}_{2i} \cdot \overline{MQ}_{2i-1} \vee \overline{MQ}_{2i+1} \cdot MQ_{2i} \cdot MQ_{2i-1}$ .

Laufzeit und Kosten des zugehörigen Schaltkreises berechnen sich zu:

$\tau = 4$ logische Stufen;

$\kappa = 6n + 4n + 2n + 18 = 12n + 18$ .

Die Gesamtkosten für alle $\frac{n}{2}$ Vielfachen belaufen sich auf:

$\kappa_{ges} = 6n^2 + 9n$ .

### 3.3.6 Aufwands- und Laufzeituntersuchungen bei Multiplikatorcodierung mit Gruppengröße h

Zur Anwendung der Multiplikatorcodierung muß das $k_{hi}$-fache des Multiplikanden ($-2^{h-1} \leq k_{hi} \leq +2^{h-1}$) berechnet werden. Für $h \leq 2$ lassen sich alle Vielfachen durch Shifts und/oder Negieren aus MD gewinnen. Für $h \geq 3$ werden dagegen $2^{h-2}-1$ Vielfache des Multiplikanden (nämlich das $3,5,7,\ldots,(2^{h-1}-3),(2^{h-1}-1)$-fache von MD) benötigt, die nicht auf diese Weise erhalten werden können. Dies führt zu einem zusätzlichen Zeitaufwand; für große Werte von h geht der Zeitgewinn (Verringerung der Zykluszahl (Schleifendurchläufe) von n auf n/h) im allgemeinen hierdurch wieder verloren. Bereits für h=3 ist die Multiplikatorcodierung wegen der Bereitstellung des Vielfachen $\pm 3 \cdot MD$ oft ineffektiv.

### 3.4 Ungetaktete bzw. parallele Multiplizierverfahren

### 3.4.1 Die Multiplikationsmatrix $M_0$

Bei den seriellen Multiplizierverfahren werden die Additionszyklen nacheinander durchlaufen; dabei benötigt jede Addition mindestens einen Takt. Durch gleichzeitige Ausführung mehrerer Additionen und/oder durch Wegfall der Einteilung in Takte kann die Multiplikationsgeschwindigkeit wesentlich erhöht werden; die Kosten sind dann natürlich höher als bei seriellen Methoden.

Für den Entwurf und zur Analyse schneller ungetakteter Multiplizierwerke stellen wir alle auftretenden Summanden (die Multiplikation wird ja auf eine Folge von Additionen zurückgeführt) in einer

<u>Multiplikationsmatrix</u> $M_0$ zusammen. Die Gestalt von $M_0$ hängt neben der gewählten Zahlendarstellung auch davon ab, ob der Multiplikator codiert wurde oder nicht.

<u>Beispiele:</u>

a. <u>Beide Faktoren nichtnegativ</u>

$MD = [MD_{k-1}, \ldots, MD_0]$ , $MQ = [MQ_{n-1}, \ldots, MQ_0]$ mit $MD_{k-1} = MQ_{n-1} = 0$;

$$M_0 = \begin{bmatrix} 0 & & a_{k-1,0}\ a_{k-2,0}\cdots\cdots\cdots a_{0,0} \\ & {\scriptstyle-}^{-} a_{k-1,1}\ a_{k-2,1}\cdots\cdots\cdots\cdots a_{0,1} \\ a_{k-1,n-1}\cdots\cdots\cdots\cdots a_{0,n-1} & & 0 \end{bmatrix}$$

wobei $a_{i,j} := MD_i \cdot MQ_j \in \{0,1\}$ .

Hierfür verwenden wir die folgende einfachere Notation:

$$M_0 = \begin{bmatrix} 0 & \vdots \\ & \ddots \\ \vdots & 0 \end{bmatrix} \Big\} n$$

$$\longmapsto k \longmapsto$$

Mit einem Punkt bezeichnen wir eine Position der Matrix $M_0$, die mit 1 besetzt sein kann.

Alle Elemente der Matrix $M_0$ können gleichzeitig in einer logischen Stufe berechnet werden. Man braucht dazu $n \cdot k$ AND-Gatter mit je zwei Eingängen.

Durch Nichtberücksichtigung der Vorzeichen ($MD_{k-1}$ und $MQ_{n-1}$) kann die Zeilen- und die Spaltenzahl reduziert werden.

b. <u>Nichtnegativer Multiplikator, beliebiges Vorzeichen des Multiplikanden</u>

Bei Darstellung im 2-Komplement muß das linke obere Dreieck von $M_0$ mit dem Vorzeichen des Multiplikanden aufgefüllt werden.

Im 1-Komplement ist auch das rechte untere Dreieck von $M_0$ zu besetzen.

Da der Aufwand zur Addition der Zeilen von $M_0$ von der Besetzungsdichte der Matrix abhängt, ist die Zahlendarstellung durch <u>Betrag und Vorzeichen</u> (Matrix $M_0$ siehe a.) <u>die geeignetste Codierung</u> für parallele Multiplikationsverfahren.

c. Multiplikatorcodierung mit Gruppengröße h > 1

Den n/h Vielfachen des Multiplikanden entsprechen ebensoviele Zeilen von $M_0$ . Alle Zeilen sind mit dem Vorzeichen von $k_{hi}$·MD nach links (2-Komplement) bzw. auch nach rechts (1-Komplement) aufzufüllen. Die Darstellung eines codierten Vielfachen des Multiplikanden ist um bis zu h-1 Bits (vgl. das Beispiel aus 3.3.3) länger als die von MD. Im 2-Komplement enthält $M_0$ eine zusätzliche Zeile, die teilweise besetzt wird, wenn die Matrix Vielfache $k_{hi}$·MD mit $k_{hi}<0$ enthält (Addition einer Eins bei Bildung eines negativen Multiplikandenvielfachen); alle diese zusätzlichen Additionen können in einer Zeile zusammengefaßt werden.

Zur Berechnung von $M_0$ durch einen Schaltkreis können wir für Gruppengröße h=2 den in 3.3.5 angegebenen Schaltkreis verwenden. Man zeigt leicht, daß man auch bei größeren Werten von h immer mit 4 logischen Stufen an Laufzeit zur Bildung der Vielfachen auskommt und daß der dazu notwendige Aufwand höher als 6n·k ist. Gegenüber der uncodierten Version von $M_0$ (siehe a.) entsteht also ein mehr als verdreifachter Aufwand und eine um drei logische Stufen höhere Laufzeit, wobei jedoch zu beachten ist, daß sich durch die Reduktion der Zeilen von n auf $\frac{n}{h} + 1$ die Gesamtlaufzeit verringern kann.

3.4.2  Reduktion von $M_0$ (Addition der Zeilen)

Die meisten Multiplizierverfahren sind für Zahlen gleicher Länge konzipiert, die durch Betrag und Vorzeichen dargestellt sind. Die Ausgangsmatrix $M_0$ ist von der Form

$$
M_0 = \begin{bmatrix} & \cdots\cdots & \\ 0 & \cdots\cdots & \\ & \cdots\cdots & \\ \cdots\cdots & & 0 \\ & \cdots\cdots & \\ & \cdots\cdots & \end{bmatrix} \Big\} \; n
$$

(beide Faktoren bestehen aus n Bits sowie dem hier nicht aufgeführten Vorzeichen).

$\longmapsto$ n $\longrightarrow$

Bei allen Methoden wird $M_0$ durch (3,2)- bzw. (2,2)-Zähler (Fulladder bzw. Halfadder) sowie durch OR-Gatter über Matrizen $M_1, M_2, \ldots$ bis zu einer Matrix $M_E$ reduziert, die nur noch aus 2 Zeilen besteht. Die einzelnen Verfahren unterscheiden sich durch die Technik der Reduktion von $M_0$ zu $M_E$ voneinander.

Der Aufwand wird durch die Wahl des abschließenden Addierers (zur Addition der beiden Zeilen von $M_E$) beeinflußt. Da wir die Kosten

durch die Anzahl der benötigten (3,2)- bzw. (2,2)-Zähler messen
wollen, wählen wir für einen Kostenvergleich den Carry-Ripple-Addierer, der nur diese beiden Bausteintypen enthält.

Im folgenden verwenden wir eine vereinfachte Darstellung der Matrix $M_0$ und der Zwischenmatrizen $M_i$ ($1 \leq i \leq E$):

$$[M_i] := [s_{2n-1}^{(i)}, s_{2n-2}^{(i)}, \ldots, s_1^{(i)}, s_0^{(i)}].$$

Dabei gibt $s_j^{(i)}$ den Maximalwert der Summe der Elemente von Spalte
j an. Beispielsweise gilt:

$$[M_0] = [0,1,2,3,\ldots,n-1,n,n-1,\ldots,2,1];$$
$$[M_E] = [s_{2n-1}^{(E)}, \ldots, s_0^{(E)}] \quad \text{mit } 1 \leq s_i^{(E)} \leq 2 \quad (0 \leq i \leq 2n-1);$$
$$[M_{E+1}] = [1,1,\ldots,1] \quad (\text{Produkt-"Matrix"}) \ .$$

Zur Berechnung von $M_{i+1}$ aus $M_i$ werden in den Spalten r ($0 \leq r \leq 2n-1$)
$f_r^{(i)}$ Fulladder sowie $h_r^{(i)}$ Halfadder eingesetzt (in Ausnahmefäl-
len auch ein OR-Gatter in Spalte 2n-1).

| $[M_i]$ | $s_{2n-1}^{(i)}$ | $s_{2n-2}^{(i)}$ | $\ldots\ldots$ | $s_k^{(i)}$ | $\ldots\ldots$ | $s_1^{(i)}$ | $s_0^{(i)}$ |
|---|---|---|---|---|---|---|---|
| | $f_{2n-1}^{(i)}$ | $f_{2n-2}^{(i)}$ | $\ldots\ldots$ | $f_k^{(i)}$ | $\ldots\ldots$ | $f_1^{(i)}$ | $f_0^{(i)}$ |
| | $h_{2n-1}^{(i)}$ | $h_{2n-2}^{(i)}$ | $\ldots\ldots$ | $h_k^{(i)}$ | $\ldots\ldots$ | $h_1^{(i)}$ | $h_0^{(i)}$ |
| $[M_{i+1}]$ | $s_{2n-1}^{(i+1)}$ | $s_{2n-2}^{(i+1)}$ | $\ldots\ldots$ | $s_k^{(i+1)}$ | $\ldots\ldots$ | $s_1^{(i+1)}$ | $s_0^{(i+1)}$ |

Man sieht sofort, daß folgende Beziehungen gelten:

1.     $s_r^{(i)} \geq 3 \cdot f_r^{(i)} + 2 \cdot h_r^{(i)}$     ($0 \leq i \leq E-1$)   ,

denn durch einen Fulladder werden jeweils drei und durch einen
Halfadder zwei Zeilenelemente derselben Spalte zusammengefaßt.

2.     $s_r^{(i+1)} = s_r^{(i)} - 2f_r^{(i)} - h_r^{(i)} + f_{r-1}^{(i)} + h_{r-1}^{(i)}$ ,   ($0 \leq i \leq E-1$)   ,

denn von Fulladdern und Halfaddern verbleiben in der Spalte r nur
die Summenbits (die Überträge werden nach Spalte r+1 weitergeleitet), die Überträge aus Spalte r-1 werden nach Spalte r übernommen.

3. (Berechnung von $M_{E+1}$ aus der zweizeiligen Matrix $M_E$ mit einem Carry-Ripple-Addierer):

$$f_r^{(E)} = \begin{cases} 0 & r \leq mvs_r^{(E)} = 1 \\ 1 & \text{sonst} \end{cases} \qquad h_r^{(E)} = \begin{cases} 0 & r < mvs_k^{(E)} = 2 \\ 1 & \text{sonst} \end{cases}$$

wobei $m = \min\{i \mid s_i^{(E)} = 2\}$ .

Um eine schnelle Reduktion von $M_0$ zu der zweizeiligen Matrix $M_E$ bzw. zu der Ergebnismatrix $M_{E+1}$ zu erreichen, müssen möglichst viele Fulladder eingesetzt werden, da nur diese Bausteine die Anzahl der Matrixelemente reduzieren.

Für den Gesamtaufwand G gilt:

$$G = n_{(3,2)} \cdot \kappa_{(3,2)} + n_{(2,2)} \cdot \kappa_{(2,2)} + n_{OR} \cdot \kappa_{OR} \ ,$$

wobei $n_A$ und $\kappa_A$ Anzahl und Kosten eines logischen Bausteins vom Typ A bezeichnen.

$$n_{(3,2)} = \sum_{i=0}^{E} \sum_{r=0}^{2n-1} f_r^{(i)} \ ; \quad n_{(2,2)} = \sum_{i=0}^{E} \sum_{r=0}^{2n-1} h_r^{(i)} \ .$$

Wenn die abschließende Addition nicht in die Kostenanalyse einbezogen wird, läuft die erste Summe jeweils nur bis E-1.

### 3.4.3 Multiplikation durch serielle ungetaktete CSA-Addition

Die beiden hier besprochenen Methoden lassen sich wie folgt skizzieren (Figur 3.3); $z_i$ bezeichne die i-te Zeile der Matrix $M_0$:

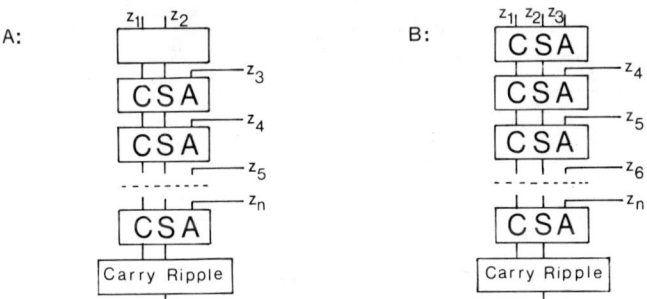

Figur 3.3

Die Tabellen 3.3 und 3.4 zeigen, welche Bausteine (F steht für einen Fulladder, H für einen Halfadder) bei der CSA-Multiplikation an welchen Positionen eingesetzt werden.

Tabelle 3.3 (CSA-Multiplikation, Methode A)

| Matrix \ Spalte | 2n-1 | 2n-2 | 2n-3 | 2n-4 | ....n+2 | n+1 | n | n-1 | n-2 | n-3 | 3 | 2 | 1 | 0 |
|---|---|---|---|---|---|---|---|---|---|---|---|---|---|---|
| $[M_0]$ | 0 | 1 | 2 | 3 | 4...n-3 | n-2 | n-1 | n | n-1 | n-2..4 | 3 | 2 | 1 | |
| | | | | | | | | H | H | H | H | H | H | |
| $[M_1]$ | 0 | 1 | 2 | 3 | 4...n-3 | n-2 | n | n | n-1 | n-2..4 | 3 | 1 | 1 | |
| | | | | | | | F | F | F | F ..F | F | | | |
| $[M_2]$ | 0 | 1 | 2 | 3 | 4...n-3 | n-1 | n-1 | n-1 | n-2 | n-3..3 | 1 | 1 | 1 | |
| - - - - | | | | | - - - | - - | - - | - - | - - | - - - | - - | - - | | |
| $[M_{n-2}]$ | 0 | 1 | 3 | 3 | 3..... | | | ...........3 | 1 | 1 1.. | 1 | 1 | 1 | |
| | | F | F | F.... | | | ......F | F | | | | | | |
| $[M_{n-1}]$ | 0 | 2 | 2 | 2 | 2.... | | | ......2 | 1 | 1 ..... | 1 | 1 | 1 | |
| | F | . | . | . ..... | | | F | F | H | | | | | |
| $[M_n]$ | 1 | 1 | 1 | ..... | | | | | | ..... | 1 | 1 | 1 | |

Tabelle 3.4 (CSA-Multiplikation, Methode B)

| Matrix \ Spalte | 2n-1 | 2n-2 | 2n-3 | .......... | n+2 | n+1 | n | n-1 | n-2 | n-3..3 | 2 | 1 | 0 |
|---|---|---|---|---|---|---|---|---|---|---|---|---|---|
| $[M_0]$ | 0 | 1 | 2 | 3 | 4...n-3 | n-2 | n-1 | n | n-1 | n-2..4 | 3 | 2 | 1 |
| | | | | | | | H | F.......... | | F | F | H | |
| $[M_1]$ | 0 | 1 | 2 | 3 | 4...n-3 | n-1 | n-1 | n-1 | n-2 | n-3..3 | 2 | 1 | 1 |
| | | | | | | F | F | F.......... | | F | H | | |
| $[M_2]$ | 0 | 1 | 2 | 3...n-4 | n-2 | n-2 | n-2 | n-2 | n-3 | n-4..2 | 1 | 1 | 1 |
| - - - - - | | | | - - | - - | - - | - - - | - - | - - | - - - | - - | | |
| $[M_{n-3}]$ | 0 | 1 | 3 | 3 | 3....3 | 3 | 3 | 3 | 2 | 1 1....... | 1 | | |
| | | F.......... | | F | F | F | F | H | | | | | |
| $[M_{n-2}]$ | 0 | 2 | 2 | 2 | 2.......... | | | 2 | 1 | 1 1....... | 1 | | |
| | F | F.......... | | F | F | H | | | | | | | |
| $[M_{n-1}]$ | 1 | 1 | 1.......... | | | | | | | .......... | 1 | | |

Für den Gesamtaufwand erhält man aus den Tabellen 3.3 bzw. 3.4 sofort:

Methode A: $n_{(3,2)} = (n-2) \cdot (n-1) + n-2 = n^2 - 2n$ ; $n_{(2,2)} = n$ ;

Methode B: $n_{(3,2)} = (n-2) \cdot (n-1) - 1 + n-1 = n^2 - 2n$ ; $n_{(2,2)} = n$ ;

also in beiden Fällen denselben Wert. Beide Methoden sind aufwandsoptimal (vgl. 3.4.6).

### 3.4.4 Parallele Multiplikation nach Wallace ([Wa1][Ha1])

Bei diesem Verfahren werden jeweils 3 benachbarte Zeilen einer Matrix $M_i$ in einem CSA-Addierer zusammengefaßt (vgl. Figur 2.11).
Diese Zusammenschaltung ist nicht eindeutig bestimmt, wie die folgenden beiden Realisierungen eines (8×8)-Multiplizierers zeigen:

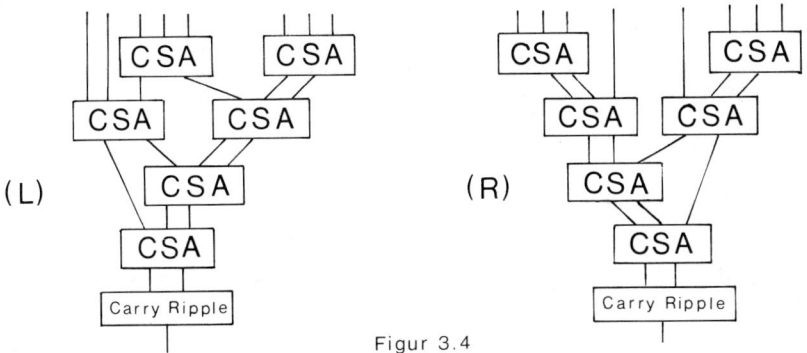

Figur 3.4

Dagegen sind die Stufenzahl E des "Adder-Tree" (Wallace-Baum) und die Anzahl der benötigten CSA-Addierer eindeutig festgelegt:

Satz 3.3.  *a. Für einen (n×n)-Multiplizierer nach Wallace braucht man genau n-2 CSA-Addierer zur Reduktion von $M_0$ zu einer zweizeiligen Matrix $M_E$.*

*b. Für die Stufenzahl E gilt die Abschätzung:*

$$\frac{1}{\log_2 1,5} \cdot [\log_2(n) + \log_2 \frac{9}{16}] \leq E \leq \frac{1}{\log_2 1,5} \cdot [\log_2(n-2)-1]+2 \ ;$$

*d.h.  $E \approx 1,72 \cdot \log_2(n)$.*

Der Beweis ist elementar.

Bei allen Anwendungen kommt man mit maximal 12 Stufen aus, wie die Tabelle 3.5 zeigt.

| E | n | E | n | E | n | E | n |
|---|---|---|---|---|---|---|---|
| 0 | 1,2 | 4 | 7,8,9 | 7 | 20≤n≤28 | 10 | 64≤n≤94 |
| 1 | 3 | 5 | 10≤n≤13 | 8 | 29≤n≤42 | 11 | 95≤n≤141 |
| 2 | 4 | 6 | 14≤n≤19 | 9 | 43≤n≤63 | 12 | 142≤n≤211 |
| 3 | 5,6 | | | | | | |

Tabelle 3.5 (Stufenzahl E des Wallace-Baums für Summandenlänge n)

<u>Aufwand.</u> Neben (3,2)- und (2,2)-Zählern werden zur Realisierung der
CSA auch OR-Gatter mit 2 Eingängen benötigt; letztere braucht man
nur in der Spalte 2n-1.

Allgemein gelten (siehe 3.4.6) bei Ausführung der abschließenden
Addition durch einen Carry-Ripple-Addierer die Beziehungen:

$$n_{(3,2)}+n_{OR} = n^2-2n \; ; \; n_{(2,2)} \geq n \; .$$

Der Aufwand hängt von der gewählten Realisierung ab. Für die (8×8)-
Wallace-Multiplizierwerke (Figur 3.4) ergibt sich beispielsweise:

| | $n_{(3,2)}$ | $n_{OR}$ | $n_{(2,2)}$ |
|---|---|---|---|
| Realisierung (L) | 48 | 0 | 15 |
| Realisierung (R) | 45 | 3 | 23 |

In beiden Fällen ist $n_{(2,2)}$
wesentlich größer als die
untere Schranke $n_{(2,2)} = 8$.

<u>Laufzeit.</u> Man kann den "Wallace-Baum" so organisieren, daß in jeder
Stufe i (1≤i≤E) ein neues Bit des Produkts berechnet wird. Die Addition der beiden Zeilen von $M_E$ bezieht sich dann auf zwei Summanden der Länge

$$2n-1-(E+1) \approx 2n - \frac{\log_2 n}{\log_2 1,5} - 2 \quad \text{(vgl. [Ha1]) .}$$

Rechnet man 2 logische Stufen für die CSA-Addition und verwendet
man einen Conditional-Sum-Addierer (Laufzeit = $2 \cdot \lceil \log_2 m \rceil +4$ für
Summanden der Länge m) zur abschließenden Addition, dann ergibt
sich für die Gesamtlaufzeit des Wallace-Multiplizierers:

$$\tau_1 = 2 \cdot E+2 \cdot \lceil \log_2 (2n-E-2) \rceil +4 \approx 6 \cdot \log_2 n \quad \text{(falls 16≤n≤128) .}$$

## Multiplikatorcodierung

Durch Codierung des Multiplikators in Gruppen zu je 2+1 Bits kann
man den Wallace-Baum bestenfalls um 2 Stufen reduzieren. Der hierdurch entstehende Zeitgewinn geht durch die für die Codierung erforderliche Laufzeit verloren. Die Multiplikatorcodierung zahlt
sich bei parallelen Multiplizierwerken erst dann aus, wenn Pipelining-Techniken angewandt werden, wenn also mehrere Teile des Multiplizierwerks überlappt arbeiten; die in die Gesamtlaufzeit des
Multiplizierwerks eingehende Rechenzeit für die Codierung wird dadurch auf einen Bruchteil des früheren Wertes reduziert. Eine ausführliche Diskussion des Pipelining-Konzepts findet sich in 3.6.

### 3.4.5 Parallele Multiplikation nach Dadda [Da1], [Da2]

Im Unterschied zu der Multiplikation nach Wallace, bei der jeweils
3 Zeilen einer Matrix durch einen Carry-Save-Addierer zusammengefaßt werden, wird bei der parallelen Multiplikation nach Dadda darauf geachtet, daß die Spaltensummen in einem vorgeschriebenen Bereich liegen.

Der Dadda-Multiplizierer benötigt ebenso viele Stufen wie das Multiplizierwerk nach Wallace; er verwendet ausschließlich (3,2)- und
(2,2)-Zähler. Wir beschreiben im folgenden eine Variante dieser
Methode, von der wir zeigen können, daß sie bzgl. des Aufwands optimal ist.

Sei max(E) die größte Zeilenzahl einer Multiplikationsmatrix $M_0$,
die mit einem Wallace-Baum aus E Stufen zu einer Matrix $M_E$ aus 2
Zeilen reduziert werden kann, z.B. max(9) = 63 (vgl. Tabelle 3.5).

Arbeitsweise des Multiplizierwerks nach Dadda

1. Bestimme E=E(n) mit max(E-1) < n ≤ max(E) .

2. Reduziere die maximale Spaltensumme von $M_{i+1}$ auf max(E-i-1)
(i=0,...,E-1) mit möglichst geringem Aufwand und bestimme zusätzlich in jeder Stufe des Verfahrens ein neues Produktbit. Diese Vor-
schrift läßt sich wie folgt eindeutig beschreiben (Angabe der Zahl
der Full- bzw. der Halfadder, die in Spalte r von $M_i$ eingesetzt
werden):

$$f_r^{(i)} := \begin{cases} \lfloor \dfrac{s_r^{(i)}}{3} \rfloor & r = 0,\ldots,n \\ f_{r-1}^{(i)} & r>n \wedge s_r^{(i)} = s_{r-1}^{(i)} \\ \max(f_{r-1}^{(i)}+h_{r-1}^{(i)}-1,0) & r>n \wedge s_r^{(i)} \neq s_{r-1}^{(i)} \end{cases}$$

$$h_r^{(i)} := \begin{cases} 1 & r=i+1 \vee (s_r^{(i)}+f_{r-1}^{(i)}+h_{r-1}^{(i)}-2f_r^{(i)}>\max(E-i-1)) \\ 0 & \text{sonst.} \end{cases}$$

Bemerkung. Nach dem Übergang von $M_i$ zu $M_{i+1}$ darf $s_r^{(i+1)}$ den Maximalwert, der in E-i-1 Stufen reduziert werden kann, nicht über-
schreiten. Wenn also nach Einsatz von $f_r^{(i)}$ Fulladdern in Stufe i
$s_r^{(i+1)} = s_r^{(i)}+f_{r-1}^{(i)}+h_{r-1}^{(i)} - 2f_r^{(i)}$ den Wert max (E-i-1) übersteigt,
muß in Spalte r zusätzlich noch ein Halfadder verwendet werden
(vgl. dazu die anschließenden Beispiele). Die Formeln für $f_r^{(i)}$ und
$h_r^{(i)}$ zeigen, daß in der linken Hälfte des Multiplizierwerks (Spalten r=n+1,...,2n-1) nur soviele Fulladder eingesetzt werden, wie

zur Reduktion von $s_r^{(i+1)}$ auf einen Wert $\leq$ max(E-i-1) unbedingt notwendig sind.

3. Carry-Ripple-Addition der beiden Summanden von $M_E$ in Stufe E+1.

Durch Induktion bestätigt man leicht die folgenden Eigenschaften dieses Multiplikationsverfahrens:

<u>Lemma 3.4.</u>  *a. Ist $h_r^{(i)} = 1 \land r \neq i+1$ , dann gilt:*

$$(s_{2n-1}^{(i+1)}, \ldots, s_r^{(i+1)}) = (0,1,2,\ldots,m-2,m,m,\ldots,m),$$

*wobei  $m = max(E-i-1)$ ,*

*b. In den Spalten $1,\ldots,n$ wird jeweils höchstens ein Halfadder eingesetzt, in den übrigen Spalten überhaupt keiner;*
*d.h.  $h_r^{(i)} = 0$ , falls $r \notin \{1,\ldots,n\}$ ;*

$h_r^{(i)} = 1 \Rightarrow h_r^{(j)} = 0$  *für $j \neq i$ .*

<u>Beispiele</u>

1. n=9, d.h. E=4 ; (Halfadder sind eingekreist, Fulladder nicht)

```
 Spalte
Matrix \  17            10 9 8 7 6 5 4 3 2 1 0
[M0]      0 1 2 3 4 5 6 7 8 9 8 7 6 5 4 3 2 1
                      1 2 2 3 2 2 2 1 1 1
               (*) ──→①                    ①
[M1]      0 1 2 3 4 6 6 6 6 5 6 5 3 4 3 2 1 1
                    1 2 2 2 2 1 2 1 1 1 1
                         ①            ①
[M2]      0 1 2 4 4 4 4 4 4 4 3 4 2 3 2 1 1 1
                  1 1 1 1 1 1 1 1 1  1①
[M3]      0 1 3 3 3 3 3 3 3 3 2 2 3 2 1 1 1 1
                1 1 1 1 1 1 1 1①① 1①
[M4]      0 2 2 2 2 2 2 2 2 2 2 2 2 1 1 1 1 1
                1 1 1 1 1 1 1 1 1 1 1①
[M5]      1 1 1 1 1 1 1 1 1 1 1 1 1 1 1 1 1 1
```

Beim Übergang von $M_0$ zu $M_1$ wird die maximale Spaltensumme von $M_1$ auf einen Wert reduziert, welcher max(4-0-1)=6 nicht überschreitet. Ohne den mit (*) bezeichneten Halfadder wäre $s_9^{(1)}=7$; diese 7 Spaltenelemente könnten in den restlichen 3 Stufen nicht mehr auf zwei Elemente reduziert werden.

2. n=16 ⇒ E=6 .

```
[M_0]| 0 1 2 3 4 5 6 7 8 9 10 11 12 13 14 15 16 15 14 13 12 11 10 9 8 7 6 5 4 3 2 1
                          1  2  3  4  5  5  5  4  4  4  3  3 3 2 2 2 1 1 1①

[M_1]| 0 1 2 3 4 5 6 7 8 9 11 11 11 11 11 10 11 9 10 9 7 8 7 5 6 5 3 4 3 2 1 1
                       1  2  3  3  3  3  3  3  3  3 3 3 2 2 2 1 2 1 1 1 1①

[M_2]| 0 1 2 3 4 5 6 8 8 8 8 8 8 8 8 7 8 6 7 5 5 5 6 4 5 3 4 2 3 2 1 1 1
                  1 2 2 2 2 2 2 2 2 2 2 2 2 1 1 2 1 1 1 1     1①

[M_3]| 0 1 2 3 4 6 6 6 6 6 6 6 6 6 6 5 6 4 4 4 5 3 3 4 2 2 3 2 1 1 1 1
               1 2 2 2 2 2  2 2 2 2 2  ①  2 1 1 1 1 1 1 1 1        1①

[M_4]| 0 1 2 4 4 4 4 4 4 4 4 4 4 4 4 4 3 3 3 3 4 2 2 2 2 3 2 1 1 1 1 1
             1 1 1 1 1 1 1 1 1 1 1 1 1 1 1 1 1 1                 1①

[M_5]| 0 1 3 3 3 3 3 3 3 3 3 3 3 3 3 3 2 2 2 2 2 2 2 2 3 2 1 1 1 1 1 1
           1 1 1 1 1 1 1 1 1 1 1 1 1 1 ① ① ① ① ① ① ① ①① 1 ①

[M_6]| 0 2 2 2 2 2 2 2 2 2 2 2 2 2 2 2 2 2 2 2 2 2 2 2 2 2 1 1 1 1 1 1
           1 1 1 1 1 1 1 1 1 1 1 1 1 1 1 1 1 1 1 1 1 1 1 1①

[M_7]| 1 1 1 1 1 1 1 1 1 1 1 1 1 1 1 1 1 1 1 1 1 1 1 1 1 1 1 1 1 1 1 1
```

### 3.4.6 Aufwandsuntersuchungen

Wir zeigen, daß die von uns angegebene Variante des Multiplizierers nach Dadda optimal ist bzgl. der Gesamtlaufzeit und der Anzahl der eingesetzten Bausteine.

**Satz 3.5.** *Sei $max(E-1) < n \leq max(E)$ , (n≥2). Dann gilt:*

a. *Jede Multiplikationsmethode benötigt mindestens E Stufen zur Reduktion von $M_0$ zu einer zweizeiligen Matrix $M_E$.*

b. *Die abschließende Addition erstreckt sich über 2 Summanden der Länge ≥2n-1-(E+1).*

c. *Die Verfahren von Wallace und Dadda sind laufzeitoptimal (minimale Stufenzahl, minimale Länge der abschließenden Addition).*

d. *Für alle Realisierungen über dem gegebenen Bausteinsystem (also unabhängig von der Wahl des abschließenden Addierers) gilt:*

$$n_{(3,2)} + n_{OR} = n^2 - 2n \; ; \; n_{(2,2)} \geq n \; .$$

*Ist $n_{(2,2)}=n$, dann wird jeweils ein HA in den Spalten 1,2,...,n eingesetzt; OR-Gatter werden in diesem Fall nicht verwendet.*

e. *Für die angegebene Variante des Dadda-Multiplizierers und für die CSA-Multiplizierer (vgl. 3.4.3) gilt (sofern die abschließende Addition mit einem Carry-Ripple-Addierer ausgeführt wird):*

$$n_{(3,2)}=n^2-2n, \; n_{OR}=0 \; , \; n_{(2,2)}=n \; .$$

*Für die Wallace-Multiplikation erhält man im allgemeinen:*

$$n_{OR} > 0 \; ; \; n_{(2,2)} = n + \varepsilon \quad \textit{mit } \varepsilon > 0 \; ; \textit{ dabei ist } \varepsilon \textit{ realisierungs-}$$

*abhängig und kann ein Vielfaches von n betragen (vgl. dazu die beiden Realisierungen in 3.4.4; dort gilt: ε = n-1 bzw. ε=2n-1).*

**Beweis.** Alle Aussagen mit Ausnahme der beiden letzten folgen aus früheren Überlegungen.

d.     Sei $|[M_i]| := \sum_{r=0}^{2n-1} s_r^{(i)}$ die Elementzahl der Matrix $[M_i]$.

Jeder Fulladder und jedes OR-Gatter mit 2 Eingängen reduziert die Elementzahl um 1, während ein Halfadder keine Reduktion liefert. Wegen $|[M_0]| = n^2$, $|[M_{E+1}]| = 2n$ folgt daraus $n_{(3,2)} + n_{OR} = n^2 - 2n$.

Daß mindestens n Halfadder benötigt werden, beweisen wir durch Induktion.

Für n=2 werden außer 2 Halfaddern keine weiteren Bausteine verwendet (siehe nebenstehende Skizze). Zum Übergang von n auf n+1 zerlegen wir eine (n+1)-zeilige Matrix gegeben durch

| 0 | 1 | 2 | 1 | $[M_0]$ |
|---|---|---|---|---------|
|   | ① |   |   |         |
| 0 | 2 | 1 | 1 | $[M_1]$ |
|   | ① |   |   |         |
| 1 | 1 | 1 | 1 | $[M_2]$ |

$$[M_0] = [0,1,2,3,\ldots,n,n+1,n,\ldots,3,2,1]$$

in folgender Weise:

$$[M_0] = [M_0'] + [M_0''] = [0,0,1,2,\ldots,n-1,n,n-1,\ldots,2,1,0]$$
$$+ \, [0,1,1,\ldots\ldots\ldots\ldots\ldots\ldots,1,1,1]$$

Die n-zeilige Matrix $M_0'$ läßt sich nach Induktionsvoraussetzung mit $n^2-2n$ Fulladdern und n Halfaddern (in den Spalten $1,\ldots,n$ von $M_0'$, d.h. in den Spalten $2,\ldots,n+1$ von $M_0$) reduzieren (als Spalte 0 einer Matrix bezeichnen wir immer die am weitesten rechts stehende Spalte mit positiver Elementzahl). Das Ergebnis dieser Reduktion ist die Matrix

$$[M_0^*] = [M_E'] + [M_0''] = [0,1,1,\ldots\ldots\ldots\ldots\ldots,1,1,0]$$
$$+ \, [0,1,1,\ldots\ldots\ldots\ldots\ldots,1,1,1]$$
$$= [0,2,2,\ldots\ldots\ldots\ldots\ldots,2,2,1]$$

$M_0^*$ schließlich wird reduziert durch einen Halfadder (in Spalte 1 von $M_0$ und je einen Fulladder (in Spalte $2,3,\ldots,2n$). Der Gesamtaufwand zur Reduktion von $M_0$ (d.h. zur Multiplikation zweier (n+1)-

stelliger Zahlen) ergibt sich damit zu

$$n_{(2,2)} = n+1 \; ; \; n_{(3,2)} = n^2-2n + 2n-1 = (n+1)^2 - 2(n+1) \; .$$

Man zeigt leicht, daß sich durch andere Reduktionsarten (d.h. andere Zerlegungen von $M_0$) zwar die Multiplikationslaufzeit (Stufenzahl) ändern kann, nicht aber die minimale Anzahl von Fulladdern und Halfaddern. Die Behauptung ist damit bewiesen.

e. Bei der angegebenen Variante des Dadda-Multiplizierwerks wird in den Spalten 1,2,...,n jeweils höchstens ein Halfadder eingesetzt (vgl. Lemma 3.4). Da insgesamt n Halfadder benötigt werden, ist das Verfahren aufwandsoptimal.

### 3.4.7 Multiplikation bei Faktoren unterschiedlicher Länge

Sei $MD = [MD_{k-1},...,MD_0]$ ; $MQ = [MQ_{n-1},...,MQ_0]$ ; $MD_i, MQ_i \in \{0,1\}$.

$$\Rightarrow [M_0] = \begin{cases} [1,2,...,k,k,...,k,k-1,...,1] & \text{falls } k \leq n \\ [1,2,...,n,n,...,n,n-1,...,1] & \text{falls } k \geq n \; . \end{cases}$$

$$\longleftarrow \qquad n+k-1 \qquad \longrightarrow$$

Für Multiplikationsmatrizen dieser Form gilt:

<u>Satz 3.6.</u>  *a. Die Matrix $[M_0]$ ist unabhängig von der Reihenfolge der Faktoren. Zur Reduktion von $M_0$ auf eine Matrix aus zwei Zeilen sind mindestens $E = E(n,k)$ Stufen erforderlich, wobei*

$$max(E-1) < min(n,k) \leq max(E) \quad .$$

*Das Multiplizierwerk nach Dadda erfüllt diese Forderungen; bei der Definition von $f_r^{(i)}$ und $h_r^{(i)}$ (Zahl der Fulladder bzw. Halfadder in Stufe i, die in Spalte r eingesetzt werden, siehe 3.4.5) ist anstelle von n jeweils max(n,k) zu schreiben.*

*b. Der Dadda-Multiplizierer ist aufwandsoptimal:*

$$n_{(3,2)} = n \cdot k-(n+k) \; ; \; n_{(2,2)} = min(n,k) \; .$$

*Von den Halfaddern wird jeweils einer in den Spalten 1,2,........, min(n,k)-1 sowie in der Spalte max(n,k) von $M_0$ eingesetzt.*

*c. Bei der CSA-Multiplikation bzw. beim Verfahren nach Wallace ist die Laufzeit bzw. der Aufwand abhängig von der Reihenfolge der Faktoren, beim Verfahren nach Dadda nicht.*

_CSA-Multiplikation:_ $\quad n_{(3,2)} = n \cdot k - (n+k); \; n_{(2,2)} = k$ .

_Wallace-Multiplikation:_ $\quad n_{(3,2)} + n_{OR} = n \cdot k - (n+k); \; n_{(2,2)} \geq k$ .

Der Beweis dieses Satzes ergibt sich durch einfache Verallgemeinerung der Überlegungen aus 3.4.5. Wir demonstrieren den Ablauf der Dadda-Multiplikation am Beispiel eines 15×13-Multiplizierers:

```
[M₀]  0 1 2 3 4 5 6 7 8 9 10 11 12 13 13 13 12 11 10  9  8  7  6  5  4  3  2  1
                    1 2 3  4  4  4  4  4  3  3  3  2  2  2  1  1  1 ①
[M₁]  0 1 2 3 4 5 6 7 9 9  9  9  9  9  9  9  7  8  7  5  6  5  3  4  3  2  1  1
                  1 2 3 3  3  3  3  2①  3  3  3  2  2  2  1  2  1  1  1  1①
[M₂]  0 1 2 3 4 6 6 6 6 6  6  6  6  6  6  5  5  6  4  5  3  4  2  3  2  1  1  1
              1 2 2 2 2 2  2  2  2  2  2 ①①  2  1  1  1  1     1①
[M₃]  0 1 2 4 4 4 4 4 4 4  4  4  4  4  4  4  4  3  3  4  2  2  3  2  1  1  1  1
              1 1 1 1 1 1  1  1  1  1  1  1  1  1  1  1  1     1①
[M₄]  0 1 3 3 3 3 3 3 3 3  3  3  3  3  3  3  3  2  2  2  2  3  2  1  1  1  1  1
              1 1 1 1 1 1  1  1  1  1  1  1  1  1 ①  ①①①  1①
[M₅]  0 2 2 2 2 2 2 2 2 2  2  2  2  2  2  2  2  2  2  2  2  2  1  1  1  1  1  1
              1 1 1 1 1 1  1  1  1  1  1  1  1  1  1  1  1  1  1①
[M₆]  1 1 1 1 1 1 1 1 1 1  1  1  1  1  1  1  1  1  1  1  1  1  1  1  1  1  1  1
```

## 3.4.8 Multiplikation zur Basis $2^h$

### 3.4.8.1 Allgemeines Prinzip

Die Zeilenzahl der Ausgangsmatrix $M_0$ für die Multiplikation läßt sich durch Codierung von Multiplikator und Multiplikand in einer höheren Basis erniedrigen. Für eine Realisierung sind vor allem Codierungen zu einer Basis $d=2^h$ ($h \in \mathbb{N}$) zweckmäßig.

Für Multiplikand und Multiplikator erhalten wir bei Verwendung dieser Basis die folgende neue Darstellung:

$$MD^{(h)} = [MD^{(h)}_{k_h-1}, \ldots, MD^{(h)}_0], \text{ wobei } 0 \leq MD^{(h)}_i \leq 2^h-1 \text{ und } k_h := \lceil \tfrac{k}{h} \rceil;$$

$$MQ^{(h)} = [MQ^{(h)}_{n_h-1}, \ldots, MQ^{(h)}_0], \text{ wobei } 0 \leq MQ^{(h)}_i \leq 2^h-1 \text{ und } n_h := \lceil \tfrac{n}{h} \rceil.$$

Bei Beschränkung auf nichtnegative Zahlen gilt:

$$w(MD^{(h)}) = \sum_{i=0}^{k_h-1} MD^{(h)}_i \cdot 2^{hi}, \quad w(MQ^{(h)}) = \sum_{i=0}^{n_h-1} MQ^{(h)}_i \cdot 2^{hi} .$$

Die Multiplikationsmatrix $M_0$ besteht aus $k_h \cdot n_h$ Elementen:

$$M_0^{(h)} = \begin{bmatrix} 0 & & m_{k_h-1,0}^{(h)} \cdots\cdots m_{0,0}^{(h)} \\ & \cdot & \cdot \\ & \cdot & \cdot \\ & \cdot & \cdot \\ m_{k_h-1,n_h-1}^{(h)} \cdots\cdots m_{0,n_h-1}^{(h)} & & 0 \end{bmatrix} \quad n_h$$

$$\underbrace{\qquad\qquad}_{k_h}$$

wobei $m_{i,j}^{(h)} := MD_i^{(h)} \cdot MQ_j^{(h)}$ ; $0 \le m_{i,j}^{(h)} \le (2^h-1)^2$ .

Die Binärdarstellung eines Elements $m_{i,j}^{(h)}$ hat die Länge

$$l_h := \lceil \log_2((2^h-1)^2+1) \rceil = \begin{cases} 1 & h=1 \\ 2h & h>1 \end{cases} \text{Bits} .$$

Für $h>1$ braucht man zur binären Codierung einer Zeile mindestens 2 Zeilen; diese Zeilenanzahl reicht auch immer aus.

**Beispiel.** (Darstellung durch B+V; Vorzeichen in $M_0$ nicht aufgeführt)

Sei $h=2$, d.h. $0 \le m_{i,j}^{(2)} \le 9$ ;

$$MD^{(2)} = [2,3,1,0,3] \; ; \; MQ^{(2)} = [3,1,2] \; ; \; \text{d.h. } k_2=5, \; n_2=3 .$$

$$M_0^{(2)} = \begin{bmatrix} 4 & 6 & 2 & 0 & 6 \\ 2 & 3 & 1 & 0 & 3 \\ 6 & 9 & 3 & 0 & 9 \end{bmatrix} \qquad M_0 = \begin{bmatrix} & & & 0\,\,0 & 1\,\,0 & 1\,\,0 & 0\,\,0 & 1\,\,0 \\ & & 0\,\,1 & 0\,\,1 & 0\,\,0 & 0\,\,0 & 0\,\,1 \\ & 1\,\,0 & 1\,\,1 & 0\,\,1 & 0\,\,0 & 1\,\,1 \\ & 0\,\,0 & 0\,\,0 & 0\,\,0 & 0\,\,0 & 0\,\,0 \\ & 1\,\,0 & 0\,\,1 & 1\,\,1 & 0\,\,0 & 0\,\,1 \\ 0\,\,1 & 1\,\,0 & 0\,\,0 & 0\,\,0 & 1\,\,0 \end{bmatrix}$$

Jedes Element der binären Codierung $M_0$ der Matrix $M_0^{(2)}$ muß durch $l_2=4$ Bits codiert werden. $M_0$ besteht aus $s_2 = 2 \cdot \min(n_2,k_2)=6$ Zeilen.

Für die maximale binäre Spaltensumme von $M_0$ gilt allgemein:

$$s_h \le 2 \cdot \min(n_h,k_h) .$$

Mit wachsendem $h$ erhöht sich der Aufwand zur Bestimmung von $m_{i,j}^{(h)}$; daher ist die Verwendung großer Werte für $h$ wenig zweckmäßig.

3.4.8.2 <u>Multiplikation zur Basis 4 unter Verwendung von (4,2)-</u>
<u>Zählern (Ferrari, Stefanelli, 1969) [Fe3]</u>

Mit den in 2.1 besprochenen (4,2)-Zählern kann die Multiplikation zur Basis 4 beschleunigt werden:

Sei $\quad MD = [MD_{k-1}, \ldots, MD_0]; \quad MQ_{n-1} = [MQ_{n-1}, \ldots, MQ_0];$

$$m_{i,j}^{(2)} := MD_i^{(2)} \cdot MQ_j^{(2)} \qquad (0 \leq m_{i,j}^{(2)} \leq 9) \ .$$

Da alle $m_{i,j}^{(2)}$ mit 4 Binärziffern codiert werden, von den 16 darstellbaren Zahlen aber nur 10 vorkommen können, sind Aussagen über die Gestalt der Multiplikationsmatrix $M_0$ möglich, die zu einer schnelleren Reduktion auf eine zweizeilige Matrix benutzt werden können (vgl. dazu auch das Beispiel aus 3.4.8.1).

**Lemma 3.7.** *Je 4 aufeinanderfolgende Elemente einer Spalte der binären Multiplikationsmatrix $M_0$ enthalten mindestens eine Null.*

Der Beweis dieses Lemmas kann in [Fe3] nachgelesen werden.

Der auf diesem Lemma aufbauende Multiplizierer verwendet in der ersten Stufe neben FA und HA auch (4,2)-Zähler (vgl. 2.1). Nach der ersten Stufe ist die Zeilenzahl auf $\lceil \frac{n}{2} \rceil$ bzw. $\lceil \frac{n-1}{2} \rceil$ reduziert (im Gegensatz zu $\approx \frac{2}{3} \cdot n$ bei der üblichen Methode). Dadurch verkürzt sich die Stufenzahl im allgemeinen um 1. Der Laufzeitgewinn geht jedoch durch den erhöhten (Kosten- und Zeit-)Aufwand zur Codierung der Ausgangsmatrix und durch die hohen Kosten für die (4,2)-Zähler wieder verloren.

## 3.5 Arithmetische Schaltkreise [Me2]

### 3.5.1 Definitionen

Die Benutzung eines (4,2)-Zählers bei der in 3.4.8.2 beschriebenen Methode gibt Anlaß zur Diskussion der Frage, inwieweit sich allgemeinere Bauelemente für die parallele Multiplikation oder für andere arithmetische Operationen eignen. Die Entwicklung integrierter Schaltkreise läßt auch die Verwendung solcher Bausteine, die bei den heutigen Realisierungstechniken aus Kostengründen ausscheiden würden, prinzipiell als möglich erscheinen. Eine allgemeinere Beschreibung solcher Bausteine (sogenannte arithmetische Schaltkreise) wird im folgenden gegeben:

**Definition 3.3.** *a. Ein Schaltkreis heißt* arithmetischer Schaltkreis, *wenn es eine Partition $E_0 = \{e_0^{(1)}, \ldots, e_0^{(m_0)}\}, \ldots, E_p = \{e_p^{(1)}, \ldots, e_p^{(m_p)}\}$ der Menge der Eingänge des Schaltkreises und eine Partition $A_0 = \{a_0^{(1)}, \ldots, a_0^{(n_0)}\}, \ldots, A_p = \{a_p^{(1)}, \ldots, a_p^{(n_p)}\}$ der Menge der*

*Ausgänge gibt mit:*

$$\sum_{i=0}^{p} \sum_{j=1}^{m_i} e_i^{(j)} \cdot 2^i = \sum_{i=0}^{p} \sum_{j=1}^{n_i} a_i^{(j)} \cdot 2^i$$

*für alle zulässigen Kombinationen von Eingangsvariablen $e_i^{(j)}$.*

**Figur 3.5**

b. *Ein arithmetischer Schaltkreis heißt* _triangulär_, *wenn*

$$|A_i| \leq 1 \quad (i=0,\ldots,p) \,.$$

Wenn der Schaltkreis invariant gegenüber Permutationen innerhalb der Mengen $E_0,\ldots,E_p$ und $A_0,\ldots,A_p$ ist (dies ist bei fast allen Anwendungen der Fall), kann man ihn einfacher durch die Anzahl der Ein- bzw. Ausgänge der einzelnen Klassen beschreiben. Im folgenden werden wir nur solche Schaltkreise untersuchen. Ferner läßt sich ein Schaltkreis dadurch charakterisieren, wie stark er die Anzahl der Ausgänge im Vergleich zur zugehörigen Zahl der Eingänge reduziert bzw. erhöht:

**Definition 3.4.** *a. $[m_p,\ldots,m_0]$ bzw. $[n_p,\ldots,n_0]$ heißen* _Eingabe-_ *bzw.* _Ausgabefolge_; *dabei bezeichnen $m_i$ und $n_i$ die Anzahl der Ein- bzw. Ausgänge der einzelnen Klassen des arithmetischen Schaltkreises.*

*b. $<m_p-n_p,\ldots,m_0-n_0>$ heißt* _charakteristische Folge (CF)_;

*c. Ein triangulärer Schaltkreis mit CF $= <c_p,\ldots,c_0>$ heißt* _kompakt_, *wenn gilt:*    1. *$c_i \geq -1$ für alle $i$;*

    2. *$c_p = -1$;*

    3. *$c_j = -1 \Rightarrow c_{j+1} = \ldots = c_p = -1$.*

Die charakteristische Folge bestimmt das Verhalten eines Schaltkreises im allgemeinen nicht eindeutig.

<u>Beispiele</u>

a. <u>Multiplizierwerk für n-stellige Zahlen</u>

Eingabefolge:  [0,1,2,...,n-1, n ,n-1,...,2,1] ⎤
Ausgabefolge:  [1,1,1,.....................,1,1] ⎥ (vgl. 3.4.2).
char. Folge : <-1,0,1,...,n-2,n-1,n-2,...,1,0>. ⎦

b. <u>Fulladder</u>           c. <u>Halfadder</u>

Eingabefolge: [0,3]         Eingabefolge: [0,2]
Ausgabefolge: [1,1]         Ausgabefolge: [1,1]
char. Folge :<-1,2>        char. Folge :<-1,1>

d. <u>(31,5)-Zähler</u>

Eingabefolge: [ 0, 0, 0, 0, 31] Ausgabefolge: [ 1, 1, 1, 1, 1 ]
char. Folge : <-1,-1,-1,-1, 30>.

In allen Fällen handelt es sich um kompakte Schaltkreise.

<u>Bemerkung.</u>  AND- bzw. OR-Gatter mit mindestens zwei Eingängen sind keine arithmetischen Schaltkreise, wie sich aus Definition 3.3 sofort ergibt.

### 3.5.2 Zusammenschaltung von arithmetischen Schaltkreisen

Gegeben sei eine Menge $\{S_1,...,S_k,...\}$ von arithmetischen Schaltkreisen. Durch Verschieben eines Schaltkreises um r Stellen nach links (Multiplikation mit $2^r$) entsteht ein neuer arithmetischer Schaltkreis (der Ordnung r), der aus denselben Elementen zusammengesetzt werden kann. Jeder Ein- bzw. Ausgangsleitung des Schaltkreises wird auf diese Weise ein <u>absolutes Gewicht</u> zugeordnet. Ein Beispiel dafür zeigt Figur 3.6.

Es gibt grundsätzlich zwei Möglichkeiten, arithmetische Schaltkreise zusammenzuschalten:

A. <u>Hintereinanderausführung</u> $S_1 \circ S_2$

1. Jeder Ausgang von $S_1$ darf auf höchstens einen Eingang von $S_2$ geschaltet werden.
2. Eine Zusammenschaltung zweier Leitungen ist nur bei gleichem absolutem Gewicht erlaubt.

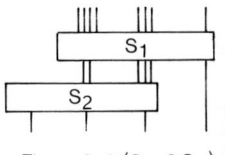

Figur 3.6 $(S_1 \circ 2 \cdot S_2)$

B. Parallelausführung $S_1 \times S_2$

Sei $\alpha_j^{(i)}$ die Zahl der Eingänge mit absolutem Gewicht $2^j$ von $S_i$;
$\beta_j$ sei die Zahl der Eingangsleitungen mit absolutem Gewicht $2^j$.
Die Parallelausführung von $S_1$ und $S_2$ ist möglich, wenn gilt:

$$\alpha_j^{(1)} + \alpha_j^{(2)} \le \beta_j \text{ für } j=0,1,2,\dots$$

Bemerkung. Durch Zusammenschaltung arithmetischer Schaltkreise
durch die Operationen "o" bzw. "×" erhält man wieder arithmetische
Schaltkreise (siehe Figur 3.7).

absolutes Gewicht

Der Schaltkreis
$S_2$ wird an drei
Stellen einge-
setzt (Ordnung
2,4 bzw. p-2).

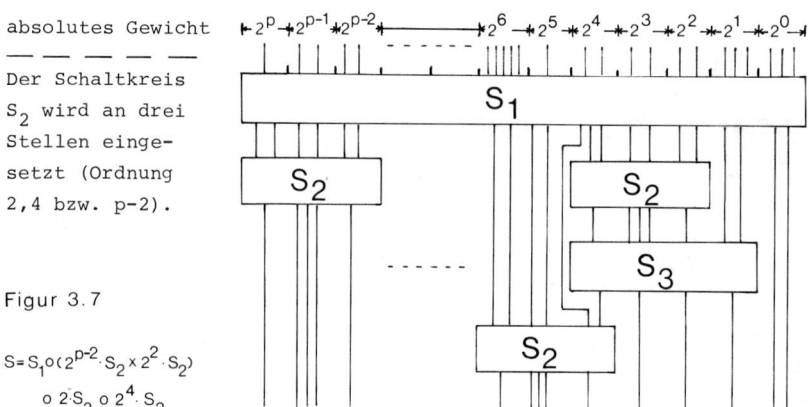

Figur 3.7

$$S = S_1 o (2^{p-2} \cdot S_2 \times 2^2 \cdot S_2)$$
$$o\ 2 \cdot S_3\ o\ 2^4 \cdot S_2$$

### 3.5.3 Reduktionsproblem

Gegeben sei eine Eingabefolge

$$E = [\dots,0,e_m,e_{m-1},\dots,e_0,0,\dots] \quad \text{(d.h. } e_i=0 \text{ falls } i \notin [0:m]).$$

Der nicht verschwindende Abschnitt von E kann durch Multiplikation
bzw. Division nach links bzw. rechts verschoben werden, ohne daß
sich dadurch wesentliche Änderungen ergeben.

Gesucht ist ein möglichst einfaches System von arithmetischen Ele-
mentarschaltkreisen, mit dessen Hilfe E in eine r-reduzierte Ausgabefolge $A_r$ umgewandelt werden kann.
(Eine Folge heißt r-reduziert, wenn $0 \le u \le r$ für jedes Element
u der Folge gilt.)

Für die Anwendung sind vor allem die 2-reduzierten Ausgabefolgen (z.B. die zweizeilige Endmatrix bei der parallelen Multiplikation) und die 1-reduzierten Ausgabefolgen (z.B. das Endergebnis einer arithmetischen Operation) interessant.

Da die Lösung des Reduktionsproblems in der angegebenen allgemeinen Form zu schwierig ist, beschränken wir uns auf trianguläre bzw. sogar auf kompakte Bausteine. Nahezu alle sinnvollen Bausteine erfüllen diese Bedingung. Alle anderen kann man aus triangulären Elementen aufbauen.

<u>Bemerkung.</u> Ein Schaltkreis zur r-Reduktion von $E = [e_m, \ldots, e_0]$ ist auch eine r-Reduktion für alle $E' = [e'_m, \ldots, e'_0]$ mit $0 \le e'_i \le e_i$ (d.h. für $E' \le E$). Eine (kosten- bzw. laufzeit-)optimale r-Reduktion von $E$ ist im allgemeinen nicht optimal für $E' \le E$.

### 3.5.4 Reduktion mit triangulären Elementarschaltkreisen

Die Reduktion einer Eingabefolge

$$E = [e_m, e_{m-1}, \ldots, e_0] \quad (e_i := 0 \quad \text{falls } i \notin [0:m])$$

durch einen triangulären Schaltkreis S (gegeben durch seine charakteristische Folge $<c_p, \ldots, c_0>$) läßt sich wie folgt beschreiben:

$$E = [e_m \ e_{m-1} \cdots e_{r+p+1} \ e_{r+p} \ e_{r+p-1} \cdots e_{r+1} \ e_r \ e_{r-1} \cdots e_0]$$
$$< c_p \quad c_{p-1} \ \cdots \ c_1 \ c_0 >$$

$$E^* = [e^*_m \ e^*_{m-1} \cdots e^*_{r+p+1} \ e^*_{r+p} \ e^*_{r+p-1} \cdots e^*_{r+1} \ e^*_r \ e^*_{r-1} \cdots e^*_0]$$

wobei

$$e^*_i = \begin{cases} e_i & \text{falls } i \notin [r:r+p] \\ \max\{e_i - c_{i-r}; 1\} & \text{sonst .} \end{cases}$$

<u>Begründung.</u> Ist $e_i > c_{i-r}$ ($i \in [r:r+p]$), dann wird durch S die Anzahl der Ausgänge auf $e_i - c_{i-r}$ reduziert. Ist dagegen $e_i \le c_{i-r}$, dann müssen wir die Zahl der Eingänge von E durch konstant den Wert 0 führende Leitungen soweit erhöhen, daß nach der Reduktion noch ein Ausgang übrigbleibt. Daß eine Reduktion auf 0 Ausgänge für trianguläre Schaltkreise nicht möglich ist, zeigt der folgende Hilfssatz:

**Lemma 3.8.** *Für trianguläre Schaltkreise mit der charakteristischen*
*Folge* $<m_p-n_p,\ldots,m_0-n_0>$ *gilt:*

 a. $m_k \geq 1 \Rightarrow n_k = 1$ ;

 b. $n_k = 0 \Rightarrow n_k = m_k = 0.$

**Beweis.** Wir betrachten eine spezielle Eingangskombination, bei der
genau einer der $m_k$ Eingänge von $E_k$ eine 1 führt, alle anderen Eingänge des Schaltkreises seien mit Null besetzt.
Da der Schaltkreis als triangulär vorausgesetzt wurde, muß er mindestens einen Ausgang in Position k haben, d.h. $n_k=1$; für nicht-
trianguläre Schaltkreise braucht dies nicht zu gelten.

**Bemerkung.** Ein Baustein S mit CF = $<c_p,\ldots,c_0>$ kann alle Bausteine
S' mit CF = $<c_p',\ldots,c_0'>$ ($c_i'\leq c_i$) ersetzen. Beispielsweise kann man
anstelle eines Halfadders (CF = $<-1,1>$) einen Fulladder (CF=$<-1,2>$)
verwenden. Die Kosten von S' sind meist niedriger als die von S.

### 3.5.5 Reduktion der Multiplikationsmatrix mit <-1,0,3,2>-Elementen

Ein $<-1,0,3,2>$-Element ist ein kompakter arithmetischer Schaltkreis,
der sich durch eine Zusammenschaltung von 4 Fulladdern realisieren
läßt. Die Anzahl der Ausgänge ist um 4 niedriger als die Zahl der
Eingänge.

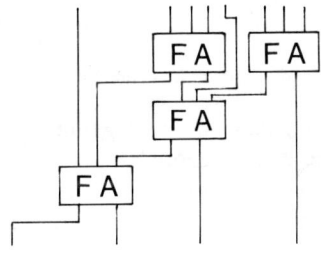

Figur 3.8 (<-1,0,3,2>-Element)

Zur 1-Reduktion einer Multiplikationsmatrix für n-stellige Faktoren unter ausschließlicher Verwendung dieses Schaltelements
sind mindestens $\lceil\frac{1}{4}\cdot(n^2 - 2n)\rceil$
Bausteine notwendig.
Diese Zahl erhöht sich auf
$\lceil\frac{1}{4}\cdot(n^2+a-2n)\rceil$, wenn a zusätzliche
konstant mit Null besetzte Ein-
gangsleitungen benutzt werden.

Die folgenden Überlegungen zeigen, daß $<-1,0,3,2>$-Elemente sich zur
1- bzw. 2-Reduktion einer Multiplikationsmatrix sehr gut eignen.
Wir verwenden die Notation $<d\cdot c_p,d\cdot c_{p-1},\ldots,d\cdot c_0>$ , falls d-mal dasselbe Schaltelement $<c_p,\ldots,c_0>$ in derselben Positionierung angewandt
wird. Diese d Reduktionen können gleichzeitig ausgeführt werden.

### 3.5.5.1  1-Reduktion

Die serielle Reduktion von rechts nach links ist aufwandsminimal;
sie entspricht der CSA-Multiplikation (vgl. 3.4.3). Für n=9 arbeitet die Methode wie folgt:

```
[0 1 2 3 4 5 6 7 8 9 8 7 6 5 4 3 2 1]          Durch Parallelaus-
                    <-1 0 3 2>                  führung möglichst
            11 8            6 4 1 1             vieler Reduktions-
        <-4 012 8>   <-2 0 6 4>                schritte läßt sich
          9 6 1 1      9 6 1 1                  die Multiplikation
      <-3 0 9 6>   <-3 0 9 6>                   beschleunigen. Man
        6 4 1 1     12 8 1 1                    erhält auf diese Wei-
    <-2 0 6 4>   <-4 012 8>                     se einen dem Multi-
      3 2 1 1     11 8 1 1                      plizierverfahren nach
  <-1 0 3 2>                                    Dadda (3.4.5) ent-
    [1 1 1 1 1 1 1 1 1 1 1 1 1 1 1 1 1 1]       sprechenden Algorith-
                                               mus.
```

Man zeigt leicht, daß für die serielle 1-Reduktion in der angegebenen Form folgendes gilt:

Laufzeit: n-1 Stufen .

Kosten : $\lceil \frac{1}{4} \cdot (n^2-1) \rceil$ Bausteine vom Typ <-1,0,3,2>.

Dies ist zu vergleichen mit den Werten der CSA-Multiplikation:

Laufzeit: 2(n-2) Stufen ;

Kosten : $n^2-n$ Bausteine ($n^2-2n$ Fulladder und n Halfadder).

Wenn man das <-1,0,3,2>-Element durch 4 Fulladder realisiert, geht
der Laufzeitgewinn (Halbierung der Stufenzahl) bzw. die Reduktion
der Zahl der Bausteine auf etwa 1/4 gegenüber der CSA-Multiplikation wieder verloren. Eine zweistufige Realisierung des Elements
mit AND- bzw. OR-Gattern besteht aus mindestens 179 AND-Gattern
(mit durchschnittlich 5 Eingängen) und aus 4 OR-Gattern (mit 4, 48,
84 sowie 43 Eingängen [Me2]. Auch eine Realisierung mit integrier-
ten Schaltkreisen würde beim heutigen Stand der Technik mindestens
etwa 10-mal teurer sein als ein Fulladder. Es ist jedoch nicht aus-
zuschließen, daß in absehbarer Zukunft sich die Kostenfrage zugun-
sten allgemeinerer arithmetischer Bausteine so stark verschiebt,
daß diese Schaltelemente konkurrenzfähig werden.

### 3.5.5.2 2-Reduktion

Eine einfachere 2-Reduktion
erhält man, wenn man den
ersten <-1,0,3,2>-Baustein
erst in der dritten Spalte
einsetzt. Wir demonstrieren
die Vorgehensweise für n=9.
Man zeigt leicht, daß die
Methode allgemein anwend-
bar ist.

```
[0 1 2 3 4 5 6 7 8 9 8 7 6 5 4 3 2 1]
                        <-1 0 3 2>
                10 7        7 5 1 1
           <-3 0 9 6>  <-2 0 6 4>
            7 5 1 1      10 7 1 1
        <-2 0 6 4>   <-3 0 9 6>
         4 3 1 1       11 9 1 1
     <-1 0 3 2>    <-4 012 8>
      1 1 1 1       10 7 1 1
    [1 1 1 1 1 1 1 1 1 1 1 1 1 1 1 1 2 1]
```

Zur Reduktion von [0,1,2,...,n-1,n,n-1,...,3,2,1] zu der Ausgabefolge [1,1,1,...........,1,1,1,2,1] braucht man:

Laufzeit:  n-2 Stufen;
Kosten  :  $\lceil \frac{1}{4} \cdot (n^2 - 2n) \rceil$ Bausteine vom Typ <-1,0,3,2> .

Vom Aufwand her ist diese Reduktion optimal. Weniger günstig ist
jedoch, daß die endgültige Berechnung des Produktes (1-Reduktion
von [1,...,1,1,2,1]) sehr zeitraubend sein kann (Übertragspropa-
gation).

### 3.5.5.3 Faktoren unterschiedlicher Länge

Die in den vorigen Abschnitten beschriebenen Reduktionstechniken
lassen sich ohne Schwierigkeiten auf Faktoren unterschiedlicher
Länge verallgemeinern.

Beispiel. (Multiplikand bzw. Multiplikator haben die Länge 15
          bzw. 8 oder umgekehrt)

```
[0 1 2 3 4 5 6 7 8 8 8 8 8 8 8 8 7 6 5 4 3 2 1]
                          <-1 0 3 2>
                 12 8      6 4 1 1
           <-4 012 8>   <-2 0 6 4>
            12 8 1 1      9 6 1 1
        <-4 012 8>    <-3 0 9 6>
         10 7 1 1       11 8 1 1
      <-3 0 9 6>     <-4 012 8>
       7 5 1 1        12 8 1 1
    <-2 0 6 4>     <-4 012 8>
     4 3 1 1        12 8 1 1
  <-1 0 3 2>
   [1 1 1 1 1 1 1 1 1 1 1 1 1 1 1 1 1 1 1 1 1 1 1]
```

### 3.5.5.4 Zur Optimalität des <-1,0,3,2>-Elements

Eine Betrachtung der Struktur einer Multiplikationsmatrix aus n Zeilen und k Spalten zeigt, daß das <-1,0,3,2>-Element in dem Sinne optimal ist, daß es kein anderes kompaktes Element mit höchstens 8 Eingängen gibt, das weniger Bausteine bzw. eine kürzere Laufzeit zur 1-Reduktion der Matrix benötigt. Es könnte Bausteine mit einer höheren Zahl von Eingängen geben, mit denen die Reduktion schneller durchführbar ist; die Verwendung eines solchen Bauelements (falls es überhaupt existiert) ist jedoch aus Kostengründen sehr problematisch.

## 3.6 Pipelining-Prinzipien

### 3.6.1 Das Pipelining-Konzept

Die bisher behandelten Multiplizierwerke arbeiten in der beschriebenen Form noch nicht sehr effizient, da zu einer gegebenen Zeit höchstens eine Stufe des Werkes beschäftigt ist. Prinzipiell könnte eine nächste Multiplikation bereits begonnen werden, wenn die vorige Multiplikation die erste Stufe verlassen hat (Pipelining-Prinzip). Dies führt neben einer erhöhten Auslastung zu einer erheblichen Geschwindigkeitssteigerung. Da aber nur in den seltensten Fällen genügend viele Multiplikationen gleichzeitig zur Ausführung anstehen, ist die Anwendung des Pipelining-Konzepts in dieser extremen Form nicht sinnvoll.

Wesentlich effizienter ist es, eine arithmetische Operation in mehrere Teiloperationen zu zerlegen, auf die man Pipelining-Techniken anwenden kann. Wie dies bei Multiplikationen erfolgen kann, zeigt Figur 3.9.

Der Multiplikator wird dabei in n/h Gruppen der Größe h zerlegt. Dadurch zerfällt die Multiplikation in n/h Teilmultiplikationen mit einem kürzeren Multiplikator. Die h Summanden einer Teilmultiplikation werden mit einem Wallace-Baum (bzw. einem Multiplizierwerk nach Dadda) auf 2 Summanden reduziert; diese werden um je h Bits nach rechts geschoben und mit den Summanden der nächsten Teilmultiplikation weiterverarbeitet. Der zeitliche Abstand zwischen den einzelnen Multiplikatorgruppen beträgt r Takte (r = Taktzahl der Rückkopplungsschleife). Die erste Gruppe braucht k+r Takte zum Durchlaufen des Baums ohne die abschließende Addition

(siehe Figur 3.9), jede weitere nur noch r zusätzliche Takte; dies
ergibt folgende Gesamttaktzahl z :

$$z = n_h \cdot r + k \ , \ (n_h := n/h = \text{Zahl der Multiplikatorgruppen}).$$

Bei kurzen Rückkopplungsschleifen kommt man mit einem Takt pro
Schleife (r=1) aus. In diesem Fall ist $z = n_h + k$ ; vgl. dazu den angegebenen Zeitplan.

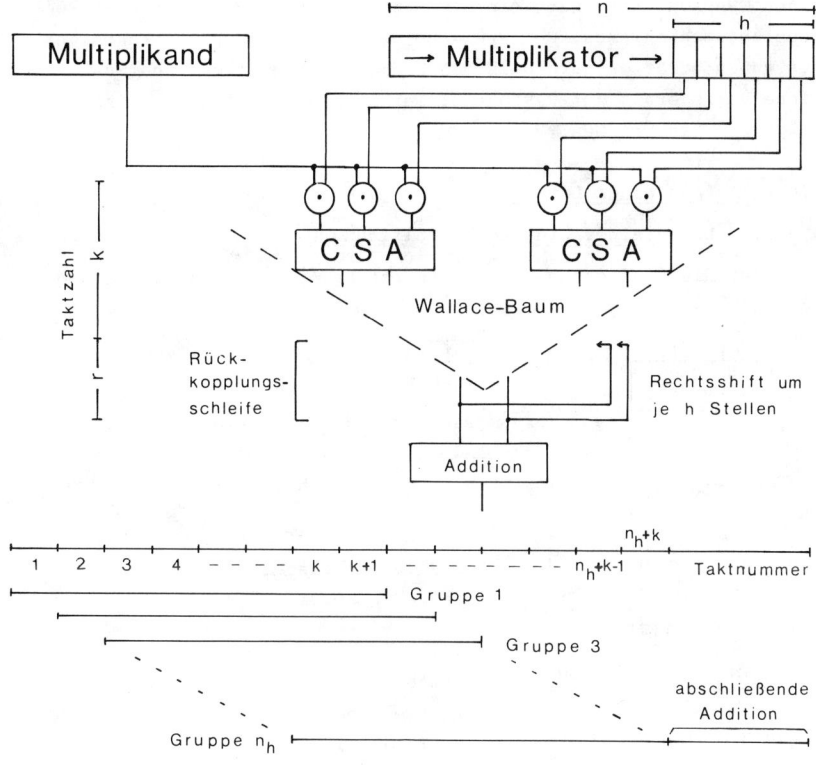

Figur 3.9 (Pipelining-Multiplikation mit Ablaufzeitplan für r = 1)

Bei der Rückkopplungsschleife brauchen die am weitesten rechts
stehenden h Bits nicht mitgeführt zu werden, da sie keinen Einfluß
auf die weiteren Gruppen haben. Für diese Bits kann daher bereits
die abschließende Addition begonnen werden. Auf diese Weise über-
lappen sich die Reduktion verschiedener Gruppen, die Codierung

neuer Gruppen bzw. die Berechnung neuer Vielfacher und die abschließende Addition.

Um Hazards zu vermeiden, müssen verschiedene Stufen dieses Ablaufs
durch Zwischenspeicherelemente voneinander getrennt werden. Dies
ist bereits durch die Einteilung in Takte angedeutet worden. Zur
zeitlichen Speicherung kann man spezielle Bauelemente ("Latch") verwenden. Ein Latch sperrt den Ausgang eines logischen Elements (z.B.
eines CSA-Addierers oder eines Gatters) durch einen einfachen Rück-
kopplungsmechanismus. Bei Freigabe des Latchs durch ein Taktsignal
von außen steht das Ergebnis des logischen Elementes ohne zusätzliche Verzögerung zur Verfügung. Der Aufbau eines Latchs wird im
folgenden beschrieben.

### 3.6.2  Aufbau eines Latchs

#### 3.6.2.1  Latch einer binären Datenleitung D

Dies ist die einfachste Form eines Latchs. Seine Wirkung ist die
folgende:

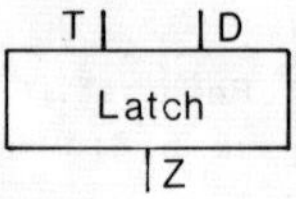

$$Z := \begin{cases} D & \text{falls } T=1 \ (T = \text{Taktleitung}) \\ Z & \text{sonst} \end{cases}$$

Vorausgesetzt wird, daß der Wert von D sich
nicht ändert, solange T=1 gilt (d.h. in der
gesamten ersten Taktphase).

Figur 3.10

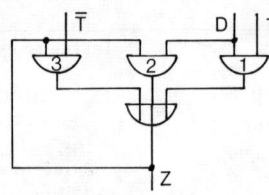

Figur 3.11 (Earle-Latch)

Der Latch nach Earle ([Ea1],[Ha2])
realisiert dieses Verhalten durch
folgende Formel:

$$Z := \overline{T} \cdot Z \vee D \cdot Z \vee T \cdot D \ .$$

Gatter 1 setzt Z auf D, sobald die
Taktleitung den Wert 1 hat und solange T=1 bleibt, da nach Voraussetzung
D sich in dieser Zeit nicht ändert. Gatter 3 behält den alten Wert
von Z (nämlich D) in der zweiten Taktphase ($\overline{T}$=1) bei; während dieser Zeit kann ein neuer Wert für D berechnet werden, der in der
ersten Taktphase des nächsten Takts übernommen wird. Gatter 2 ver-
meidet Hazards zwischen der ersten und der zweiten Taktphase. Entsteht nämlich $\overline{T}$ durch Negation von T, dann besteht eine geringfügi-
ge Laufzeitdifferenz zwischen T und $\overline{T}$ und zu Beginn der zweiten
Taktphase können kurzzeitig sowohl T als auch $\overline{T}$ den Wert 0 haben.

Ließe man Gatter 2 weg, dann würde in diesem Fall fälschlich Z auf 0 gesetzt und dieser Wert auch beibehalten.

Wäre stets $\bar{T} \vee T = 1$, dann könnte man wegen der dann gültigen Beziehung $Z := \bar{T} \cdot Z \vee D \cdot Z \vee T \cdot D = \bar{T} \cdot Z \vee T \cdot D$ den Latch in einfacherer Weise konstruieren. Bei einer Laufzeitdifferenz zwischen $\bar{T}$ und $T$ ist es zweckmäßig, $\bar{T}$ und $T$ als zwei unabhängige Variablen $\bar{T}_1$ und $T_2$ zu betrachten:

$$Z := \bar{T}_1 \cdot Z \vee D \cdot Z \vee T_2 \cdot D \quad .$$

### 3.6.2.2 Einbau von Latchs in logische Bauelemente

Latchs können ohne Zeitverlust auch in logische Bauelemente integriert werden. Die Schaltkreiskosten werden hierdurch allerdings mehr als verdoppelt. Außerdem müssen alle Gatter der ersten Stufe des Schaltkreises um einen Eingang (für die Taktleitungen $T$ bzw. $\bar{T}$) erweitert werden. Das maximale Fan-In eines Bausteins wird dadurch reduziert.

Wir beschreiben den Einbau eines Latchs in einen Fulladder mit 3 Eingängen $a, b, c$ :

$$s = \text{Summe} \quad = \bar{a}\bar{b}c \vee \bar{a}b\bar{c} \vee a\bar{b}\bar{c} \vee abc \; ;$$
$$c = \text{Übertrag} = ab \vee ac \vee bc \quad .$$

Summe $s^*$ (mit eingebautem Latch):

$$s^* = \bar{T} \cdot s^* \vee s \cdot s^* \vee s \cdot T$$
$$= \bar{T} \cdot s^* \vee \bar{a}\bar{b}cs^* \vee \bar{a}b\bar{c}s^* \vee a\bar{b}\bar{c}s^* \vee abcs^* \vee \bar{a}\bar{b}cT \vee \bar{a}b\bar{c}T \vee a\bar{b}\bar{c}T \vee abcT \quad .$$

Übertrag $c^*$ (mit eingebautem Latch):

$$c^* = \bar{T} \cdot c^* \vee c \cdot c^* \vee c \cdot T$$
$$= \bar{T} \cdot c^* \vee abc^* \vee acc^* \vee bcc^* \vee abT \vee acT \vee bcT \quad .$$

Man sieht, daß der Latch ein um 1 höheres Fan-In bei den AND-Gattern verlangt; die Laufzeit wird durch den Latch <u>nicht erhöht</u> (sofern Gatter mit höherem Fan-In verfügbar sind).

<u>Bemerkung.</u> Ein Takt kann 2 Latchstufen beinhalten, wenn man in der zweiten Stufe die Taktleitungen $T$ und $\bar{T}$ miteinander vertauscht. Dadurch übernimmt die erste Stufe in der ersten Taktphase ($T=1$) und die zweite Stufe in der zweiten Taktphase ($T=0$).

### 3.6.3 Pipelining in Verbindung mit Multiplikatorcodierung

Die Multiplikatorcodierung trägt wesentlich zur Erhöhung der Multiplikationsgeschwindigkeit bei, da die Codierung gleichzeitig mit der Ausführung anderer Multiplikationsschritte erfolgt. Wir beschreiben ein solches Multiplizierwerk (vgl. [An2]) für Gruppengröße 12 des Multiplikators und für Multiplikatorcodierung in Gruppen zu je 2+1 Bits (vgl. 3.3.5). Die Verallgemeinerung auf andere Gruppengrößen und Codierungsvorschriften ist offensichtlich.

Durch die Multiplikatorcodierung erhält man zunächst 6 Vielfache des Multiplikanden $(s_1,...,s_6)$; diese bilden die Eingänge des Wallace-Baums. Da die beiden Ausgänge des Baums rückgekoppelt werden, sind nicht 6, sondern 8 Summanden auf 2 zu reduzieren; man kommt daher nicht mehr wie in Tabelle 3.5 mit drei Stufen aus.

Für die Rückkopplung gibt es verschiedene Möglichkeiten, z.B.:

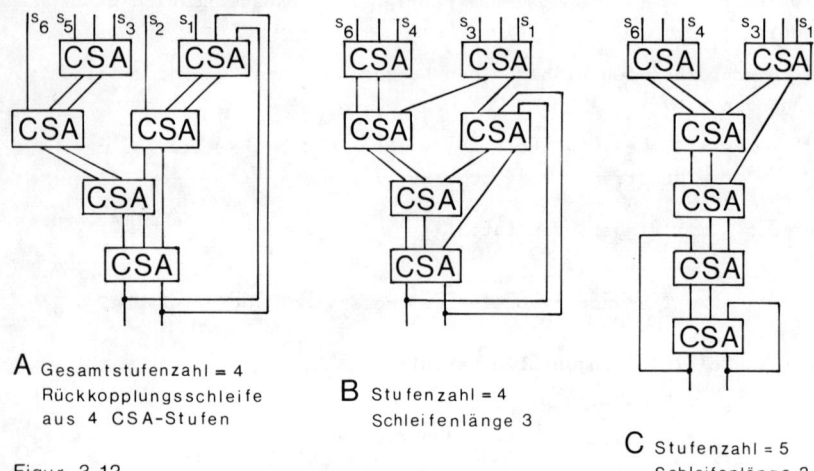

A Gesamtstufenzahl = 4
Rückkopplungsschleife
aus 4 CSA-Stufen

B Stufenzahl = 4
Schleifenlänge 3

C Stufenzahl = 5
Schleifenlänge 2

Figur 3.12

Laufzeitunterschiede müssen durch Verzögerungselemente oder Latchs ausgeglichen werden. Wie in 3.6.2.2 beschrieben wurde, können Latchs z.B. in die Carry-Save-Addierer eingebaut werden.

Wegen der Kürze der Rückkopplungsschleife ist Aufbau C von Figur 3.12 besonders günstig, obwohl er eine Stufe mehr enthält; die Rückkopplungsschleife kann in diesem Fall in einem einzigen Takt durchlaufen werden (vgl. die Bemerkung am Ende von 3.6.2.2).

Den Ablauf der Multiplikation bei Verwendung des Pipelining-Konzepts C zusammen mit der Zwischenspeicherung durch Latchs zeigt Figur 3.13.

Bemerkung. Durch die Latchs wird das Schaltwerk in Stufen zerlegt; man versucht, diese Unterteilung so vorzunehmen, daß die Gesamtzahl der einzubauenden Latchs möglichst niedrig bleibt; gleichzeitig ist darauf zu achten, daß die für die einzelnen Stufen benötigten Laufzeiten nicht zu stark voneinander abweichen (dies würde sich ungünstig auf die Taktfrequenz auswirken). Bei der in Figur 3.13 gewählten Anordnung werden in jedem Takt maximal 4 logische Stufen (je zwei AND- und OR-Gatter) durchlaufen. Nach Hallin und Flynn [Ha2] ist unterhalb dieser Grenze für die Taktdauer die Anwendung des Pipelining-Konzepts ineffizient.

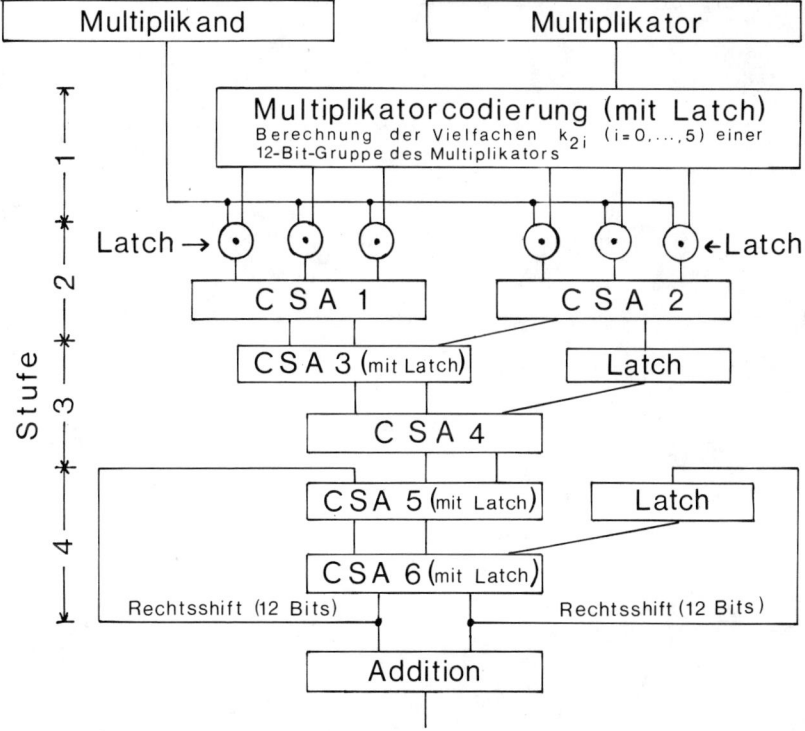

Figur 3.13 (Pipelining-Multiplikation)

Für einen Multiplikator der Länge 60, der in 5 Gruppen G1-G5 zu je
12 Bits codiert wird, braucht man ohne die abschließende Addition
der beiden verbleibenden Summanden z = 3+5 = 8 Takte; dies gilt unabhängig von der Länge des Multiplikanden (vgl. Figur 3.14).

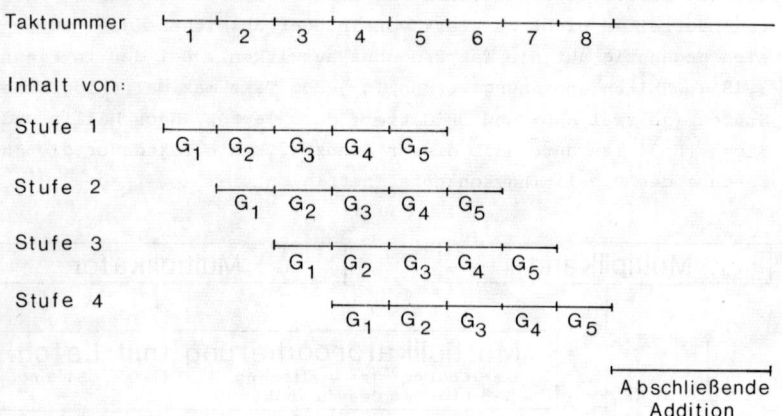

Figur 3.14 (Pipelining-Multiplikation: Ablaufzeitplan)

# 4. Division

## 4.1 Grundlagen

Die Division kann als Umkehrung der Multiplikation aufgefaßt werden. Auf dieser Interpretation basieren die meisten Divisionsalgo-
rithmen. Wir legen folgende Registerkonfiguration fest:

$$(DD,DE) = [DD_{n-1},..,DD_0,DE_{n-1},..,DE_0] \quad \text{Dividendenregister;}$$

$$DR = [DR_{n-1},..,DR_0] \quad \text{Divisorregister;}$$

$$DE = [DE_{n-1},..,DE_0] \quad \text{Quotientenregister.}$$

Den Registern DD, DE und DR entsprechen die Multiplikationsregister
MP, MQ und MD (vgl. 3.1).

## Zahlendarstellung und Skalierung

Wie bereits bei der Multiplikation ausführlich besprochen wurde,
ist "Betrag und Vorzeichen" die geeignetste Darstellung (siehe 3.1);
für negative Zwischenergebnisse verwendet man am besten das d-Komplement.

Divisor und Dividend werden als Mantissen von Gleitkommazahlen aufgefaßt. Wir normieren beide Faktoren durch Präshifts so, daß gilt:

$$0 \leq |w(DD)| < |w(DR)| \quad , \text{ sowie } \quad \frac{1}{d} \leq |w(DR)| < 1.$$

Diese Normierungen sind für $|w(DR)| \neq 0$ immer möglich. Eine Fehler-
meldung wird gegeben, wenn $w(DR) = 0$ gilt oder wenn die Normierun-
gen einen Exponentenüberlauf hervorrufen (vgl. 1.6.2).

Nach Ausführung der vorbereitenden Shiftoperationen liegt der Quotient im gleichen Bereich wie der Dividend; dadurch wird die Behandlung von Überlaufsituationen erheblich erleichtert.

## Rekursionsformel für die Division: Wir kehren die entsprechende
Rekursionsformel für die Multiplikation um; dabei ist zu beachten,
daß wir nicht wie in 3.2.1 mit ganzen Zahlen, sondern mit Mantissen von Gleitkommazahlen $\in$ (-1:+1) arbeiten.

__Definition 4.1.__ $\quad P^{(0)} := 0;$
$$P^{(j+1)} := P^{(j)} + d^{j-n+1} \cdot MQ_j \cdot w(MD)$$
$$(j=0,...,n-1).$$

$$X^{(j)} := \frac{P^{(j)}}{d^{j-n}}$$
$$(j=0,...,n).$$

Folgerung. *Für nichtnegative Multiplikatoren ($MQ_{n-1}=0$) gilt:*

$$X^{(j+1)} = \frac{1}{d} \cdot X^{(j)} + MQ_j \cdot w(MD) \; ;$$

$$X^{(j)} = d \cdot [X^{(j+1)} - MQ_j \cdot w(MD)] \qquad (j=n-1, n-2, \ldots, 0) \; .$$

Durch diese Formel gewinnen wir ausgehend vom "Dividenden" $X^{(n)} = P^{(n)}$ nacheinander die Stellen $MQ_{n-1}, \ldots, MQ_0$ des Multiplikators (d.h. die "Quotientenbits") zurück. Damit erhalten wir folgende <u>Divisionsvorschrift für nichtnegative Dividenden und Divisoren</u> (wir schreiben DR anstelle von MD):

$$X^{(n)} := w(DD, DE) \; ;$$

$$\left. \begin{array}{l} q_j := \max \; \{i \,|\, 0 \leq i \leq d-1 \wedge X^{(j+1)} - i \cdot w(DR) \geq 0\} \\ X^{(j)} := d \cdot [X^{(j+1)} - q_j \cdot w(DR)] \end{array} \right] \; (j=n-1, \ldots, 0).$$

$X^{(j)}$ ist der geshiftete (und dadurch für den nächsten Rekursionsschritt vorbereitete) Partialrest. Der Divisionsrest ergibt sich daher zu $X^{(0)}/d$ und $w([q_{n-1}, \ldots, q_0])$ ist der Quotient.
Der Divisionsrest $R = X^{(0)}/d$ erfüllt die Bedingungen:

$$|R| < |w(DR)| \qquad \text{und} \qquad \text{sign}(R) = \text{sign}(\text{Quotient}) \; .$$

Um das Ergebnis der Division eindeutig festzulegen, werden wir diese beiden Eigenschaften auch bei negativen Operanden verlangen.

## 4.2 Serielle Divisionsverfahren für nichtnegative binäre Operanden

Die Rekursionsformel vereinfacht sich bei binärer Basis zu:

$$X^{(n)} := w(DD, DE) \; ;$$

$$X^{(j)} := \begin{cases} 2 \cdot X^{(j+1)} & \text{falls } X^{(j+1)} - w(DR) < 0, \text{ d.h. } q_j := 0 \\ 2[X^{(j+1)} - w(DR)] & \text{falls } X^{(j+1)} - w(DR) \geq 0, \text{ d.h. } q_j := 1. \end{cases}$$

Der Divisionsalgorithmus besteht im wesentlichen aus n bedingten Subtraktionen des Divisors und aus n Linksshifts; man beachte die Analogie zur Multiplikation (vgl. Figur 3.1).

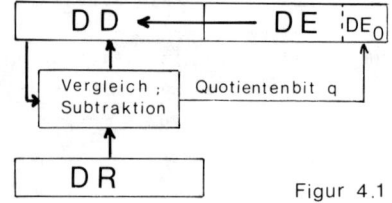

Figur 4.1

## 4.2.1 Restoring-Division

Bei dieser Variante wird die Subtraktion von w(DR) immer ausgeführt. Wenn der neue Partialrest negativ ist, muß sie wieder durch
eine Addition rückgängig gemacht werden (restoring). In diesem
Fall ist das Quotientenbit 0, sonst 1.

Mikroprogramm D1 (Restoring-Division)

0 : (DD,DE) := Dividend; DR := Divisor; Z := n; V := $DD_{n-1} \oplus DR_{n-1}$;
0*: if $DD_{n-1}$ = 1 then (DD,DE) := $\overline{(DD,DE)}$ + $2^{-2n+1}$ ;
    if $DR_{n-1}$ = 1 then DR := $\overline{DR}$ + $2^{-n+1}$ ;
1 : if $DR_{n-1}$=$DR_{n-2}$ then [SHL(DD,DE); $DE_0$:=0; SHL(DR);$DR_0$:=0;goto 1];
2 : Z := Z-1; DD := DD-DR ;
3 : if $DD_{n-1}$ = 1 then [DD := DD+DR; q := 0]else q := 1 ;
4 : $DE_0$ := q; if Z>0 then [SHL(DD,DE); goto 2] else SHL(DE);
4*: if V=1 then [DD := $\overline{DD}$ + $2^{-n+1}$; DE := $\overline{DE}$ + $2^{-n+1}$];
5 : ENDE .

Bemerkungen. a. SHL(A) bezeichnet einen Linksshift des Registers A;
die am weitesten links stehende Position von A geht verloren. Das
rechts nachgeschobene Zeichen hängt von der gewählten Zahlendarstellung ab; im 2-Komplement bzw. bei B+V wird eine Null nachgeschoben,
sofern diese Position nicht auf andere Weise besetzt wird (vgl. dazu z.B. Takt 4).

b. Das Mikroprogramm arbeitet für Zahlen, die im 2-Komplement bzw.
durch B+V dargestellt sind. Bei Codierung durch B+V entfallen die
mit * gekennzeichneten Takte.

c. Takt 1 des Programms enthält simultane Shifts von Dividend und
Divisor; diese sind nur dann notwendig, wenn der Divisor nicht von
vornherein normalisiert ist.

d. Der Divisionsrest R = $X^{(0)}/2$ entsteht durch einen Rechtsshift
aus dem letzten Partialrest $X^{(0)}$; wir berücksichtigen dies dadurch,
daß wir den letzten Linksshift des Mikroprogramms nur noch auf
das Quotientenregister DE und nicht mehr auf das Register DD des
Partialrestes beziehen (Takt 4). Man sieht, daß der Inhalt der am
wenigsten signifikanten Stelle $DE_0$ des Dividenden keinen Einfluß
auf das Divisionsergebnis hat (Rundung). Ein Dividendenregister
der Länge 2n-1 (anstatt 2n) würde also ausreichen.

#### 4.2.2  Non-Performing-Division

Die Subtraktion von w(DR) wird bei dieser Divisionsmethode nur ausgeführt, wenn der neue Partialrest nichtnegativ bleibt, d.h. wenn
w(DD) ≥ w(DR). An die Stelle der zeitraubenden Addition bzw. Subtraktion tritt hier eine Vergleichslogik für die Inhalte der Register DD und DR bzw. ein Subtrahierwerk, das seine Arbeit ein-
stellen kann, wenn das Vorzeichen des Ergebnisses, das im allgemeinen früher feststeht als das Subtraktionsergebnis, negativ ist.

<u>Mikroprogramm D2</u>   (Non-Performing-Division)

$$\vdots$$
2 : Z := Z-1; <u>if</u> DD ≥ DR <u>then</u> [q:=1; DD := DD-DR]   <u>else</u> q:=0;<u>goto</u> 4;
$$\vdots$$

(alle anderen Takte wie in D1; Takt 3 entfällt).

#### 4.2.3  Non-Restoring-Division

Bei der Non-Restoring-Division sind auch negative Partialreste
möglich. Wenn ein Partialrest positiv ist, wird w(DR) subtrahiert,
andernfalls addiert. Das Quotientenbit kann aus dem Vorzeichen des
neuen Partialrestes bestimmt werden. Wenn der Partialrest des letzten Divisionszyklus  negativ ist, muß der Divisionsrest durch Addition des Divisors korrigiert werden.

<u>Rekursionsformel der Non-Restoring-Division:</u>

$$U^{(n)} := w(DD,DE)$$

$$U^{(j)} := \begin{cases} 2[U^{(j+1)}-w(DR)] & \text{falls } U^{(j+1)} \geq 0 \\ 2[U^{(j+1)}+w(DR)] & \text{falls } U^{(j+1)} < 0 \end{cases} \quad (j=n-1,\ldots,0).$$

$$q_j^U := \begin{cases} 1 & \text{falls } U^{(j)} \geq 0 \\ 0 & \text{falls } U^{(j)} < 0 \end{cases}$$

Das Quotientenbit $q_j^U$ erhält man also durch Invertierung des Vorzeichens der Binärdarstellung von $U^{(j)}$.

Bevor wir das zugehörige Mikroprogramm angeben, beweisen wir, daß
die Non-Restoring-Methode den korrekten Quotienten liefert:

<u>Lemma 4.1.</u> *Ist w(DD,DE) ≥ 0 und w(DR) > 0 , dann gilt:*

*Die durch die Rekursionsformeln für* $X^{(i)}$ *bzw.* $U^{(i)}$ *berechneten*

*Quotienten $(q_{n-1}, \ldots, q_0)$ bzw. $(q_{n-1}^U, \ldots, q_0^U)$ stimmen miteinander überein. Ist $U^{(0)}$ negativ, dann muß der Divisionsrest durch Addition von DR korrigiert werden.*

<u>Beweis.</u> Es genügt zu zeigen, daß gilt:

$$\begin{bmatrix} U^{(k)} = X^{(k)} \geq 0 \\ q_k = q_{k-r-1} = 1 \\ q_{k-1} = \ldots = q_{k-r} = 0 \end{bmatrix} \Rightarrow \begin{bmatrix} U^{(k-r-1)} = X^{(k-r-1)} \geq 0 \\ q_k^U = q_{k-r-1}^U = 1 \\ q_{k-1}^U = \ldots = q_{k-r}^U = 0 \end{bmatrix}$$

Wegen $q_{k-1} = \ldots = q_{k-r} = 0$ berechnen sich die Partialreste $X^{(k-1)}, \ldots, X^{(k-r)}$ wie folgt:

$$X^{(k-j)} = 2^j \cdot X^{(k)} < w(DR) \qquad (j=1, \ldots, r)$$

und aufgrund von $q_{k-r-1} = 1$ erhalten wir weiter:

$$X^{(k-r-1)} = 2 \cdot [2^r \cdot X^{(k)} - w(DR)] = 2 \cdot [2^r \cdot U^{(k)} - w(DR)] \qquad (\geq 0)$$

$$= 2\left[ 2^r \cdot U^{(k)} - 2^r w(DR) + 2^{r-1} w(DR) + 2^{r-2} w(DR) + \ldots + 2 w(DR) + w(DR) \right]$$

$$= 2[2\{2(\ldots 2(2(U^{(k)} - w(DR)) + w(DR)) + \ldots + w(DR)) + w(DR)\} + w(DR)]$$

Ist $q_0^U = 0$, dann endet die Non-Restoring-Division mit einem negativen Divisionsrest; es wurde eine Subtraktion zuviel ausgeführt, was durch eine Addition des Divisors wieder ausgeglichen werden muß. Die Quotientenbits werden von dieser Korrektur nicht betroffen.

## Mikroprogramm D3 (Non-Restoring-Division)

```
0 : (DD,DE) := Dividend; DR := Divisor; Z := n; V := DD_{n-1} ⊕ DR_{n-1};
0*: if DD_{n-1} = 1 then (DD,DE) := (DD,DE)‾ + 2^{-2n+1} ;
    if DR_{n-1} = 1 then DR := DR‾ + 2^{-n+1} ;
```

1 : $\underline{if}$ $DR_{n-1}=DR_{n-2}$ $\underline{then}$ $[SHL(DD,DE);SHL(DR);DE_0:=0;DR_0:=0;\underline{goto}$ 1]
$\qquad\qquad\qquad\underline{else}$ $DE_0:=1$ ;

2 : $Z := Z-1$; $\underline{if}$ $DE_0 = 1$ $\underline{then}$ $DD := DD-DR$ $\underline{else}$ $DD := DD+DR$;

3 : $DE_0:=\overline{DD}_{n-1}$; if $Z>0$ $\underline{then}$ $[SHL(DD,DE);$ $\underline{goto}$ 2]
$\qquad\qquad\qquad\qquad\underline{else}$ $[SHL(DE);$ if $DD_{n-1}=1$ $\underline{then}$ $DD:=DD+DR]$;

4 : $\underline{if}$ $V = 1$ $\underline{then}$ $[DD := \overline{DD} + 2^{-n+1}; DE := \overline{DE} + 2^{-n+1}]$;

5 : ENDE .

$\underline{Bemerkung.}$ $DE_0$ enthält stets das invertierte Vorzeichen des neuen
Partialrests. Wir dürfen diese Stelle zu Beginn des Programms beliebig besetzen, da sie das Divisionsergebnis nicht beeinflußt.

### 4.2.4 Shift über Nullen und Einsen

Die serielle Multiplikation kann durch Shifts über Nullen und Einsen des Multiplikators beschleunigt werden. Dies gilt auch für die
Division (Shifts über Nullen bzw. Einsen des Partialrests).

### 4.2.4.1 Shift über Nullen

1. Wegen der Voraussetzung $0\leq w(DD,DE)<w(DR)$ ist das erste Quotientenbit immer 0. Man kann die erste Subtraktion durch einen Shift
von $(DD,DE)$ (über eine Null) und Eintragen einer Null in $DE_0$ ersetzen (dies entspricht der Non-Performing-Methode).

2. Nach Ausführung einer Subtraktion (bzw. einer Addition bei der
Non-Restoring-Methode) gelte

$$(DD,DE) = \underbrace{00....01}_{k+2}*.....* \qquad (k\geq 0)$$

Damit erhalten wir eine 1 für den Quotienten (da die Subtraktion
einen nichtnegativen Partialrest liefert) und nach dem zugehörigen
Shift beginnt $(DD,DE)$ mit k+1 Nullen. Wegen $DR = 01*...*$ haben mindestens die nächsten k Quotientenbits den Wert 0. Wir können also
einen weiteren Shift (über k Positionen) vornehmen und ebensoviele
Nullen in DE nachschieben.

Beachtet man, daß die Shiftzahl durch Z+1 begrenzt wird (es ist
jeweils noch ein Quotientenbit mehr zu berechnen als durch den aktuellen Zählerstand Z angegeben wird, vgl. Mikroprogramm D3: Takte
2 und 3) und daß der letzte Shift nur über das Register DE erfolgt,
dann ergibt sich folgende Regel:

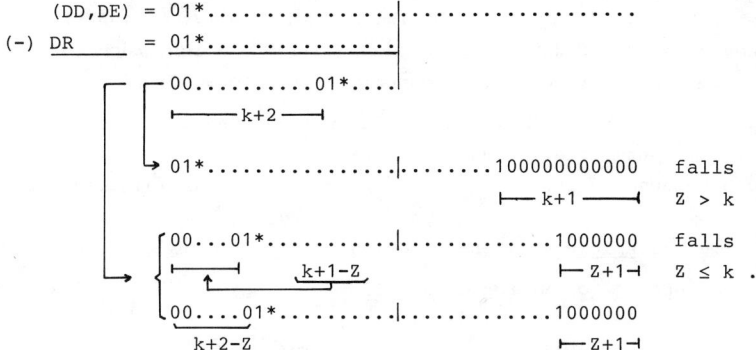

```
        (DD,DE) = 01*................|..................
    (-) DR      = 01*................|
```

Der überzählige Shift von DD im Falle Z ≤ k wird durch einen Rechtsshift (nur über DD , $DD_0$ geht verloren) wieder ausgeglichen.

### 4.2.4.2  Shift über Einsen

Analog zu der Methode des Shifts über Nullen kann man auch über
einen führenden Einsblock des Partialrests shiften:

```
        (DD,DE) = 10*................|..................
    (+) DR      = 01*................|
```

Daß die Quotientenbits 01...1 lauten, läßt sich am einfachsten mit
der Restoring-Methode (angewandt auf negative Dividenden und positive Divisoren) begründen. In diesem Fall wird eine Subtraktion
von DR durch eine Addition ersetzt, und das Quotientenbit ist genau dann 0, wenn die Addition ausgeführt werden konnte, d.h. wenn
der neue Partialrest nicht positiv wird. Beim Shift über Einsen ist
die erste Addition durchführbar, da der neue Partialrest ein nega-
tives Vorzeichen hat; das erste Quotientenbit ist daher eine 0. Wegen DR=01*... ist die Addition nach Ausführung des ersten Shifts
mindestens k-mal nicht möglich. Man kann deshalb noch k-mal shiften und ebensoviele Einsen in DE nachschieben.

Restkorrektur. Entsteht das letzte Quotientenbit durch einen Shift über Einsen, dann ist der Divisionsrest negativ; er muß also durch Addition von DR korrigiert werden. Da der Quotient nach unten gerundet ist, ist keine Quotientenkorrektur notwendig.

Bemerkung. Shifts über Einsen sind bei nichtnegativem Dividend bzw. Divisor nur bei Anwendung der Non-Restoring-Methode möglich, da bei den beiden anderen Verfahren keine negativen Partialreste auftreten.

### 4.2.5 Beispiele zur Non-Restoring-Methode

1. Anwendung von Mikroprogramm D3

$(DD,DE) := 010001110010$ ; $DR := 0111100$ ;
$w(DD,DE) = \dfrac{569}{2^{10}}$ ; $w(DR) = \dfrac{30}{2^5}$ .

| DD | DE | | DD | DE | |
|---|---|---|---|---|---|
| 010001 | 110011 ←$DE_0:=1$ | | 110000 | 11̄0100 | |
| 100010 | | −DR | 011110 | | |
| 110011 | | | 001110 | | +DR |
| 100111 | 10011̄0 | Shift | 011101 | 1̄01001 | Shift |
| 011110 | | +DR | 100010 | | −DR |
| 000101 | | | 111111 | | |
| 001011 | 0011̄01 | Shift | 111111 | 010010 | Shift über DE |
| 100010 | | −DR | 011110 | | +DR (Korrektur, |
| 101101 | | | 011101 | 010010 | da Partialrest < 0) |
| 011010 | 011̄010 | Shift | | | |
| 011110 | | +DR | Rest | Quotient | |
| 111000 | | | | | |
| 110000 | 11̄0100 | Shift | | | |

$$\frac{569}{2^{10}} : \frac{30}{2^5} = \left(18+\frac{29}{30}\right)\cdot\frac{1}{2^5} \ .$$

2. Non-Restoring mit Shift über Nullen und Einsen

$(DD,DE) := 001111011000 \triangleq \dfrac{492}{2^{10}}$ ; $DR := 010101 \triangleq \dfrac{21}{2^5}$

| DD | DE | | DD | DE | |
|---|---|---|---|---|---|
| 001111 | 011001 | Z:=5 ($DE_0$:=1) | 111110 | | |
| 011110 | 11001̄0 | Shift über 0 | 101001 | 010111 | Shift über Z+1=4 Einsen |
| 101011 | | −DR | 110100 | | Rechtsshift von DD |
| 001001 | | Z:=4 | 010101 | | +DR (Korrektur, da ne- |
| 010011 | 1001̄01 | Shift | 001001 | 010111 | gativer Partialrest) |
| 101011 | | −DR | Rest | Quotient | |
| 111110 | | Z:=3 | | | |

$$\frac{492}{2^{10}} : \frac{21}{2^5} = \left(23 + \frac{9}{21}\right)\cdot\frac{1}{2^5} \ .$$

### 4.3  Negative Operanden (Zahlendarstellung im 2-Komplement)

Alle Divisionsmethoden lassen sich auf negative Dividenden bzw.
negative Divisoren erweitern. Wir demonstrieren dies am Beispiel
der Non-Restoring-Methode:

#### a. Partialrest nicht identisch Null

Der neue Partialrest berechnet sich nach der Formel:

$$DD := \begin{cases} DD - DR & \text{falls } DD_{n-1} = DR_{n-1} \\ DD + DR & \text{falls } DD_{n-1} \neq DR_{n-1} \end{cases}.$$

Für das in diesem Zyklus bestimmte Quotientenbit $q = DE_0$ gilt:

$$DE_0 = \overline{DD_{n-1}} \oplus DR_{n-1} .$$

Auf diese Weise erhalten wir gerade die invertierten Quotientenbits (bezogen auf Mikroprogramm D3), falls entweder der Divisor oder
aber der Dividend negativ ist.

Korrekturen. Wegen der 2-Komplement-Darstellung muß das Divisionsergebnis, falls es negativ ist, durch Addition einer 1 auf die am
wenigsten signifikante Stelle korrigiert werden. Endet die Division
mit einem Rest, dessen Vorzeichen nicht dem des Dividenden entspricht, dann ist eine Restkorrektur durch Addition bzw. durch
Subtraktion von DR durchzuführen. Danach muß der Rest noch invertiert werden, wenn er ein anderes Vorzeichen als der Quotient hat.

#### b. Partialrest identisch Null

Wenn der Partialrest verschwindet, ist die Division "aufgegangen";
die restlichen Quotientenbits bestimmen sich unabhängig vom Vorzeichen der Operanden zu: $\underbrace{10....0}_{Z+1}$   (Z = aktueller Zählerstand).

Korrekturen des Divisonsrests ($\equiv 0$) bzw. des Quotienten entfallen.

#### c. Shifts über Nullen und Einsen

Wenn m Quotientenbits $a_1...a_k$ gleichzeitig berechnet werden können
(d.h. wenn der neue Partialrest mit k+1 Nullen bzw. Einsen beginnt),
dann wird das erste davon wie üblich bestimmt:

$$a_1 = \overline{DD_{n-1}} \oplus DR_{n-1} ;$$

alle anderen $a_i$ (i=2,...,k) haben den dazu komplementären Wert $\overline{a_1}$.

Mikroprogramm D4 (Non-Restoring-Division für beliebige Vorzeichen der Operanden; ohne Shift über Nullen bzw. Einsen)

0 : $(DD,DE)$ := Dividend; $DR$ := Divisor; $Z$ := n;

1 : $U$ := $DD_{n-1}$; $W$ := $DD_{n-1}$; $X$ := 1;

   if $DR_{n-1} = DR_{n-2}$ then $[SHL(DD,DE); DE_0 := 0; SHL(DR); DR_0 := 0;$ goto 1];

1*: if $DR$ = 10...0 then $[(DE,DD) := \overline{(DD,DE)} + 0...01$ ; goto 6];

2 : $Z$ := $Z-1$; if $U = DR_{n-1}$ then $DD$ := $DD - DR$ else $DD$ := $DD + DR$;

3 : if $DD = 0 \wedge DE_{n-1} = ... DE_{n-Z} = 0$ then $X$ := 0;

4 : if $X = 1$

   then $[DE_0 := \overline{DD_{n-1}} \oplus DR_{n-1}$; $U$ := $DD_{n-1}$;

      if $Z>0$ then $(SHL(DD,DE);$ goto 2)

         else $(SHL(DE);$ if $W \neq DD_{n-1}$ then

            {if $W = DR_{n-1}$ then $DD := DD+DR$ else $DD := DD-DR$})]

   else $[DE_Z := 1; DE_{Z-1} := DE_{Z-2} := ... := DE_0 := 0; Z := 0;$

      $SHL(DE)$ über $Z+1$ Stellen; goto 6];

5 : if $DE_{n-1} = 1$      then $DE$ := $DE + 0.....01$ ;

   if $DD_{n-1} \neq DE_{n-1}$ then $DD$ := $\overline{DD} + 0.....01$ ;

6 : ENDE .

Bemerkung. a. Wenn der Divisor eine negative Zweierpotenz ist (d.h. $DR = 1.11..110000 \mathrel{\hat{=}} 2^{-i}$ mit $i > 0$), wird er in Takt 1 von D4 zu $DR = 1.00..000000$ normalisiert. In diesem Fall können der Quotient ( $\approx$ - w(DD) ) und der Rest sofort angegeben werden. Bei der in D4 gewählten Organisation können sich die Vorzeichen von Rest und Quotient unterscheiden; eine Vorzeichenangleichung ist ohne Schwierigkeiten möglich; wegen der Sonderfälle verzichten wir darauf.

b. Das Vorzeichen des Partialrests kann durch den Shift in Takt 4 verlorengehen, es wird daher in U gerettet.

Die Variable X wird auf 0 gesetzt, wenn der Partialrest verschwindet (Takt 3); in diesem Fall können alle weiteren Quotientenbits sofort angegeben werden (zweite Alternative von Takt 4).

Im folgenden bringen wir drei Beispiele für die Non-Restoring-Division; neben der Anwendung von Mikroprogramm D4 wird auch die Methode des Shifts über führende Null- bzw. Einsblöcke des Partialrests an einem Beispiel behandelt.

## Beispiele

### 1. Divisionsrest $\neq 0$, ohne Shift über Nullen bzw. Einsen

$$\text{Sei } w(DD,DE) = \pm \frac{181}{2^8} \; ; \; w(DR) = \pm \frac{14}{2^4} \; ; \; \frac{w(DD,DE)}{w(DR)} = \pm \left(12 + \frac{13}{14}\right) \cdot \frac{1}{2^4} \; .$$

|  **A** |  |  **B** |  |  **C** |  |  **D** |  |
|---|---|---|---|---|---|---|---|
| DD:=0101101010 | | DD:=1010010110 | | DD:=0101101010 | | DD:=1010010110 | |
| DR:=01110 | | DR:=01110 | | DR:=10010 | | DR:=10010 | |

| DD | DE | DD | DE | DD | DE | DD | DE |
|---|---|---|---|---|---|---|---|
| 01011 | 01010 | 10100 | 10110 | 01011 | 01010 | 10100 | 10110 |
| 10010 | | 01110 | | 10010 | | 01110 | |
| 11101 | | 00010 | | 11101 | | 00010 | |
| 11010 | 1010[0 | 00101 | 0110[1 | 11010 | 1011[1 | 00101 | 0110[0 |
| 01110 | | 10010 | | 01110 | | 10010 | |
| 01000 | | 10111 | | 01000 | | 10111 | |
| 10001 | 010[01 | 01110 | 110[10 | 10001 | 010[10 | 01110 | 110[01 |
| 10010 | | 01110 | | 10010 | | 01110 | |
| 00011 | | 11100 | | 00011 | | 11100 | |
| 00110 | 10[011 | 11001 | 10[100 | 00110 | 10[100 | 11001 | 10[011 |
| 10010 | | 01110 | | 10010 | | 01110 | |
| 11000 | | 00111 | | 11000 | | 00111 | |
| 10001 | 0[0110 | 01111 | 0[1001 | 10001 | 0[1001 | 01111 | 0[0110 |
| 01110 | | 10010 | | 01110 | | 10010 | |
| 11111 | | 00001 | | 11111 | | 00001 | |
| 11111 | 01100 | 00001 | 10011 | 11111 | 10011 | 00001 | 01100 |
| 01110 | | 10010 | +1 | 01110 | +1 | 10010 | Korrektur des |
| 01101 | Quotient | 10011 | 10100 | 01101 | 10100 | 10011 | Restes (R) |
| Rest | | | | 10010 | | 01100 | bzw. des Quo- |
| | | | | +1 | | +1 | tienten |
| | | | | 10011 | | 01101 | |

### 2. Divisionsrest $\equiv 0$; mit Shifts

$(DD,DE) := 101101101000$

$DR \quad := 010101$

$w(DD,DE) = -\dfrac{588}{2^{10}} = -\dfrac{21 \cdot 28}{2^{10}}$

$w(DR) \quad = \dfrac{21}{2^5}$

$\dfrac{w(DD,DE)}{w(DR)} = -\dfrac{28}{2^5}$

| DD | DE | |
|---|---|---|
| 101101 | 101000 | |
| 010101 | | |
| 000010 | | |
| 010101 | 000[100 | Shift über 3 |
| 101011 | | Stellen |
| 000000 | | |
| 000000 | 100100 | |

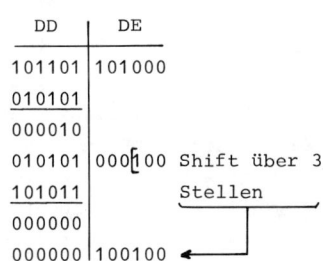

3. <u>Divisionsrest ≡ 0; ohne Shifts</u>

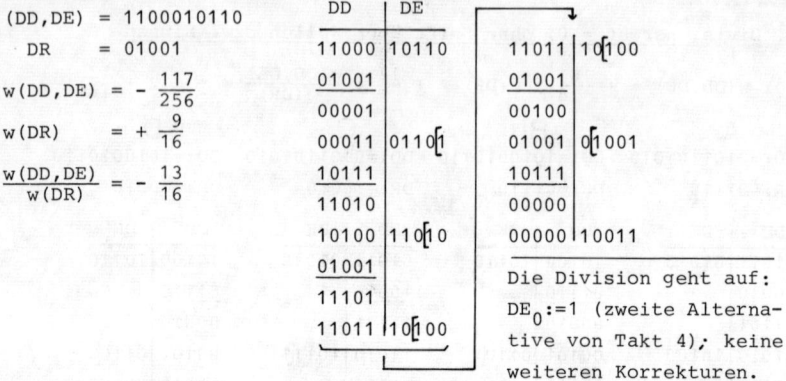

$(DD,DE) = 1100010110$

$DR = 01001$

$w(DD,DE) = -\dfrac{117}{256}$

$w(DR) = +\dfrac{9}{16}$

$\dfrac{w(DD,DE)}{w(DR)} = -\dfrac{13}{16}$

|  | DD | DE |
|---|---|---|
|  | 11000 | 10110 |
|  | 01001 |  |
|  | 00001 |  |
|  | 00011 | 0110[1 |
|  | 10111 |  |
|  | 11010 |  |
|  | 10100 | 110[10 |
|  | 01001 |  |
|  | 11101 |  |
|  | 11011 | 10[100 |

|  |  |
|---|---|
| 11011 | 10[100 |
| 01001 |  |
| 00100 |  |
| 01001 | 0[1001 |
| 10111 |  |
| 00000 |  |
| 00000 | 10011 |

Die Division geht auf:
$DE_0 := 1$ (zweite Alternative von Takt 4); keine weiteren Korrekturen.

## 4.4 Beschleunigung der Division durch Verwendung geeigneter Vielfacher des Divisors

### 4.4.1 Table Look-Up Division

Im Prinzip kann man den Quotienten zweier Zahlen aus einer umfangreichen Tabelle berechnen (siehe Figur 4.2); die Division wird auf das Aufsuchen eines Tabellenwertes zurückgeführt (Table-Look-Up).

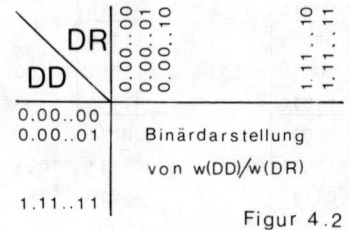

Binärdarstellung
von w(DD)/w(DR)

Figur 4.2

Da jedoch der Umfang der Tabelle exponentiell mit der Länge des Divisors bzw. Dividenden steigt, ist eine vollständige Anwendung dieser Methode aus Gründen des Speicheraufwands und der Tabellensuchzeit unrealistisch. Sinnvoll zur Berechnung mehrerer Quotientenbits in einem Divisionszyklus ist dagegen der Einsatz einer vereinfachten Tabelle, die als Eingänge nur die signifikantesten Bits von Divisor und Dividend enthält.

<u>Zyklusablauf bei der Table-Look-Up-Division</u>

1: Table-Look-Up (Suche m mit $w(DD,DE) \approx m \cdot w(DR)$ aus der Tabelle);
2: $(DD,DE) := (DD,DE) - m \cdot DR$;
3: Shifte $(DD,DE)$ um $\alpha$ Stellen nach links und trage ebensoviele Quotientenbits ein. [$\alpha$ ergibt sich aus der Länge des führenden Null- bzw. Einsblocks des neuen Partialrests bzw. aus dem Zählerstand. Die Quotientenbits bestimmen sich aus dem Näherungsquotienten m und dem Vorzeichen des neuen Partialrests].

4: Korrektur der in früheren Zyklen berechneten Quotientenbits;
   gehe zurück nach 1.

Durch Vergrößerung der Tabelle erhöht sich die Genauigkeit des Näherungsquotienten m, die Länge des führenden Null- bzw. Einsblocks
des neuen Partialrests und die Anzahl der pro Zyklus bestimmten
Quotientenbits. Nachträgliche Korrekturen sind erforderlich, wenn
nicht in die Tabelle einbezogene Bits des Divisors bzw. des Dividenden die bereits berechneten Quotientenbits beeinflussen.

Die seriellen Divisionsmethoden (4.1 - 4.3) sind einfache Spezial-
fälle der Table-Look-Up-Division. Bei diesem Verfahren werden nur
zwei Werte für m benutzt:

$$(DD,DE) := (DD,DE) - m \cdot DR \, ,$$

wobei $\quad m \in \begin{cases} \{+1,0\} \text{ bei der Restoring- bzw. Non-Performing-Methode} \\ \{+1,-1\} \text{ bei der Non-Restoring-Division} \, . \end{cases}$

Ein Zyklus besteht bei der Non-Restoring-Methode aus einer Addition bzw. Subtraktion des Divisors und der anschließenden Normalisierung des Partialrests. Man kann zeigen, daß pro Zyklus im
Mittel etwa $\frac{8}{3}$ Quotientenbits bestimmt werden (siehe Freiman [Fr1]).

### 4.4.2  Verwendung spezieller Divisorvielfacher

#### 4.4.2.1  Motivation

Die Berechnung von $m \cdot DR$ bzw. die Bestimmung der (von m abhängigen)
Quotientenbits ist äußerst aufwendig (außer für spezielle Werte
von m, z.B. $m = \pm 1, \pm \frac{1}{2}, \ldots$). Wir suchen daher einen Kompromiß
zwischen der vollständigen Table-Look-Up-Division (alle Werte von
m zugelassen) und den seriellen Divisionsmethoden (nur $m = \pm 1$ und
$m = 0$ erlaubt). Ein von $\pm 1$ verschiedenes Divisorvielfaches m wird
nur dann zugelassen, wenn

a. die Berechnung von $m \cdot DR$ einfach und schnell ist,
b. sich die Zahl der im Mittel pro Zyklus bestimmten Quotientenbits deutlich erhöht (gegenüber dem Mittelwert bei seriellen Methoden),
c. sich die durch Anwendung dieses Vielfachen bestimmten Quotientenbits durch eine einfache Regel bestimmen lassen,
d. keine oder nur unwesentliche Korrekturen der in früheren Zyklen
berechneten Quotientenbits erforderlich sind,

e. einfach festgestellt werden kann, wann das Vielfache m·DR bei
der Division zu verwenden ist.

Es ist aus Aufwandsgründen zweckmäßig, die Anzahl der betragsver-
schiedenen Vielfachen auf höchstens 3 zu beschränken, wobei jeweils
eines dieser Vielfachen dem Betrage nach größer, kleiner bzw.
gleich 1 ist. Die Zahl der in einem Zyklus bestimmten Quotientenbits sowie die Auswahl des Divisorvielfachen ist weitgehend unabhängig vom Vorzeichen der Operanden. Es genügt daher, die Verfahren für positive Divisoren zu beschreiben. Aus diesem Grund berücksichtigen die späteren Tabellen nur den Betrag des Divisors;
bei Darstellung durch Betrag und Vorzeichen ist dies keine Einschränkung.

Die j signifikantesten Bits (ohne das Vorzeichenbit) von Divisor
und Dividend werden miteinander verglichen; da die Zahlen zu Beginn eines Zyklus normalisiert sind und die Shiftgröße für Divi-
denden der Form $a_1.a_2a_3...a_r...$ bzw. $\overline{a_1}.\overline{a_2}\overline{a_3}...\overline{a_r}...$ gleich groß
ist, ist die Tabelle der Shiftgrößen des Partialrests (entspricht
der Anzahl der pro Zyklus bestimmten Quotientenbits) eine
$(2^{j-1}) \times (2^{j-1})$-Matrix.

MacSorley [Ma1] benutzt den Wert j=5. Dies ist von der Realisierung her noch vertretbar. Um im folgenden die Tabellen kleiner und
übersichtlicher zu gestalten, beschränken wir uns auf j=4. Wesentliche Änderungen ergeben sich dadurch nicht.

## 4.4.2.2 Verwendung des $\frac{1}{2}$-, 1-, 2-fachen des Divisors

### 4.4.2.2.1 Shifttabellen

Wir ermitteln zunächst die Anzahl der in einem Zyklus bestimmbaren
Quotientenbits bei Verwendung des einfachen Divisors unter Berücksichtigung von je 4 Stellen hinter dem Vorzeichen. Bei der Berechnung der Shiftgröße wird davon ausgegangen, daß die folgenden Stellen der Operanden alle den Wert Null haben. Bei Operanden, die diese Bedingung nicht erfüllen, kann sich durch einen Übertrag von
der 5. Stelle hinter dem Vorzeichen die Shiftgröße in seltenen Fällen erhöhen oder erniedrigen. Da die Tabelle nur als erstes Hilfs-
mittel zur Auswahl des Vielfachen des Divisors genommen wird, ist
dies von untergeordneter Bedeutung.

Tabelle 4.1 (Shiftgrößen für ± 1·DR)

| DR \ DD | 0.1000 / 1.0111 | 0.1001 / 1.0110 | 0.1010 / 1.0101 | 0.1011 / 1.0100 | 0.1100 / 1.0011 | 0.1101 / 1.0010 | 0.1110 / 1.0001 | 0.1111 / 1.0000 |
|---|---|---|---|---|---|---|---|---|
| 0.1000 | ≥4 | 3 | 2 | 2 | 1 | 1 | 1 | 1 |
| 0.1001 | 4 | ≥4 | 3 | 2 | 2 | 1 | 1 | 1 |
| 0.1010 | 3 | 4 | ≥4 | 3 | 2 | 2 | 1 | 1 |
| 0.1011 | 2 | 3 | 4 | ≥4 | 3 | 2 | 2 | 1 |
| 0.1100 | 2 | 2 | 3 | 4 | ≥4 | 3 | 2 | 2 |
| 0.1101 | 1 | 2 | 2 | 3 | 4 | ≥4 | 3 | 2 |
| 0.1110 | 1 | 1 | 2 | 2 | 3 | 4 | ≥4 | 3 |
| 0.1111 | 1 | 1 | 1 | 2 | 2 | 3 | 4 | ≥4 |

Man sieht, daß die Shiftgröße entlang den Diagonalen konstant ist.
Wo sich Dividend und Divisor dem Betrage nach am stärksten unterscheiden (linke untere und rechte obere Ecke der Tabelle), ist die
Shiftzahl sehr klein. In diesem Bereich ist es sinnvoll, ein anderes Divisorvielfaches einzusetzen. Naheliegend ist die Verwendung
des halben bzw. des doppelten Divisors, da diese Vielfachen sich
besonders einfach berechnen lassen.

Beispiele zu Tabelle 4.1

a.
$$\begin{aligned} & \text{DD} = 1.0111... \\ +\ & \underline{\text{DR} = 0.1001...} \\ & \ \ \ \ 0.0000 \end{aligned}$$

Mindestens 4 Shifts über
Nullen, wenn kein Übertrag
von rechts, sonst nur 3
Shifts:

```
       DD = 1.0111101
       DR = 0.1001100
 DD+DR = 0.0001001
              ‿
              3
```

b.
$$\begin{aligned} & \text{DD} = 0.1000... \\ -\ & \underline{\text{DR} = 0.1001...} \\ & \ \ \ \ 1.1111... \end{aligned}$$

4 Shifts über Einsen.
Die Shiftzahl kann sich durch
einen Übertrag von rechts erhöhen:

```
      DD = 0.10001101
      DR = 0.10011010
    -DR = 1.01100110
 DD-DR = 0.00000011
            ⊢ 6 ⊣
```

In der folgenden Tabelle 4.2 werden die Shiftgrößen bei Verwendung
des halben bzw. des doppelten Divisors angegeben.

### Tabelle 4.2
(Shiftgrößen für $\pm \frac{1}{2}\cdot$DR (links unten) bzw. für $\pm 2\cdot$DR (rechts oben))

| DR \ DD | 0.1000 / 1.0111 | 0.1001 / 1.0111 | 0.1010 / 1.0110 | 0.1011 / 1.0100 | 0.1100 / 1.0011 | 0.1101 / 1.0010 | 0.1110 / 1.0000 | 0.1111 / 1.0000 |
|---|---|---|---|---|---|---|---|---|
| 0.1000 | 0 | 1 | 1 | 2 | 2 | 2 | 3 | 4 |
| 0.1001 | 1 | 0 | 1 | 1 | 1 | 1 | 2 | 2 |
| 0.1010 | 2 | 1 | 0 | 0 | 1 | 1 | 1 | 1 |
| 0.1011 | 2 | 1 | 1 | 0 | 0 | 0 | 1 | 1 |
| 0.1100 | 2 | 2 | 1 | 1 | 0 | 0 | 0 | 0 |
| 0.1101 | 2 | 2 | 1 | 1 | 1 | 0 | 0 | 0 |
| 0.1110 | 3 | 2 | 2 | 1 | 1 | 1 | 0 | 0 |
| 0.1111 | 3 | 2 | 2 | 1 | 1 | 1 | 1 | 0 |

**Beispiele**

a.  DD = 1.0101*
$\frac{1}{2}$ DR = <u>0.01101</u>
         1.10111

Shiftgröße 1;
(erhöht sich auf 2, wenn das nächste Bit von DD eine 1 ist).

b.  DD = 1.0001
2DR = <u>1.0010</u>
       0.0011
Shiftgröße 2.

Eine Kombination dieser beiden Tabellen liefert eine wesentlich höhere mittlere Shiftgröße als jede einzelne (siehe Tabelle 4.3).

### Tabelle 4.3  (Kombination der Tabellen 4.1 und 4.2)

| DR \ DD | 0.1000 / 1.0111 | 0.1001 / 1.0111 | 0.1010 / 1.0110 | 0.1011 / 1.0100 | 0.1100 / 1.0011 | 0.1101 / 1.0010 | 0.1110 / 1.0000 | 0.1111 / 1.0000 |
|---|---|---|---|---|---|---|---|---|
| 0.1000 | 4 | 3 | 2 | ‹2› | 2 | 2 | 3 | 4 |
| 0.1001 | 4 | 4 | 3 | 2 | 2 | ‹1› | 2 | 2 |
| 0.1010 | 3 | 4 | 4 | 3 | 2 | 2 | ‹1› | ‹1› |
| 0.1011 | ‹2› | 3 | 4 | 4 | 3 | 2 | 2 | ‹1› |
| 0.1100 | ‹2› | ‹2› | 3 | 4 | 4 | 3 | 2 | 2 |
| 0.1101 | 2 | ‹2› | 2 | 3 | 4 | 4 | 3 | 2 |
| 0.1110 | 3 | 2 | ‹2› | 2 | 3 | 4 | 4 | 3 |
| 0.1111 | 3 | 2 | 2 | 2 | 2 | 3 | 4 | 4 |

‹α›: gleiche Shiftgröße α in Tabelle 4.1 und 4.2.

Die Bereiche, in denen $\pm \frac{1}{2}$ DR bzw. $\pm$ 2DR verwandt wird, sind durch ✱✱✱ bzw. durch ooo markiert.

<u>Mittlere Shiftgröße:</u>
2,69 Bits
(bei Beschränkung aller Shifts auf maximal 4 Bits).

Die Bestimmung der Teilbereiche für $\pm \frac{1}{2}$ DR bzw. $\pm$ 2DR wird erheblich vereinfacht, wenn man nur in den 4 Feldern links unten und rechts oben ein von 1 abweichendes Vielfaches benutzt. Die mittlere Shiftgröße verringert sich hierdurch nur unwesentlich (siehe Tabelle 4.4):

# 123

## Tabelle 4.4 (Vereinfachte Auswahl der Vielfachen)

| DR \ DD | 0.1000 / 1.0111 | 0.1001 / 1.0110 | 0.1010 / 1.0101 | 0.1011 / 1.0100 | 0.1100 / 1.0011 | 0.1101 / 1.0010 | 0.1110 / 1.0001 | 0.1111 / 1.0000 |
|---|---|---|---|---|---|---|---|---|
| 0.1000 | 4 | 3 | 2 | 2 | 1 ⟨2⟩ | 1 ⟨2⟩ | 3 | 4 |
| 0.1001 | 4 | 4 | 3 | 2 | 2 | 1 | 2 | 2 |
| 0.1010 | 3 | 4 | 4 | 3 | 2 | 2 | 1 | 1 |
| 0.1011 | 2 | 3 | 4 | 4 | 3 | 2 | 2 | 1 |
| 0.1100 | 2 | 2 | 3 | 4 | 4 | 3 | 2 | 1 |
| 0.1101 | 1 ⟨2⟩ | 2 | 2 | 3 | 4 | 4 | 3 | 2 |
| 0.1110 | 3 | 2 | 2 | 2 | 3 | 4 | 4 | 3 |
| 0.1111 | 3 | 2 | 1 ⟨2⟩ | 2 | 2 | 3 | 4 | 4 |

In eckigen Klammern ⟨α⟩ ist die Shiftgröße α angegeben, die man durch Verwendung von $\pm \frac{1}{2}$ DR bzw. $\pm$ 2DR erhalten würde.

Mittlere Shiftgröße: 2,62 Bits.

Das Kriterium zur Auswahl des Divisorvielfachen ist bei Benutzung von Tabelle 4.4 wesentlich einfacher als bei Tabelle 4.3:

$$
m = \begin{cases}
\pm \frac{1}{2} & \leftrightarrow DR_{n-3}DR_{n-4} = 11 \wedge DD_{n-2}DD_{n-3}DD_{n-4} = 011 \vee 100 \\
\pm 2 & \leftrightarrow DR_{n-3}DR_{n-4} = 00 \wedge DD_{n-2}DD_{n-3}DD_{n-4} = 000 \vee 111 \\
\pm 1 & \text{sonst .}
\end{cases}
$$

### 4.4.2.2.2  Bestimmung der Quotientenbits im ($\frac{1}{2}$, 1, 2)-System

Wir beschränken uns zunächst auf nichtnegative Divisoren.

#### A. Verwendung des einfachen Divisors

Die Quotientenbits sind unabhängig vom Vorzeichen des alten Partialrests. Ist der neue Partialrest positiv, so wird eine 1 eingetragen und anschließend über Nullen geshiftet (Eintragung von k-1 Nullen, falls k die Shiftgröße bezeichnet).

Wenn der neue Partialrest negativ ist, wird eine Null eingetragen und über k-1 Einsen geshiftet.

| Vorzeichen des neuen Partialrests | Quotientenbits |
|---|---|
| 0 | 1 0 ... 0 |
| 1 | 0 1 ... 1 |

Diese Regeln lassen sich durch Anwendung einer der in 4.2.1 - 4.2.3 behandelten Divisionsmethoden (Restoring-, Non-Performing- bzw. Non-Restoring-Division) begründen.

## B. Verwendung des halben Divisors

### B.1 Alter Partialrest positiv

Der Divisor wird subtrahiert. Eine Diskussion von Tabelle 4.4 zeigt, daß in allen Fällen, in denen der halbe Divisor verwandt wird, der Partialrest sein Vorzeichen beibehält (**) und daß eine Subtraktion des vollen Divisors das Vorzeichen umkehren würde (*). Nach Subtraktion von $\frac{1}{2}$ DR kann noch über führende Nullen des neuen Partialrests geshiftet werden (***):

Quotientenbits:  $\underbrace{0}_{(*)}$  $\underbrace{1}_{(**)}$  $\underbrace{0...0}_{(***)}$  .

### B.2 Alter Partialrest negativ

Analog zu den Überlegungen in B.1 zeigt man, daß die Quotientenbits 1 0 1 .... 1 lauten (der neue Partialrest ist negativ).

## C. Verwendung des doppelten Divisors

### C.1 Alter Partialrest positiv

Der doppelte Divisor wird nur bei sehr großen Partialresten und sehr kleinen Divisoren eingesetzt. Bei Abzug des einfachen Divisors würde der Rest positiv bleiben. Das erste Quotientenbit ist daher eine 1. Die weiteren Quotientenbits sind ebenfalls 1; dies erkennt man sofort, wenn man für die 4 Fälle, in denen $2 \times$ DR benutzt wird, die Quotientenbits mit der Non-restoring-Methode bestimmt. Da bei Abzug des doppelten Divisors der neue Partialrest negativ ist, entsprechen die Quotientenbits dem Vorzeichen des neuen Partialrests.

### C.2 Alter Partialrest negativ

Analoge Überlegungen zeigen, daß die Quotientenbits 0.....0 lauten. Sie stimmen mit dem Vorzeichen des neuen Partialrests überein.

Diese Regeln lassen sich leicht auf negative Divisoren übertragen:

Tabelle 4.5 (Quotientenbits bei Verwendung von $(\pm \frac{1}{2}, \pm 1, \pm 2) \cdot$ DR )

| m | Quotientenbits | |
|---|---|---|
| $\pm \frac{1}{2}$ | $\bar{a}\bar{a}aa.........a$ | wobei $a := (u \oplus DR_{n-1}) \cdot X$ ; |
| $\pm 1$ | $\bar{a}aaa.........a$ | $u :=$ Vorzeichen des neuen Partialrests; |
| $\pm 2$ | $aaaa.........a$ | $X := \begin{cases} 0 \text{ falls Partialrest} \equiv 0 \\ 1 \text{ falls Partialrest} \not\equiv 0 \end{cases}$ |
| | $\vdash$ Shiftgröße $\dashv$ | |

Falls die Division aufgeht (X=0 nach dem letzten Divisionszyklus),
kommt man ohne Korrekturen aus; andernfalls muß man den Quotienten
und den Rest wie bei der Non-Restoring-Methode (vgl. 4.3) korrigieren.

Beispiele:

1.

| | DD | DE | |
|---|---|---|---|
| (DD,DE) := 1100010110 | 11000 | 10110 | |
| DR := 01001 | 10001 | 0110⌊1 | Shift über eine 1 |
| $w(DD,DE) = -\dfrac{117}{2^8}$ | 10010 | | + 2·DR |
| | 00011 | | |
| $w(DR) = +\dfrac{9}{2^4}$ | 01101 | 10⌊100 | Shift über zwei Nullen |
| | 10111 | | - 1·DR |
| $\dfrac{w(DD,DE)}{w(DR)} = -\dfrac{13}{2^4}$ | 00100 | | |
| | 01001 | 0⌊1001 | Shift über eine Null |
| | 10111 | | - 1·DR |
| | 00000 | | |
| | 00000 | 10011 | Shift von DE allein |

2.

| | DD | DE | |
|---|---|---|---|
| (DD,DE) := 00100010010100 | 0010001 | 0010100 | |
| DR := 1000011 | 0100010 | 010100⌊1 | Shift über 1 Null |
| $w(DD,DE) = \dfrac{1098}{2^{12}}$ | 1100001 | 1 | + $\dfrac{1}{2}$·DR |
| $w(DR) = -\dfrac{61}{2^6}$ | 0000011 | 1 | |
| | 0111101 | 00⌊11011 | Shift über 4 Nullen |
| $\dfrac{w(DD,DE)}{w(DR)} = -\dfrac{18}{2^6}$ | 1000011 | | + 1·DR |
| | 0000000 | | |
| | 0000000 | 1101110 | |

Bemerkung. Um Rundungsfehler zu vermeiden, muß bei Anwendung des
halben Divisors die erste Stelle von DE in die Arithmetik einbezogen werden (falls $DR_0=1$); siehe dazu Beispiel 2.

4.4.2.3 Verwendung des $\frac{3}{4}$ -, 1-, $\frac{3}{2}$ -fachen des Divisors

Nachteilig an der in 4.4.2.2 besprochenen Methode ist, daß die
dort eingesetzten von ±1 abweichenden Divisorvielfachen ihre optimale Wirkung (maximale Shiftgröße) erst in den "Ecken" der Tabellen erreichen. Vielfache, die ihr Optimum etwa in der Mitte zwischen Hauptdiagonale und den Ecken annehmen, wären geeigneter. Beschränkt man sich auf 3 betragsverschiedene Divisorvielfache und
setzt man voraus, daß alle Tabellenwerte gleichwahrscheinlich sind

(diese Voraussetzung ist im allgemeinen nicht exakt erfüllt, aber die Abweichungen davon sind nur sehr gering), dann erreicht man eine maximale mittlere Shiftgröße unter Verwendung des $(\frac{77}{128}, 1, \frac{53}{32})$-fachen des Divisors (vgl. [Fr1]).

Diese Werte scheiden natürlich wegen der in 4.4.2.1 aufgestellten Forderungen aus. Fast ebensogut ist das $(\frac{3}{4}, 1, \frac{5}{4})$-System, das den Forderungen bereits besser entspricht. Da bei diesem System das 3- und 5-fache des Divisors getrennt durch zwei verschiedene Additionen berechnet werden müssen, behandeln wir es hier nicht.

Vom Standpunkt der Anwendung kommen vor allem das $(\frac{3}{4}, 1, \frac{3}{2})$- und das $(\frac{5}{8}, 1, \frac{5}{4})$-System in Frage. Wir beschränken uns auf das erste von beiden, da es eine etwas einfachere Bestimmung der Quotientenbits ermöglicht (außerdem sind für das zweite System im wesentlichen dieselben Überlegungen anzustellen). Das $(\frac{3}{4}, 1, \frac{3}{2})$-System wurde beim Entwurf der Maschine STRETCH (siehe [Bu1]) angewandt.

### 4.4.2.3.1  Shifttabellen

Tabelle 4.6

Shiftgrößen für

$\pm \frac{3}{4}$ DR (unteres Dreieck) bzw.

$\pm \frac{3}{2}$ DR (oberes Dreieck).

Auf der Hauptdiagonale wird $\pm 1 \cdot$ DR verwandt.

| DR \ DD | 0.1000 / 1.0111 | 0.1001 / 1.0110 | 0.1010 / 1.0101 | 0.1011 / 1.0100 | 0.1100 / 1.0011 | 0.1101 / 1.0010 | 0.1110 / 1.0001 | 0.1111 / 1.0000 |
|---|---|---|---|---|---|---|---|---|
| 0.1000 | * | 2 | 3 | 4 | 4 | 3 | 2 | 2 |
| 0.1001 | 2 | * | 2 | 3 | 3 | 4 | 3 | 2 |
| 0.1010 | 3 | 2 | * | 2 | 2 | 3 | 4 | 4 |
| 0.1011 | 4 | 3 | 2 | * | 2 | 2 | 3 | 4 |
| 0.1100 | 4 | 4 | 3 | 2 | * | 1 | 2 | 2 |
| 0.1101 | 4 | 4 | 3 | 2 | 2 | * | 1 | 2 |
| 0.1110 | 3 | 4 | 4 | 3 | 2 | 2 | * | 1 |
| 0.1111 | 2 | 3 | 4 | 4 | 3 | 2 | 2 | * |

In der folgenden Tabelle 4.7 werden die Shiftgrößen bei Verwendung des $\frac{3}{4}$ - bzw. des $\frac{3}{2}$-fachen des Divisors angegeben.

In Hinblick auf eine möglichst einfache Bestimmung der Fälle , in denen $\pm \frac{3}{4}$ DR bzw. $\pm \frac{3}{2}$ DR benutzt wird, konstruieren wir daraus dann eine Tabelle mit einer nur unwesentlich reduzierten mittleren Shiftgröße (Tabelle 4.8); diese Konstruktion entspricht dem Aufbau von Tabelle 4.3 aus den Tabellen 4.1 und 4.2.

Tabelle 4.7 (Maximale Shiftgrößen im ($\frac{3}{4}$, 1, $\frac{3}{2}$)-System)

⟨α⟩ : gleiche Shiftgröße α für 2 verschiedene Divisorvielfache.

Mittlere Shiftgröße

(bei Beschränkung aller Shifts auf maximal 4 Bits):

3,33 Bits.

| DR \ DD | 0.1000 / 1.0111 | 0.1001 / 1.0110 | 0.1010 / 1.0101 | 0.1011 / 1.0100 | 0.1100 / 1.0011 | 0.1101 / 1.0010 | 0.1110 / 1.0001 | 0.1111 / 1.0000 |
|---|---|---|---|---|---|---|---|---|
| 0.1000 | 4 | 3 | 3 | 3 | 4 | 4 | 3 | 2 | 2 |
| 0.1001 | 4 | 4 | 3 | 3 | 3 | 4 | 3 | 2 |
| 0.1010 | ⟨3⟩ | 4 | 4 | 3 | ⟨2⟩ | 3 | 4 | 4 |
| 0.1011 | 4 | ⟨3⟩ | 4 | 4 | 3 | ⟨2⟩ | 3 | 4 |
| 0.1100 | 4 | 4 | ⟨3⟩ | 4 | 4 | 3 | ⟨2⟩ | ⟨2⟩ |
| 0.1101 | 4 | 4 | 3 | 3 | 4 | 4 | 3 | ⟨2⟩ |
| 0.1110 | 3 | 4 | 4 | 3 | 3 | 4 | 4 | 3 |
| 0.1111 | 2 | 3 | 4 | 4 | 3 | 3 | 3 | 4 |

Die Bereiche, in denen $\pm \frac{3}{4}\cdot$DR bzw. $\pm \frac{3}{2}\cdot$DR verwandt wird, sind durch ✗✗✗✗ bzw. durch ⊶⊶ markiert.

Tabelle 4.8

$\boxed{\alpha}$ : Shiftgröße α wäre möglich durch Wahl eines anderen Vielfachen.

Mittlere Shiftgröße

3,28 Bits.

| DR \ DD | 0.1000 / 1.0111 | 0.1001 / 1.0110 | 0.1010 / 1.0101 | 0.1011 / 1.0100 | 0.1100 / 1.0011 | 0.1101 / 1.0010 | 0.1110 / 1.0001 | 0.1111 / 1.0000 |
|---|---|---|---|---|---|---|---|---|
| 0.1000 | 4 | 3 | 3 | 4 | 4 | 3 | 2 | 2 |
| 0.1001 | 4 | 4 | 3 | 2 $\underline{3}$ | 3 | 4 | 3 | 2 |
| 0.1010 | 3 | 4 | 4 | 3 | 2 | 3 | 4 | 4 |
| 0.1011 | 4 | 3 | 4 | 4 | 3 | 2 | 3 | 4 |
| 0.1100 | 4 | 4 | 3 | 4 | 4 | 3 | 2 | 2 |
| 0.1101 | 4 | 4 | 3 | 2 $\underline{3}$ | 4 | 4 | 3 | 2 |
| 0.1110 | 3 | 4 | 4 | 3 | 3 | 4 | 4 | 3 |
| 0.1111 | 2 | 3 | 4 | 4 | 3 | 2 $\underline{3}$ | 4 | 4 |

#### 4.4.2.3.2 Bestimmung der Quotientenbits

Im ($\frac{3}{4}$, 1, $\frac{3}{2}$)-System sind mehr Fallunterscheidungen als im ($\frac{1}{2}$, 1, 2)-System durchzuführen. Die Quotientenbits egeben sich aus Tabelle 4.9. Die hierdurch gegebenen Vorschriften können leicht verifiziert werden; siehe dazu die folgenden Untersuchungen:

A. Addition von $-\frac{3}{4}$ DR (w(DR) > 0):

Der alte Partialrest war positiv (sonst würde $+\frac{3}{4}$ DR addiert). Die Regeln lassen sich am einfachsten durch Anwendung der Non-Performing-Methode begründen:

Die Addition von $-1 \cdot DR$ würde in allen Fällen, in denen $-\frac{3}{4} DR$ benutzt wird (siehe Tabelle 4.8) das Vorzeichen des Partialrests umkehren; die Addition wird daher nicht durchgeführt und das erste Quotientenbit ist Null.

Die Addition von $-\frac{3}{4} DR$ läßt sich in 2 Teile zerlegen:

1. Addition von $-\frac{1}{2} DR$: Das Vorzeichen des Partialrests bleibt erhalten; das 2. Quotientenbit hat den Wert 1.

2. Addition von $-\frac{1}{4} DR$: Bleibt der Partialrest positiv, dann ist das dritte Quotientenbit 1 und es kann noch über Nullen geshiftet werden (Zeile ③); wird er negativ, dann ist das dritte Bit 0 und es ist anschließend über Einsen zu shiften (Zeile ④).

Tabelle 4.9 (Quotientenbits im $(\frac{3}{4}, 1, \frac{3}{2})$-System)

| | Verwendung von | $(u \oplus DR_{n-1}) \cdot X$ | Quotientenbits | |
|---|---|---|---|---|
| ① | $\pm DR$ | 0 | 1000...0 | |
| ② | | 1 | 0111...1 | |
| ③ | $-\frac{3}{4} DR$ | 0 | 0110...0 | ⎫ |
| ④ | | 1 | 0101...1 | ⎬ (*) |
| ⑤ | $+\frac{3}{4} DR$ | 0 | 1010...0 | |
| ⑥ | | 1 | 1001...1 | ⎭ |
| ⑦ | $-\frac{3}{2} DR$ | 0 | 1100...0 | |
| ⑧ | | 1 | 1011...1 | |
| ⑨ | $+\frac{3}{2} DR$ | 0 | 0100...0 | |
| ⑩ | | 1 | 0011...1 | |

[u und X sind wie in Tabelle 4.5 definiert]

(*): Bei Shiftgröße 2 muß das erste der im nächsten Zyklus bestimmten Quotientenbits invertiert werden.

B. Addition von $-\frac{3}{2} DR$ (w(DR) > 0):

Wir zerlegen die Operation wieder in 2 Teile:

1. Addition von $-1 DR$: Das Vorzeichen des Partialrests bleibt in allen Fällen ungeändert, das erste Quotientenbit ist daher 1.

2. Addition von $-\frac{1}{2} DR$: Die weiteren Quotientenbits sind 10....0 bzw. 01....1 je nachdem, ob der neue Partialrest positiv (Zeile ⑦) bzw. negativ (Zeile ⑧) ist.

In den übrigen Fällen (Addition von $+\frac{3}{4} DR$ bzw. von $+\frac{3}{2} DR$) ist die Argumentation entsprechend.

C. Negative Divisoren

Wir untersuchen, welche Änderungen sich gegenüber den für den betragsgleichen positiven Divisor erhaltenen Ergebnissen ergeben:

1. Anstelle einer Addition von m·DR wird eine Addition von −m·DR ausgeführt.

2. Alle Quotientenbits sind zu invertieren.

Dies führt dazu, daß bei den Regeln für positive Divisoren die Quotientenbits der Zeilen ③ und ⑥, ④ und ⑤, ⑦ und ⑩, ⑧ und ⑨ miteinander vertauscht werden müssen; gleichzeitig kehrt sich aber auch der Wert von $u \oplus DR_{n-1}$ um. Beide Vertauschungen heben sich auf; Tabelle 4.9 gilt daher auch für negative Divisoren.

Bemerkung. Es ist darauf zu achten, daß die Quotientenbits das gesamte Divisorvielfache wiedergeben (unabhängig von der aktuellen Shiftgröße). Bei Verwendung von $\pm \frac{3}{2}$ DR müssen daher pro Zyklus mindestens 2, bei Benutzung von $\pm \frac{3}{4}$ DR pro Zyklus mindestens 3 Quotientenbits bestimmt werden. Eine Diskussion aller Fälle zeigt, daß die minimale Shiftgröße auch durch Überträge von rechts (vgl. die Argumentation in 4.4.2.2.1) nicht auf 1 absinken kann. Für $\pm \frac{3}{2}$ DR ergeben sich daher keine Probleme. Bei $\pm \frac{3}{4}$ DR und Shiftgröße 2 ist die Anzahl der pro Zyklus bestimmten Quotientenbits um 1 zu klein. Die Addition von $\pm \frac{1}{4}$ DR kann erst im nächsten Zyklus berücksichtigt werden (siehe dazu die Korrekturvorschrift in Tabelle 4.9 sowie die folgenden Beispiele).

D. Divisionsrest ≡ 0

Wenn die Division aufgeht, können alle weiteren Quotientenbits sofort angegeben werden. Man überlegt sich leicht, daß unabhängig vom Vorzeichen des Divisors bzw. des Dividenden in Tabelle 4.9 jeweils die erste Alternative zu wählen ist (Zeilen ①, ③, ⑤, ⑦, ⑨); hierin sind dann auch eventuelle Quotientenkorrekturen enthalten.

Die Anwendung dieses Divisionsverfahrens (Verwendung des $(\frac{3}{4}, 1, \frac{3}{2})$-fachen des Divisors) wird an drei Beispielen demonstriert:

Beispiele:

1. (DD,DE) := 01101010111000

   DR      := 1000100

   $w(DD,DE) = \dfrac{3420}{2^{12}}$

   $w(DR) = -\dfrac{60}{2^{6}}$

   $\dfrac{w(DD,DE)}{w(DR)} = -\dfrac{57}{2^{6}}$

   $+\dfrac{3}{4}$ DR = 101001100

   $-\dfrac{3}{4}$ DR = 010110100

| DD | DE | |
|---|---|---|
| 0110101 | 0111000 | |
| <u>1010011</u> | <u>00</u> | $+\dfrac{3}{4}$ DR |
| 0001000 | | |
| 0100001 | 11000[10(0) | (Zeile ⑥) |
| <u>1010011</u> | <u>00</u> | $+\dfrac{3}{4}$ DR |
| 1110100 | | |
| 1010011 | 000[10̄10(1) | (Zeile ⑤) |
| <u>0101101</u> | <u>00</u> | $-\dfrac{3}{4}$ DR |
| 0000000 | | |
| 0000000 | 10̄10̄011 | (Zeile ③) |
| | 1000111 | |

2. (DD,DE) := 1101110 1101100

   DR      := 1000011

   $w(DD,DE) = -\dfrac{1098}{2^{12}}$

   $w(DR) = -\dfrac{61}{2^{6}}$

   $\dfrac{w(DD,DE)}{w(DR)} = \dfrac{18}{2^{6}}$

   $+\dfrac{3}{4}$ DR = 101001001

   $-\dfrac{3}{4}$ DR = 010110111

| DD | DE | |
|---|---|---|
| 1101110 | 1101100 | |
| 1011101 | 101100[0 | Shift über 1 |
| <u>0101101</u> | <u>11</u> | $-\dfrac{3}{4}$ DR |
| 0001011 | 01 | |
| 0101101 | 1100[001(0) | (Zeile ④) |
| <u>1010010</u> | <u>01</u> | $+\dfrac{3}{4}$ DR |
| 0000000 | 00 | |
| 0000000 | 001[1̄010 | (Zeile ⑤) |
| | 0010010 | |

Um Rundungsfehler zu vermeiden, müssen die ersten beiden Bits von DE in die Arithmetik einbezogen werden (falls $DR_0=1$).

3. (DD,DE) := 1100010110

   DR      := 01001

   $w(DD,DE) = -\dfrac{117}{2^{8}}$

   $w(DR) = +\dfrac{9}{2^{4}}$

   $\dfrac{w(DD,DE)}{w(DR)} = -\dfrac{13}{2^{4}}$

   $+\dfrac{3}{2}$ DR = 011011

| DD | DE | |
|---|---|---|
| 11000 | 10110 | |
| 10001 | 0110[1 | Shift über eine Eins |
| <u>01101</u> | 1 | $+\dfrac{3}{2}$ DR |
| 11110 | 1 | |
| 10111 | 0[1001 | (Zeile ⑩) |
| <u>01001</u> | | $+$ DR |
| 00000 | | |
| 00000 | 10011 | (Zeile ①) |

## 4.5 Iterative Division

### 4.5.1 Motivation

Eine von den bisher besprochenen Methoden vollständig abweichende Divisionstechnik besteht darin, den Quotienten durch wiederholte Ausführung einfacherer Operationen (Addition bzw. Multiplikation) zu berechnen (iterative Division). Folgende Gründe rechtfertigen diese Vorgehensweise:

1. Die seriellen Dividiermethoden sind vor allem bei negativen Operanden komplizierter als die entsprechenden Multiplizierverfahren.

2. Da die Division im allgemeinen seltener vorkommt als die Multiplikation, wirkt sich ein durch iterative Methoden eventuell entstehender Zeitverlust nicht wesentlich aus.

3. Der Einsatz sowohl der schnellsten Multiplikations- als auch der schnellsten Divisionsverfahren ist aus Kostengründen oft nicht möglich. Ein schneller Multiplikationsalgorithmus wird jedoch kostengünstiger, wenn man ihn auch für andere Operationen einsetzen kann.

4. Die Prinzipien der iterativen Division lassen sich auch bei anderen Operationen (z.B. Radizierung, siehe 4.5.5) anwenden.

5. Die Geschwindigkeit iterativer Verfahren kann durchaus mit der anderer Methoden konkurrieren. Beschleunigungsmöglichkeiten ergeben sich unter anderem durch:

a. Table-Look-Up zur Ermittlung eines günstigen Startwertes;

b. verkürzte (d.h. näherungsweise) Berechnung der Zwischenergebnisse während der ersten Iterationsstufen;

c. Parallelausführung verschiedener Operationen (Pipelining).

### 4.5.2 Zahlendarstellung

Dividend und Divisor seien __nichtnegative__ und (falls $\neq 0$) normalisierte n-stellige Mantissen von binären Gleitkommazahlen der Form $a_{n-1} \cdot a_{n-2} \cdots a_0$, wobei

$$w(a_{n-1} \cdot a_{n-2} \cdots a_0) := \sum_{i=0}^{n-1} a_{n-1-i} \cdot 2^{-i} \in [0 : 2 - \frac{1}{2^{n-1}}] .$$

__Folgerung.__ *a. Die Berechnung der Darstellung von $1 \pm \alpha$ aus der von $1 \mp \alpha$ ($0 \leq \alpha < 1$) (bzw. der Darstellung von $2 - \alpha$ aus der von $\alpha$) erfolgt durch Invertieren aller Bits und Addition einer Eins auf die am wenigsten signifikante Stelle.*

*b. Ist α<1, dann berechnet sich 1-α durch Invertieren aller Bits mit Ausnahme des ersten und Addition einer Eins auf die am wenigsten signifikante Stelle.*

<u>Beispiel:</u> $\alpha \triangleq 0.0110100 \Rightarrow 2-\alpha \triangleq 1.1001100$ ; $1-\alpha \triangleq 0.1001100$ .

### 4.5.3  Iterationsvorschriften, Konvergenz von Iterationsverfahren

<u>Definition 4.2.</u> *Gegeben sei eine reellwertige Abbildung* $\varphi$ .

*a. Die Berechnung der Folge* $x_0, x_1, x_2, \ldots$ *mittels*

$$x_{i+1} := \varphi(x_i) \quad (i \geq 0)$$

*heißt <u>Iterationsverfahren</u> mit* $x_0$ *als Startwert.*
$\varphi$ *heißt <u>Iterationsvorschrift</u>.*

*b. Ist* $\varphi$ *genügend oft differenzierbar, dann <u>konvergiert</u> das Iterationsverfahren (bei Wahl eines geeigneten Startwertes) mit der <u>Ordnung m</u> gegen den <u>Grenzwert</u> $\bar{x}$ (in Zeichen: $x_i \xrightarrow[i \to \infty]{} \bar{x}$), wenn gilt:*

$$\varphi(\bar{x}) = \bar{x}; \quad \varphi'(\bar{x}) = \varphi''(\bar{x}) = \ldots = \varphi^{(m-1)}(\bar{x}) = 0; \quad \varphi^{(m)}(\bar{x}) \neq 0 .$$

*c.* $\quad \varepsilon_j := x_j - \bar{x}$ *heißt <u>Fehler</u> des j-ten Iterationsschritts.*

Zwischen Iterationsfehler und Ordnung besteht folgender Zusammenhang:

<u>Satz 4.2.</u> *$x_{i+1} := \varphi(x_i)$ konvergiert mit Ordnung m genau dann, wenn:*

$$\varepsilon_{j+1} = O(\varepsilon_j^m) \quad (j \geq 0) .$$

<u>Beweis.</u> Durch Taylorentwicklung von $\varphi$ um den Grenzwert $\bar{x}$ erhalten wir:

$$\varepsilon_{j+1} = x_{j+1} - \bar{x} = \varphi(x_j) - \bar{x} = \varphi(\bar{x}+\varepsilon_j) - \bar{x}$$

$$= \sum_{i=0}^{\infty} \frac{\varphi^{(i)}(\bar{x})}{i!} \cdot \varepsilon_j^i - \bar{x} = \sum_{i=1}^{\infty} \frac{\varphi^{(i)}(\bar{x})}{i!} \cdot \varepsilon_j^i .$$

Hieraus folgt:

$$\varphi^{(i)}(\bar{x}) = 0 \ (i=0,\ldots,m-1) \quad \leftrightarrow \quad \varepsilon_{j+1} = O(\varepsilon_j^m) .$$

<u>Beispiele:</u>

1. Newtonverfahren: $\varphi(x) := x - \dfrac{f(x)}{f'(x)}$ .

Ist $f'(\bar{x}) \neq 0$ und f zweimal stetig differenzierbar, dann konvergiert die durch $\varphi$ definierte Iterationsvorschrift quadratisch (d.h.

zur Ordnung 2) gegen eine Nullstelle $\bar{x}$ von f(x). Für den Iterationsfehler gilt:

$$\varepsilon_{i+1} = \frac{f''(\xi)}{2f'(x_i)} \cdot \varepsilon_i^2 \text{ , wobei } \xi \in [\bar{x}, x_i] \text{ .}$$

Bedingungen für rasche Konvergenz sind (dies gilt in entsprechender Weise auch für andere Verfahren):

a. Startwert $x_0$ hinreichend nahe bei $\bar{x}$;

b. f" beschränkt und relativ klein in $[\bar{x}, x_0]$;

c. $f'(x_i)$ nicht allzu klein im Vergleich zu $f''(\bar{x})$.

2. **verallgemeinertes Newtonverfahren:** $\quad \varphi(x) := x - \frac{f(x)}{f'(x)} - \frac{1}{2} \cdot (\frac{f(x)}{f'(x)})^2 \cdot \frac{f''(x)}{f'(x)} \quad$ ;

3. **Halley-Iteration:** $\quad \varphi(x) := x - \dfrac{\frac{f(x)}{f'(x)}}{1 - \frac{f(x)}{f'(x)} \cdot \frac{f(x)}{f''(x)}} \quad$ ;

4. **Bailey-Iteration:** $\quad \varphi(x) := x - \dfrac{f(x)}{f'(x) - \frac{f(x) \cdot f''(x)}{2 \cdot f'(x)}} \quad$ .

Die Verfahren 2. - 4. sind von der Ordnung 3.

### 4.5.4 Iterative Divisionsverfahren

Iterative Methoden zur Berechnung von Quotienten führen die Division auf eine Folge von einfacheren Operationen (Addition, Multiplikation, Shifts usw.) zurück. Die Iterationsvorschrift muß "einfach" (bzgl. der Zahl der pro Iterationsschritt auszuführenden Operationen) und divisionsfrei sein. Es genügt, anstelle des Quotienten $\frac{a}{b}$ das Inverse $\frac{1}{b}$ des Divisors zu berechnen. Den Quotienten erhält man dann durch eine abschließende Multiplikation mit a.

Wir setzen im folgenden voraus, daß a und b normalisierte Mantissen von Gleitkommazahlen sind, für die gilt: $\quad \frac{1}{2} \leq a, b < 1$ .

### 4.5.4.1 Division nach Newton

Wir setzen im Newtonverfahren (vgl. 4.5.3):

$$f(x) := \frac{1}{x} - b,$$

d.h. $\quad \varphi(x) := 2x - b \cdot x^2 = (2 - b \cdot x) \cdot x$ .

Das sich hieraus ergebende divisionsfreie Iterationsverfahren konvergiert quadratisch gegen die Nullstelle $\frac{1}{b}$ von f(x).

```
┌─────────────────────────────────────────────┐
│ Newtonverfahren (Ordnung 2):                 │
│ x_0 := 1 ; x_{i+1} := (2-b·x_i)·x_i .        │
└─────────────────────────────────────────────┘
```

Pro Iterationsschritt sind zwei Multiplikationen und eine Berechnung von $2-\alpha$ aus $\alpha$ erforderlich.

Iterationsfehler des Newtonverfahrens:

$$\varepsilon_{i+1} = x_{i+1} - \bar{x} = (2-bx_i)\cdot x_i - \frac{1}{b} = -b\cdot(x_i - \frac{1}{b})^2 = -b\cdot\varepsilon_i^2 \leq 0 .$$

Ohne die unvermeidlichen Rundungsfehler würde das Verfahren also <u>von unten</u> gegen $\frac{1}{b}$ konvergieren.

Um die Division zu beschleunigen, ist es zweckmäßig, für $x_0$ einen Table-Look-Up-Wert für $\frac{1}{b}$ zu wählen (zum Beispiel durch Inspektion der ersten k Bits der Darstellung von b, vgl. 4.5.4.3).

### 4.5.4.2  <u>Verallgemeinerte Newtoniteration und Division nach Ferrari [Fe1]</u>

Das Newtonverfahren läßt sich auf höhere Ordnung verallgemeinern. Durch eine zusätzliche Multiplikation pro Iteration kann man die Ordnung um 1 erhöhen. Die Iterationsvorschrift lautet dann:

```
┌──────────────────────────────────────────────────────────────────────┐
│ Verallgemeinertes Newtonverfahren (Ordnung m+1):                      │
│                                                                        │
│ x_0 := Table-Look-Up-Wert für 1/b (bzw. x_0 := 1) ;                   │
│                                                                        │
│ r_{i+1} := 1-b·x_i; x_{i+1}:=(1+r_{i+1}+r_{i+1}^2+...+r_{i+1}^m)·x_i  │
│                                                                        │
│         = (1+r_{i+1}·(1+r_{i+1}·(1+...·(1+r_{i+1})...)) ·x_i·         │
│           └────────┘ └──────────────────────────────────┘            │
│            1 Mult.          m Multiplikationen                        │
└──────────────────────────────────────────────────────────────────────┘
```

Im Spezialfall m=1 erhalten wir das Newtonverfahren aus 4.5.4.1.

<u>Lemma 4.3.</u> *Für das verallgemeinerte Newtonverfahren gilt:*

$$\left.\begin{array}{l} r_i \text{ konvergiert gegen Null } (r_i \to 0) \\ x_i \text{ konvergiert gegen } \frac{1}{b} \ (x_i \to \frac{1}{b}) \end{array}\right\} \text{ Konvergenzordnung m+1 .}$$

<u>Beweis.</u> Wir zeigen zunächst, daß $r_{i+1}=r_i^{m+1}$ (d.h. $r_i \to 0$ mit Ordnung m+1); es ist nämlich:

$$1-r_i = b\cdot x_{i-1} = b\cdot\frac{x_i}{1+r_i+...+r_i^m}$$

$$\Rightarrow (1-r_i)(1+r_i+...+r_i^m) = b\cdot x_i = 1-r_{i+1}$$

d.h. $\quad 1-r^{m+1} = 1-r_{i+1}$ ,

also $\quad r_i^{m+1} = r_{i+1}$ .

Weiter gilt:

$$r_{i+1} = 1-b \cdot x_i = b \cdot (\frac{1}{b} - x_i) = -b(x_i - \bar{x}) = -b \cdot \varepsilon_i \; ;$$

d.h. $\quad \varepsilon_{i+1} = -\dfrac{r_{i+2}}{b} = -\dfrac{r_{i+1}^{m+1}}{b} = (-b)^m \cdot \varepsilon_i^{m+1} \; ;$

damit ist alles gezeigt.

Wir bezeichnen ein verallgemeinertes Newtonverfahren der Ordnung m+1 als optimal, wenn es bei vorgegebenem Aufwand (bestimmt durch die Gesamtzahl der durchgeführten Multiplikationen) die höchste Genauigkeit liefert. Man zeigt leicht, daß bei dieser Interpretation das Newtonverfahren der Ordnung 3 (d.h. m=2) optimal ist.

---

**Verfahren von Ferrari (verallgemeinertes Newtonverfahren der Ordnung 3):**

$x_0 :=$ Table-Look-Up-Wert für $\frac{1}{b}$ ;

$r_{i+1} := 1-b \cdot x_i \; ; \quad x_{i+1} := (1+r_{i+1} \cdot (1+r_{i+1})) \cdot x_i$ .

---

### 4.5.4.3 Verfahren von Anderson-Earle-Goldschmidt-Powers [An2]

Die (verallgemeinerten) Newtonverfahren der Ordnung m+1 haben den Nachteil, daß alle m+1 Multiplikationen aufeinander aufbauen und daher nicht gleichzeitig ausgeführt werden können.

Die folgende - für die IBM 360/91 entwickelte - quadratisch konvergente Methode hat den Vorteil, daß beide Multiplikationen einer Iterationsstufe parallel ausführbar sind. Außerdem konvergiert sie gegen den Quotienten $\frac{a}{b}$ und nicht gegen das Inverse $\frac{1}{b}$ des Divisors.

---

**Verfahren von Anderson-Earle-Goldschmidt-Powers:**

$d_0 := b \; ; \qquad\qquad x_0 := a \; ;$

$d_{i+1} := d_i \cdot (2-d_i) \; ; \qquad x_{i+1} := x_i \cdot (2-d_i)$ .

---

Man erkennt, daß es sich um eine Variante des Newtonverfahrens handelt; hieraus ergeben sich folgende Eigenschaften:

1. $d_i \xrightarrow[i \to \infty]{} 1$; die Konvergenz ist quadratisch (zum Beweis betrachte man das Newtonverfahren (4.5.4.1) und setze dort b=1).

2. Da $x_j/d_j = x_0/d_0$ (dies zeigt man sofort durch Induktion), konvergiert die Folge der $x_i$ quadratisch gegen $x_0/d_0 = a/b$.

3. Beide Folgen konvergieren von unten gegen ihre Grenzwerte (sofern kein Rundungsfehler entsteht).

4. Pro Stufe werden 2 Multiplikationen benötigt; diese können parallel ausgeführt werden.

5. Für Faktoren der Wortlänge n werden höchstens $\lceil \log_2 n \rceil$ Iterationen benötigt, d.h. im Rahmen der erzielbaren Genauigkeit gilt:

$$d_E = 1; \ x_E = \frac{a}{b} \qquad , \text{ wobei } \quad E \leq \lceil \log_2 n \rceil .$$

Durch andere Wahl der Startwerte (Table-Look-Up) können einige Iterationen eingespart werden.

6. Da das Verfahren selbstkorrigierend ist (es konvergiert auch für ungenaue Iterationswerte $d_{i+1}$ bzw. $x_{i+1}$ gegen dieselben Grenzwerte), genügt es, $d_{i+1}$ und $x_{i+1}$ näherungsweise zu berechnen. Man kann beispielsweise sowohl für $d_{i+1} = d_i \cdot (2-d_i)$ als auch bei $x_{i+1} = x_i \cdot (2-d_i)$ denselben verkürzten Multiplikator $(2-d_i)_T$ anstelle von $(2-d_i)$ verwenden. So läßt sich die Multiplikationsgeschwindigkeit, die ja durch die Länge des Multiplikators entscheidend beeinflußt wird, weiter erhöhen und daher die für die Division benötigte Zeit wesentlich verkürzen.

7. Nur in der letzten Iteration (Berechnung von $x_E = x_{E-1} \cdot (2-d_{E-1})$) muß mit der vollen Länge des Multiplikators gearbeitet werden. Dafür kann man in dieser Stufe auf die Bestimmung von $d_E$ verzichten, da diese Hilfsgröße nicht mehr gebraucht wird und außerdem im Rahmen der erzielbaren Genauigkeit den Wert 1 hat. Das Multiplizierwerk kann so ausgelegt werden, daß es während der ersten E-1 Iterationen zwei verkürzte Multiplikationen (zur Berechnung von $d_i$ bzw. $x_i$) parallel ausführt. Erst bei der letzten Iteration wird es für eine Multiplikation normaler Länge eingesetzt.

Auf einige der angesprochenen Möglichkeiten zur Verbesserung des Anderson-Verfahrens gehen wir im folgenden näher ein:

I. Konvergenzgeschwindigkeit und Konvergenzrichtung

Man zeigt durch Induktion sofort, daß gilt:

$$d_i = 1 - x^{2^i}, \text{ wobei } x = 1-b .$$
$$\text{(Beweis: } d_i = 1 - x^{2^i} \Rightarrow d_{i+1} = d_i \cdot (2-d_i) = (1-x^{2^i}) \cdot (1+x^{2^i}) = 1-x^{2^{i+1}} \text{ )}.$$

Da b als normalisiert vorausgesetzt wurde ($\frac{1}{2} \leq b < 1$), gilt $0 < x \leq \frac{1}{2}$ ;

d.h. $d_h \in [1 - (\frac{1}{2})^{2^h} : 1)$ .

Die Binärdarstellung von $d_h$ ist von der Form

$$d_h \hat{=} \varepsilon . \underbrace{\bar{\varepsilon} \ldots . \bar{\varepsilon}}_{2^h} * \ldots . * \quad , \quad \varepsilon \in \{0,1\}$$

Damit wird:

$$d_{\lceil \log_2 n \rceil} \hat{=} \varepsilon . \underbrace{\overbrace{\bar{\varepsilon} \ldots \ldots \ldots \bar{\varepsilon}}^{\geq n}}_{\geq n+1} \quad .$$

Bei Registern der Länge n muß mindestens eine Stelle gerundet werden (aufgerundet wird, falls $\varepsilon = 0$ , abgerundet falls $\varepsilon = 1$); daher:

$$d_{\lceil \log_2 n \rceil}) \text{ gerundet} \hat{=} 1.\underbrace{0 \ldots . 0}_{n} \quad .$$

Wenn wir exakt (also ohne Rundungsfehler) rechnen, ist $\varepsilon = 0$, d.h. Konvergenz von unten (wegen $d_i = 1 - x^{2^i} < 1$; vgl. 4.5.4.1). Durch Rundungsfehler, durch näherungsweise Berechnung von Iterierten (siehe III.) bzw. durch Verwendung eines Table-Look-Up-Werts zu Beginn der Iteration kann sich die Konvergenzrichtung ändern; in diesem Fall ist sowohl $\varepsilon = 0$ als auch $\varepsilon = 1$ möglich.

II. <u>Beschleunigung durch Table-Look-Up</u>

Die Konvergenz wird gegen Ende der Iteration immer schneller; die (h+1)-te Iterationsstufe allein erhöht die Genauigkeit (Anzahl der korrekten Binärstellen des Ergebnisses) um ebensoviel wie die ersten h Iterationen zusammen:

$$d_h \hat{=} \varepsilon . \underbrace{\bar{\varepsilon} \ldots . \bar{\varepsilon}}_{2^h} * \ldots . * \quad ; \quad d_{h+1} \hat{=} \varepsilon . \underbrace{\bar{\varepsilon} \ldots \ldots \ldots \ldots \bar{\varepsilon}}_{2 \cdot 2^h} * \ldots . * \quad .$$

Man versucht daher, die ersten - noch relativ "ineffizienten" - Iterationen zusammenzufassen:

<u>Iterationsverfahren mit Table-Look-Up:</u>

$y := f(b) \approx \frac{1}{b}$ ;

$d_1 := b \cdot y$ ; $x_1 := a \cdot y$ ;

$d_{i+1} := d_i \cdot (2 - d_i)$; $x_{i+1} = x_i \cdot (2 - d_i)$ .

y ist hierbei ein durch Inspektion der signifikantsten Bits der Binärdarstellung von b gewonnener Näherungswert für $\frac{1}{b}$. Bei Berücksichtigung von k Bits kann man erreichen, daß $|1-d_1| < 2^{-k}$ wird:

$$b \mathrel{\hat{=}} 0.1*\ldots* *\ldots* \atop \underbrace{\phantom{xxxxxxx}}_{k}$$
$$y \mathrel{\hat{=}} 1.*\ldots\ldots*$$

$$d_1 = b \cdot y \mathrel{\hat{=}} \left\{ \begin{array}{l} 0.1\ldots..1*\ldots\ldots* \\ 1.0\ldots..0*\ldots\ldots* \end{array} \right. \atop \underbrace{\phantom{xxxxx}}_{k}$$

Anstelle von $\lceil \log_2 n \rceil$ braucht man jetzt nur noch $\lceil \log_2 \frac{n}{k} \rceil$ +1 Iterationen.

Beispiel: n=56, k=7 (Tabelle mit 128 Eingängen)

Ohne Table-Look-Up: $\lceil \log_2 56 \rceil$ = 6 Iterationen.
Mit Table-Look-Up : $\lceil \log_2 8 \rceil$ +1 = 4 Iterationen (nach den einzelnen Iterationsschritten ist die Abweichung vom Grenzwert kleiner als $2^{-7}$, $2^{-14}$, $2^{-28}$ bzw. $2^{-56}$).

III. Verkürzung des Multiplikators (näherungsweise Berechnung der Iterationen)

Für die Binärdarstellung von $d_i$ gelte:

$$d_i \mathrel{\hat{=}} \varepsilon.\overline{\varepsilon}\ldots\overline{\varepsilon}*\ldots* \atop \underbrace{\phantom{xxx}}_{m}$$

Dann wählen wir als Multiplikator zur Berechnung von $d_{i+1}$ bzw. $x_{i+1}$ anstelle von

$$(2-d_i) \mathrel{\hat{=}} \overline{\varepsilon}.\varepsilon\ldots\varepsilon\overline{*}\ldots\overline{*} \atop \underbrace{\phantom{xxx}}_{m} \quad +1$$

die folgende, r Stellen nach dem Komma gerundete, Darstellung:

$$(2-d_i)_{T_r} \mathrel{\hat{=}} \overline{\varepsilon}.\varepsilon\ldots\varepsilon\overline{*}\ldots\overline{*}10\ldots0 \quad (m<r\leq 2m-1) \ . \atop \underbrace{\phantom{xx}}_{m} \atop \underbrace{\phantom{xxxxx}}_{r}$$

Man kann nun zeigen, daß nach Ausführung eines Iterationsschritts mit dem gerundeten Multiplikator mindestens die ersten r Stellen nach dem Komma übereinstimmen:

Satz 4.4. $|1-d_i| \leq 2^{-m} \Rightarrow |1-d_{i+1}| = |1-d_i(2-d_i)_{T_r}| < 2^{-r}$ $(m<r\leq 2m-1)$;
d.h.

$$d_i \mathrel{\hat{=}} \left\{ \begin{array}{l} 0.1\ldots.1*\ldots\ldots\ldots* \\ 1.0\ldots.0*\ldots\ldots\ldots* \end{array} \right. \atop \underbrace{\phantom{xx}}_{m}$$

$$(2-d_i)_{T_r} \mathrel{\hat{=}} \left\{ \begin{array}{l} 1.0\ldots.0\overline{*}\ldots.\overline{*}10\ldots.0 \\ 0.1\ldots.1\overline{*}\ldots.\overline{*}10\ldots.0 \end{array} \right. \atop \underbrace{\phantom{xxxx}}_{r}$$

$$\blacktriangleright d_{i+1} \mathrel{\hat{=}} \left\{ \begin{array}{l} 0.1\ldots\ldots\ldots1*\ldots..* \\ 1.0\ldots\ldots\ldots0*\ldots..* \end{array} \right. \atop \underbrace{\phantom{xxxx}}_{r}$$

*Ist also $d_i$ auf $m$ Stellen hinter dem Komma genau und wird $(2-d_i)$ auf $r$ Stellen hinter dem Komma gerundet, dann ist $d_{i+1}$ auf mindestens $r$ Stellen genau.*

<u>Beweis.</u> Wie früher sei $d_i := 1-x$; $2-d_i := 1+x$; wir definieren:

$$x_{T_r} := (1+x)_{T_r} -1 = (2-d_i)_{T_r} -1 \ .$$

Eine leichte Rechnung zeigt, daß folgende Ungleichungen gelten:

a. $|x| \leq 2^{-m}$ ; b. $|x_{T_r}| < 2^{-m}$ ; c. $|x-x_{T_r}| \leq 2^{-r-1}$ .

Hieraus ergibt sich:

$$|1-d_{i+1}| = |1-(1-x)(1+x_{T_r})| = |x-x_{T_r}+x \cdot x_{T_r}|$$

$$\leq |x-x_{T_r}| + |x| \cdot |x_{T_r}| < 2^{-r-1}+2^{-m} \cdot 2^{-m}$$

$$\leq 2^{-r-1}+2^{-r-1} \qquad \text{(wegen } r \leq 2m-1\text{)}$$

$$= 2^{-r} \ .$$

Wählt man $r=2m-1$, dann geht durch die ungenauere Rechnung höchstens ein Bit an Genauigkeit verloren:

verkürzter Multiplikator: $|1-d_{i+1}| < 2^{-r} = 2^{-2m+1}$ ;

ungekürzter Multiplikator: $|1-d_{i+1}| < 2^{-2m}$ .

Das neue Iterationsverfahren hat nun folgende Gestalt:

---

<u>Iterationsverfahren</u> (gerundete Multiplikatoren)

$$y_T := f_T(b) \approx \frac{1}{b} \ ;$$

$$d_1 := b \cdot y_T \qquad ; \qquad x_1 := a \cdot y_T \ ;$$

$$d_{i+1} := d_i \cdot (2-d_i)_{T_r} \ ; \quad x_{i+1} := x_i \cdot (2-d_i)_{T_r} \ .$$

---

IV. <u>Beschleunigung durch Multiplikatorcodierung</u>

Wir bestimmen $r_i$ so, daß wir den verkürzten Multiplikator $(1+x)_{T_{r_i}}$ jeweils mit 6 Vielfachen codieren können (Codierung in Gruppen zu je 2+1 Bits (vgl. 3.3.4)).

Dazu setzen wir:

$$r_i := r_{i-1}+9 \quad ;$$

d.h. $\quad (2-d_i)_{T_{r_i}} \triangleq \begin{cases} 0.1.......1*....*100....0 \\ 1.0.......0*....*100....0 \end{cases}$ .

$$\vdash r_{i-1} \dashv$$

$$\vdash\!\!\!\!\!\! r_i = r_{i-1} + 9 \dashv$$

$(2-d_i)_{T_{r_i}}$ läßt sich mit 7 Vielfachen $V_0, .., V_6$ folgendermaßen codieren.

$$1.00....0........00000*********100$$
$$0.1111111........11111*********100$$

$$\underbrace{\top}_{V_6 = 1} \qquad \underbrace{\top\top\top\top\top\top}_{V_5 V_4 V_3 V_2 V_1 V_0 = -2}$$

Auf das Vielfache $V_0$ kann man verzichten; dies bedeutet, daß man anstelle von $(2-d_i)_{T_r}$ den Multiplikator $(2-d_i)_{T_r} + 2^{-r-1}$ zur Berechnung von $d_{i+1}$ bzw. von $x_{i+1}$ verwendet. Der folgende Satz zeigt, daß dadurch kein wesentlicher Genauigkeitsverlust entstehen kann:

<u>Satz 4.5.</u> *Sei* $|1-d_i| \leq 2^{-m}$ *und sei* $d_{i+1}$ *wie folgt definiert:*

$$d_{i+1} := d_i \cdot [(2-d_i)_{T_r} + 2^{-r-1}] \qquad (m < r \leq 2m-1) \ .$$

*Dann gilt wie im vorigen Satz:*

$$|1-d_{i+1}| < 2^{-r} \ .$$

<u>Beweis.</u> Mit den Bezeichnungen von Satz 4.4 wird:

$$\begin{aligned} |1-d_{i+1}| &= |1 - (1-x) \cdot (1 + x_{T_r} + 2^{-r-1})| \\ &= |(x - x_{T_r}) + (x \cdot x_{T_r} - (1-x) \cdot 2^{-r-1})| \\ &\leq |x - x_{T_r}| + |x \cdot x_{T_r} - (1-x) \cdot 2^{-r-1}| \\ &\leq 2^{-r-1} + |x \cdot x_{T_r} - (1-x) \cdot 2^{-r-1}| \ . \end{aligned}$$

Durch Fallunterscheidung (getrennte Untersuchung der Fälle $x=0$, $x<0$ und $x>0$) kann man zeigen, daß sich der zweite Summand dieser Ungleichungen immer durch $2^{-r-1}$ echt nach oben abschätzen läßt. Dies beweist die Behauptung.

<u>Folgerung.</u> *Durch einen verkürzten Multiplikator, der sich mit 6 Vielfachen* $V_1, ..., V_6$ *codieren läßt, gewinnt man mindestens 9 Bits*

*an Genauigkeit in der i-ten Iterationsstufe, sofern $r_{i-1} \geq 10$.*

$$d_i \; \hat{=} \; \begin{cases} 0.11\dots\dots\dots 1\text{***************} \\ 1.00\dots\dots\dots 0\text{***************} \end{cases}$$

overbrace: $r_i = r_{i-1} + 9$, $r_{i-1}$

$$(2-d_i)_{T_{r_i}} \; \hat{=} \; \begin{cases} 1.00\dots\dots\dots 0\overline{\text{*********}}1000..0 \\ 0.11\dots\dots\dots 1\overline{\text{*********}}1000000 \end{cases}$$

$$V_6 = 1 \qquad\qquad V_5 V_4 V_3 V_2 V_1 \quad (\textit{Multiplikator-codierung})$$

$$d_{i+1} = d_i \cdot [\,(2-d_i)_{T_{r_i}} + 2^{-r_{i-1}}\,]$$

$$\hat{=} \; \begin{cases} 0.11\dots\dots\dots\dots 1\text{*}\dots\text{*} \\ 1.00\dots\dots\dots\dots 1\text{*}\dots\text{*} \end{cases}$$

$$\underbrace{\phantom{0.11\dots\dots\dots\dots 1\text{*}\dots\text{*}}}_{min(2 \cdot r_{i-1}-1, r_{i-1}+9)}$$

$$= r_{i-1} + 9 \quad (da \; r_{i-1} \geq 10)\,.$$

<u>Bemerkung.</u> Wenn (zu Beginn des Iterationsverfahrens) $r_{i-1} < 10$ gilt, müssen die Rundungsoperationen geringfügig geändert werden; man gewinnt durch einen verkürzten Multiplikator weniger als 9 Bits hinzu; spätestens beim nächsten Iterationsschritt ist jedoch das obige Verfahren anwendbar; ein für n=56 konzipiertes Iterationsverfahren ist in [An2] angegeben.

## V. <u>Pipelining</u>

Es wurde bereits mehrfach erwähnt, daß die Berechnung von

$$d_{i+1} = d_i \cdot (2-d_i)_{T_r} \quad \text{bzw. von}$$
$$x_{i+1} = x_i \cdot (2-d_i)_{T_r}$$

parallel durchgeführt werden kann. In beiden Fällen wird derselbe, mit 6 Vielfachen codierte, verkürzte Multiplikator verwendet; nur für die letzte Iteration (Berechnung von $x_E = x_{E-1} \cdot (2-d_{E-1})$) muß mit der vollen Multiplikatorlänge gearbeitet werden. Daher kann für alle Iterationen (mit Ausnahme der letzten) der Wallace-Baum des Multiplizierwerks aus 3.6.3 eingesetzt werden.

Eine erste Möglichkeit zur Beschleunigung der Multiplikation besteht darin, zwei parallele Wallace-Bäume zu verwenden: Figur 4.3 zeigt das Prinzip.

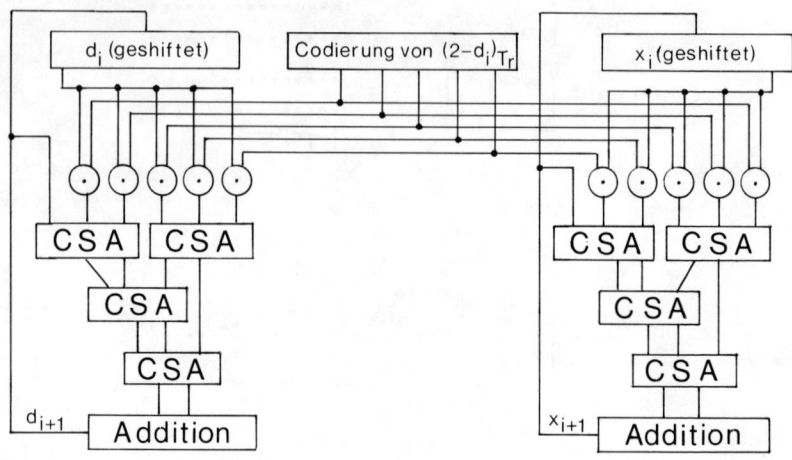

Figur 4.3

<u>Bemerkung.</u> Da die Multiplikatorcodierung die unterschiedlichen Stellenwerte der Vielfachen $V_1,\ldots,V_6$ bei den verschiedenen Iterationen nicht berücksichtigen kann, muß der Multiplikand ($d_i$ bzw. $x_i$) um die entsprechende Anzahl von Stellen nach rechts geshiftet werden.

Der gleichartige Aufbau beider Hälften von Figur 4.3 ermöglicht die Zusammenfassung beider Wallace-Bäume zu einem einzigen und die Anwendung des Pipelining-Konzepts:

Die Berechnung von $x_{i+1}$ wird begonnen, wenn sich der Ablauf der Berechnung für $d_{i+1}$ in der unteren Hälfte des Baumes befindet. Ist $x_{i+1}$ in der unteren Hälfte, dann wird in der oberen Hälfte $d_{i+2}$ gestartet; dadurch sind die beiden Hälften des Baumes abwechselnd mit der Berechnung von Iterationswerten $d_j$ bzw. $x_j$ beschäftigt.

Die Taktfrequenz wird so gewählt, daß eine Iteration in 2 Takten ablaufen kann. Um Hazards zu vermeiden, werden die beiden Hälften des Baumes durch einfache Speicherelemente (Latch; siehe 3.6.2) voneinander getrennt.

Die letzte Multiplikation $x_E := x_{E-1}(2-d_{E-1})$ muß in voller Länge
ausgeführt werden; ihr Ergebnis ist der Quotient. Hierzu untertei-
len wir den Multiplikator wie eben in Gruppen zu je 12 Bits. Die
Vielfachen einer Gruppe werden wie in 3.6.3 zu zwei Summanden reduziert und zusammen mit der nächsten Gruppe weiterverarbeitet
(Rückkehrschleife). Für jede neue Gruppe braucht man bei Anwendung
dieses Pipelining-Konzepts nur je einen zusätzlichen Takt.

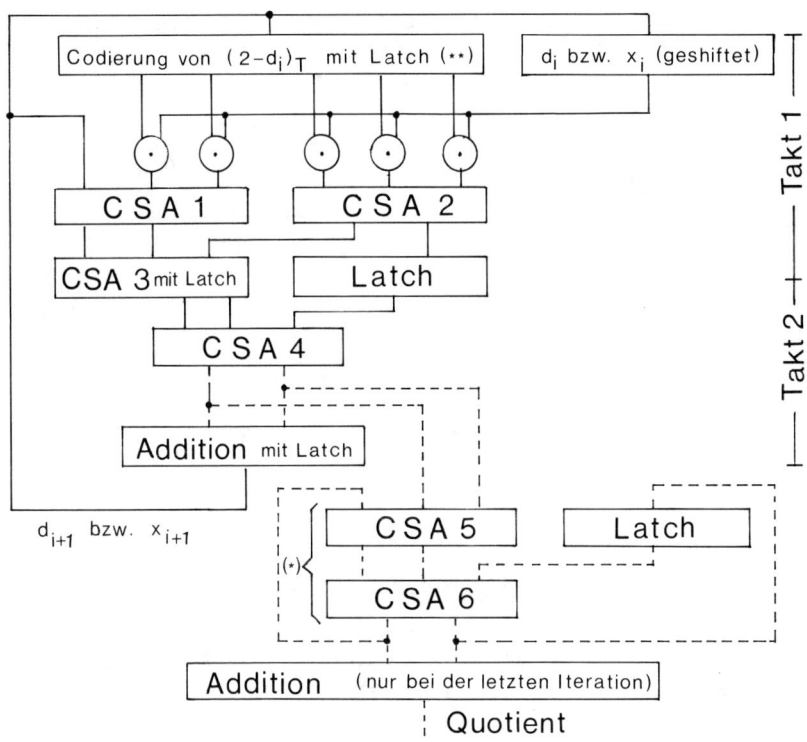

Figur 4.4 Iterative Division

(*) Rückkehrschleife nur für die letzte Iteration: CSA 5 und CSA 6
enthalten Latchs, die eigens getaktet werden (vgl. 3.6.3).
(**) Bei der Codierung von $(2-d_i)_T$ werden Latchs benötigt, die nur
in jedem zweiten Takt die an der Eingangsleitung anliegenden Werte
übernehmen. Dadurch wird $d_{i+1}$ übernommen, anschließend (nach dem
nächsten Takt) $x_{i+1}$ gesperrt, dann $d_{i+1}$ wieder übernommen usw.

Da $|1-(2-d_{E-1})| \leq 2^{-n/2}$ (n = Wortlänge), kann $(2-d_{E-1})$ mit höchstens $\frac{n+8}{4}$ Vielfachen codiert werden. Die Anzahl der Gruppen der letzten Multiplikation beträgt also $\lceil \frac{n+8}{24} \rceil$. Nach $\lceil \frac{n+8}{24} \rceil + 1$ Takten liegt das Produkt $x_{E-1} \cdot (2-d_{E-1})$ in Carry-Save-Form (als Summe von 2 Zahlen) vor. Die Addition dieser beiden Summanden liefert den Quotienten.

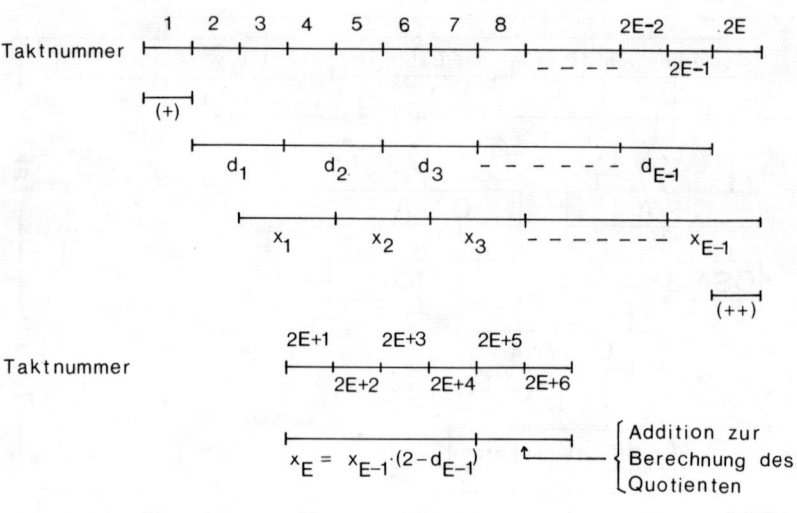

Figur 4.5 (Iterative Division: Ablaufzeitplan)

(+)   : Table-Look-Up zur Berechnung von $y_T \approx \frac{1}{b}$ .

(++)  : Codierung der ersten Gruppe des Multiplikators $(2-d_{E-1})$.
        Für n=56 kann dieser letzte Multiplikator in 3 Gruppen à 12
        Bits codiert werden (vgl. [An2]). Die letzte Iteration (oh-
        ne die abschließende Addition) erfordert dann noch 4 wei-
        tere Takte.

## 4.5.5  Iterative Berechnung von Quadratwurzeln [Ra2]

Die Prinzipien der iterativen Division lassen sich ohne Schwierigkeiten auf die Berechnung anderer Operationen übertragen. Bei allen Verfahren ist darauf zu achten, daß die Iterationsvorschrift
einfach zu implementieren und - wenn möglich - divisionsfrei ist.

### 4.5.5.1  Anwendung des Newtonverfahrens

Die Newtonsche Iterationsvorschrift

$$x_{i+1} := \varphi(x_i) \qquad\qquad \varphi(x) := x - \frac{f(x)}{f'(x)}$$

konvergiert quadratisch gegen eine Nullstelle von $f(x)$ (vgl. 4.5.3).

Setzen wir also:

$$f(x) := x^2 - N \quad ,$$

dann lautet die Iterationsvorschrift

$$x_{i+1} = x_i - \frac{1}{2x_i}\,(x_i^2 - N)$$

$$= \frac{1}{2}\cdot(x_i + \frac{N}{x_i})\ ,$$

und die Iteration konvergiert quadratisch gegen die Nullstelle $\sqrt{N}$ von $f(x)$; als Startwert kann $x_0 = 1$ oder ein Näherungswert für $\sqrt{N}$ gewählt werden.

### 4.5.5.2  Newtonverfahren mit Table-Look-Up

Die in 4.5.5.1 angegebene Iteration ist nicht divisionsfrei und daher zur schnellen Berechnung von Quadratwurzeln nur wenig geeignet. Die Division kann man aber durch Verwendung eines Tabellenwerts umgehen:

$$x_{i+1} := x_i - f_T(x_i)\cdot(x_i^2 - N)$$

wobei $f_T(x_i)$ ein Tabellenwert für $1/(2x_i)$ ist.

Die geringere Genauigkeit des Tabellenwerts führt allerdings dazu, daß die Konvergenz dieser Iterationsvorschrift nur noch linear ist.

### 4.5.5.3  Divisionsfreie Newtonverfahren

Setzen wir im Newtonverfahren

$$f(x) := 1 - \frac{1}{N\cdot x^2}\ ,$$

dann lautet die Iterationsvorschrift:

$$x_{i+1} = x_i - (1 - \frac{1}{N\cdot x_i^2})/\frac{2}{N\cdot x_i^3}$$

$$= \underbrace{\frac{x_i}{2}\cdot(3 - N\cdot x_i^2)}_{(A)} = \underbrace{\frac{1}{2}\cdot[\,(x_i + 2x_i) - (N\cdot x_i)\cdot x_i^2\,]}_{(B)}$$

Beide Vorschriften (A) bzw. (B) konvergieren quadratisch gegen die Nullstelle $\frac{1}{\sqrt{N}}$ von f(x). Den Wert von $\sqrt{N}$ erhält man hieraus durch Multiplikation mit N.

Bei Methode (A) braucht man 3 Multiplikationen und eine Addition (Bildung des "3-Komplements") für einen Iterationsschritt, bei Methode (B) werden 3 Multiplikationen und 2 Additionen benötigt, wobei aber eine der Multiplikationen bzw. der Additionen gleichzeitig mit einer anderen Multiplikation ausgeführt werden kann; siehe dazu die Klammerstruktur in (B). Methode (B) ist also schneller, wenn die Möglichkeit der Parallelausführung mehrerer arithmetischer Operationen besteht.

### 4.5.5.4 Der Anderson-Earle-Goldschmidt-Powers-Algorithmus zur Berechnung von Quadratwurzeln

Das in 4.5.4.3 beschriebene Verfahren läßt sich divisionsfrei auf die Berechnung von Quadratwurzeln erweitern.

---

**Verfahren von Anderson-Earle-Goldschmidt-Powers [Ra2]**

$$d_0 := N \qquad\qquad x_0 := N$$
$$d_{i+1} := d_i \cdot r_i^2 \qquad x_{i+1} := x_i \cdot r_i$$

wobei $\quad r_i := 1 + \frac{1}{2}(1 - x_i) \quad$ gesetzt wird .

---

Man zeigt leicht, daß gilt:

$$d_n = d_0 \cdot r_0^2 \cdot r_1^2 \cdot \ldots \cdot r_{n-1}^2 \to 1 \qquad \text{(quadratische Konvergenz)}$$

also: $\quad r_0 \cdot r_1 \cdot \ldots \cdot r_{n-1} \to \dfrac{1}{\sqrt{d_0}} \quad$ .

Hieraus ergibt sich:

$$x_n = x_0 \cdot r_0 \cdot r_1 \cdots r_{n-1} \to \frac{x}{\sqrt{d_0}} = \frac{N}{\sqrt{N}} = \sqrt{N} \quad .$$

Ebenso wie in 4.5.4.3 konvergiert also die Folge der $d_i$ gegen 1 und die Folge der $x_i$ gegen den gewünschten Funktionswert. Die Berechnung kann mit den dort beschriebenen Methoden beschleunigt bzw. weniger aufwendig gestaltet werden; Einzelheiten darüber findet man in [Ra2].

# 5. Redundante Zahlendarstellung

## 5.1 SDNR-Darstellung zur Basis d≥3

Bei den bisher verwendeten Zahlendarstellungen wird die Dauer $\tau$ einer Addition durch die Länge der größten Übertragspropagations- kette entscheidend beeinflußt. Da der Übertrag im ungünstigsten Fall über alle Stellen weitergeleitet wird, ist $\tau$ abhängig von der Länge der Summanden: wenn die Zahlendarstellung nichtredundant ist, nur Schaltelemente mit höchstens r Eingängen verfügbar sind und das Durchlaufen eines Bauelements eine Zeiteinheit erfordert, kann fol- gende untere Schranke für die maximale Dauer einer Addition nicht unterschritten werden (vgl. 7.2.3):

$$\tau \geq \lceil \log_r(2n) \rceil \qquad \text{(n = Länge der Summanden)} \quad .$$

Ist die Zahlendarstellung dagegen redundant genug, um jeden Über- trag spätestens nach einer - von n unabhängigen - Zahl k von Bit- positionen aufzufangen, dann läßt sich $\tau$ auf $\tau = O(k)$ verkürzen. Als Preis für diese Beschleunigung muß ein erhöhter Aufwand zur Dekonvertierung einer redundanten Zahl in eine nichtredundante Zahl in Kauf genommen werden.

Zwei redundante Zahlendarstellungen wurden bereits behandelt: das (d-1)-Komplement bzw. die Codierung einer d-nären Zahl durch Betrag und Vorzeichen (vgl. 1.1); die einzige Zahl, die mehrere Darstellungen besitzt, ist die Null. Man sieht sofort, daß diese Redundanz nicht ausreicht, um die Länge der Propagationskette zu begrenzen. Eine einfache Möglichkeit zur Gewinnung von Redundanzen besteht darin, die Anzahl der zur Darstellung benutzten Ziffern zu vergrößern und auch negative Ziffern zuzulassen. Auf diese Weise können Zahlen mehrfach codiert werden (vgl. [Av1],[Av2],[At2]).

**Definition 5.1.** *Eine Abbildung*

$$w_{red}^{(n,m)} : R \times R \times \ldots\ldots\ldots \times R \to Q$$
$$\alpha_{n-1} \cdots \alpha_0 \alpha_{-1} \alpha_{-2} \cdots \alpha_{-m} \longrightarrow \sum_{i=-m}^{n-1} \alpha_i \cdot d^i \quad ,$$

*wobei* $\alpha_i \in R := \{-r_1, -r_1+1, \ldots, 0, 1, \ldots, r_2-1, r_2\}$ $(r_1, r_2 > 0)$

*heißt* <u>*redundante Zahlendarstellung zur Basis d*</u>.

In der vorliegenden Form ist diese Definition noch zu allgemein;
wir vereinbaren daher folgende Einschränkungen:

1. R sei ein symmetrischer Bereich, d.h. $r_1 = r_2 = r > 0$ .

2. Jede Ziffer $\alpha_i$ soll mindestens d verschiedene Werte annehmen
   können. Ferner soll ein aus Stelle i-1 ausgehender Übertrag
   (+1 bzw. -1) in Stelle i aufgefangen werden können; Überträge
   können sich dann im Höchstfall über eine Stelle fortpflanzen.
   Beide Forderungen sind erfüllt, wenn gilt:

$$|R| = 2r+1 \geq d+2 \ , \ \text{d.h.} \ \lfloor \tfrac{d}{2} \rfloor + 1 \leq r \ .$$

3. $\alpha_i$ soll höchstens d nichtnegative Werte (nämlich alle d-nären
   Ziffern) annehmen können, d.h. $r \leq d-1$ .

Damit erhalten wir folgende Definition einer redundanten Zahlendarstellung:

Definition 5.2. *Eine Abbildung*

$$w_{red}^{(n,m)} \ : \ R \times R \times \ldots \ldots \times R \ \to \ \mathcal{Q}$$

$$\alpha_{n-1} \cdots \alpha_0 \alpha_{-1} \cdots \alpha_{-m} \longrightarrow \sum_{i=-m}^{n-1} \alpha_i \cdot d^i \ ,$$

*wobei* $\alpha_i \in R := \{-r, -r+1, \ldots, 0, \ldots, r-1, r\}$ *und* $\lfloor \tfrac{d}{2} \rfloor + 1 \leq r \leq d-1$

*heißt* signed digit number representation (SDNR-Darstellung) *zur
Basis d.*

*Ist* $r = \lfloor \tfrac{d}{2} \rfloor + 1$, *dann nennen wir die Darstellung* minimal redundant,
*ist* $r = d-1$ , *dann heißt die SDNR-Darstellung* maximal redundant.

Beispiele. a. d=10 , r=6 (minimal redundant)

$$w_{red}^{(5,0)} \ (0 \ -6 \ 0 \ 5 \ -4) = w_{red}^{(5,0)} \ (-1 \ 4 \ 0 \ 5 \ -4)$$
$$= w_{red}^{(5,0)} \ (0 \ -6 \ 0 \ 4 \ 6) \ = \ - \ 5954 \ .$$

b. d=10 , r=9 (maximal redundant)

$$w_{red}^{(5,0)} \ (0 \ 7 \ -8 \ -8 \ -2) = w_{red}^{(5,0)} \ (1 \ -3 \ -8 \ -9 \ 8) = 6118 \ .$$

Lemma 5.1. *(Eigenschaften der SDNR-Darstellung):*

*a.* $\quad w_{red}(\alpha_{n-1} \cdots \alpha_{-m}) = 0 \ \leftrightarrow \ \alpha_i = 0 \ \text{für alle} \ i \ .$

*b. Ist* $w_{red}(\alpha_{n-1} \cdots \alpha_{-m}) = a$, *dann gilt:*

$$w_{red}(\bar{\alpha}_{n-1} \cdots \bar{\alpha}_{-m}) = -a, \ \text{wobei} \ \bar{\alpha}_i := - \ \alpha_i \ .$$

*c. Sei* $k := max\{j \mid \alpha_j \neq 0\}$ .

*Ist* $w_{red}(\alpha_{n-1}\cdots\alpha_{-m}) \neq 0$, *dann gilt:* $sign(w_{red}(\alpha_{n-1}\cdots\alpha_{-m}))=sign(\alpha_k)$.

Lemma 5.1 zeigt, daß im Gegensatz zur Residuenarithmetik (vgl. 1.4.2) unter anderem die Bestimmung des Vorzeichens einer SDNR-Zahl bzw. die Berechnung der Darstellung von -a aus der von +a besonders einfach ist.

**Bemerkung.** Wegen $\lfloor\frac{d}{2}\rfloor + 1 \leq r \leq d-1$ ist $d \geq 3$ notwendig: es gibt also keine binäre SDNR-Darstellung, die alle aufgestellten Forderungen bzgl. der Größe des Zahlenbereichs und der Übertragslaufzeit erfüllt.

## 5.2 Parallele Addition von SDNR-Summanden; Konvertierung

Die Redundanz der Darstellung ermöglicht die Addition zweier SDNR-Summanden in zwei Schritten; eventuelle Überträge aus Schritt 1 werden in Schritt 2 aufgefangen. Die Addition läuft wie folgt ab:

$$
\begin{array}{ll}
0 \;\; \alpha_{n-1}\cdots\alpha_{-m+1}\alpha_{-m} & \text{wobei } \alpha_i,\beta_i,s_i \in \{-r,\ldots,+r\}, \\
0 \;\; \beta_{n-1}\cdots\beta_{-m+1}\beta_{-m} & \sigma_i \in \{-r+1,\ldots,r-1\}, \\
\overline{0 \;\; \sigma_{n-1}\cdots\sigma_{-m+1}\sigma_{-m}} \;\Big] \;\text{Schritt 1} & c_i \in \{-1,0,1\} \;. \\
c_{n-1}\;c_{n-2}\cdots c_{-m} \\
\overline{s_n \;\; s_{n-1}\cdots s_{-m+1}s_{-m}} \;\;\text{Schritt 2}
\end{array}
$$

Da $|\sigma_i| < r$, erhalten wir $|\sigma_i+c_{i-1}| \leq r$; Schritt 2 ist also ohne Übertragspropagation durchführbar.

### I. Formeln zur Berechnung von $\sigma_i$ und $c_i$

Die Zwischenwerte $\sigma_i$ und $c_i$ werden wie beim von-Neumann-Addierwerk (vgl. 2.2.3) berechnet, wobei wir berücksichtigen müssen, daß nun auch negative Ziffern bzw. negative Überträge auftreten können.

Solange die Summe der Ziffern $\alpha_i$ und $\beta_i$ einen Schwellenwert $w_{max}$ dem Betrage nach nicht überschreitet, setzen wir $c_i$ auf 0 , andernfalls ist $c_i=+1$ oder $c_i=-1$, d.h.

$$
c_i := \begin{cases} 0 & \text{falls } |\alpha_i + \beta_i| \leq w_{max} \\ 1 & \text{falls } \alpha_i + \beta_i > w_{max} \\ -1 & \text{falls } \alpha_i + \beta_i < -w_{max} \end{cases}
$$

$$\sigma_i := \alpha_i + \beta_i - c_i \cdot d \qquad (\text{d.h. } \alpha_i+\beta_i = c_i \cdot d + \sigma_i).$$

Die möglichen Werte für $w_{max}$ werden durch die Bedingungen
$c_i \in \{-1,0,1\}$ und $|\sigma_i| < r$ auf folgendes Intervall beschränkt:

$$1 \leq d-r \leq w_{max} \leq r-1 \quad .$$

Wäre $w_{max} \geq r$, dann würde sich für $\alpha_i + \beta_i = r$ die Beziehung
$\sigma_i = \alpha_i + \beta_i - 0 \cdot d = r$ ergeben; ist aber $w_{max} \leq d-r-1$ und $\alpha_i + \beta_i = d-r$, dann
erhält man $\sigma_i = d-r-1 \cdot d = -r$ im Widerspruch zu $|\sigma_i| < r$. Daher kann $w_{max}$
nur Werte aus dem Intervall $[d-r:r-1]$ annehmen. Die wenigsten Über-
träge ($c_i \neq 0$) erhält man bei Verwendung des größtmöglichen Schwel-
lenwertes $w_{max} = r-1$ .

Dieses Additionsverfahren kann auch zur Konvertierung einer d-
nären Zahl in eine SDNR-Zahl angewandt werden. Hierbei setzt man
den zweiten Summanden auf 0. Die Anwendung der Additionsformeln
liefert nach zwei Schritten die konvertierte d-näre Zahl. Auch die
Dekonvertierung einer SDNR-Zahl ist einfach durchzuführen, da sich
jede SDNR-Zahl als Differenz zweier d-närer Zahlen schreiben läßt.
Bei der Berechnung dieser Differenz können sich jedoch Überträge
fortpflanzen (im Extremfall über alle Stellen).

Folgerung. *Die Konvertierungslaufzeit ist unabhängig von der Wortlänge n. Die mittlere Dekonvertierungszeit ist ebensogroß wie die
zur Addition zweier d-närer Zahlen benötigte Zeit.*

*Nach Konstruktion gilt:*

$$w_{red}^{(n+1,m)} \; (0 \; \alpha_{n-1} \cdot \cdot \alpha_{-m}) + w_{red}^{(n+1,m)} \; (0 \; \beta_{n-1} \cdot \cdot \beta_{-m})$$

$$= w_{red}^{(n+1,m)} \; (0 \; \sigma_{n-1} \cdot \cdot \sigma_{-m}) + w_{red}^{(n+1,m)} \; (c_{n-1} \cdot \cdot c_{-m} \; 0)$$

$$= w_{red}^{(n+1,m)} \; (s_n \cdot \cdot \cdot \cdot \cdot \cdot s_{-m}) \quad .$$

Für die Ausführung einer einzelnen Addition ist die Verwendung
der SDNR-Darstellung im allgemeinen unzweckmäßig, wenn das Ergebnis sofort dekodiert werden muß.

Ist dagegen die Summe von A d-nären Zahlen der Länge n (A groß)
zu berechnen, dann empfiehlt sich ein Übergang zu einer redundanten Zahlendarstellung, da A-1 schnellen, von der Wortlänge n unabhängigen Additionen nur eine einzige Dekonvertierung (nach Ausführung der letzten SDNR-Addition) gegenübersteht.

Beispiel. $d=10$; $r=7$; $w_{max}=4$ .

Wir berechnen Summe und Differenz der beiden Dezimalzahlen a und b.

$$
\begin{array}{lll}
a \; \hat{=} \; 02890781 \qquad & b \; \hat{=} \; 05748927 & \left.\rule{0pt}{48pt}\right\} \\
\phantom{a \; \hat{=} \;} 00000000 & \phantom{b \; \hat{=} \;} 00000000 & \text{Konvertierung der} \\
\phantom{a \; \hat{=} \;} 0\overline{2}\overline{2}10\overline{3}\overline{2}1 & \phantom{b \; \hat{=} \;} 0\overline{5}34\overline{2}1\overline{2}3 & \text{Summanden a bzw. b} \\
\phantom{a \; \hat{=} \;} 01101100 & \phantom{b \; \hat{=} \;} 11011010 & \\
\phantom{a \; \hat{=} \;} 0\overline{3}\overline{1}\overline{1}\overline{2}\overline{2}1 & \phantom{b \; \hat{=} \;} 1\overline{4}35\overline{1}\overline{1}33 &
\end{array}
$$

$$
\begin{array}{lll}
a \; \hat{=} \; 0\overline{3}\overline{1}\overline{1}\overline{2}\overline{2}1 \qquad & a \; \hat{=} \; 0\overline{3}\overline{1}\overline{1}\overline{2}\overline{2}1 & \left.\rule{0pt}{40pt}\right\} \\
b \; \hat{=} \; 1\overline{4}35\overline{1}\overline{1}33 & -b \; \hat{=} \; \overline{1}435\overline{1}\overline{1}33 & \text{Addition bzw. Sub-} \\
\phantom{b \; \hat{=} \;} 1\overline{1}440\overline{3}1\overline{2} & \phantom{-b \; \hat{=} \;} \overline{1}3242\overline{1}54 & \text{traktion von a und b} \\
\phantom{b \; \hat{=} \;} 00000000 & \phantom{-b \; \hat{=} \;} 10\overline{1}00\overline{1}00 & \\
a+b \; \hat{=} \; 1\overline{1}440\overline{3}1\overline{2} & a-b \; \hat{=} \; 0\overline{3}142\overline{2}54 &
\end{array}
$$

$$
\begin{array}{lll}
\phantom{a+b \; \hat{=} \;} 10040010 \qquad & \phantom{a-b \; \hat{=} \;} 00142054 & \left.\rule{0pt}{28pt}\right\} \\
\phantom{a+b \; \hat{=} \;} {-01400302} & \phantom{a-b \; \hat{=} \;} {-03000200} & \text{Dekonvertierung des} \\
a+b \; \hat{=} \; 08639708 & a-b \; \hat{=} \; {-02858146} & \text{Ergebnisses}
\end{array}
$$

## 5.3  Anwendung von SDNR-Zahlen bei Multiplikation bzw. Division

Die meisten Multiplikationsverfahren bestehen aus einer Folge von Additionen von d-nären Zahlen sowie Shifts.

Durch Übergang zu SDNR-Zahlen lassen sich die Additionen beschleunigen. (Ein Shift einer SDNR-Zahl unterscheidet sich nicht von einem Shift einer d-nären Zahl.) Auch parallele Multiplikationsverfahren und Verwendung von Multiplikatorcodierung lassen sich ohne weiteres auf SDNR-Darstellung übertragen. Analog können SDNR-Zahlen auch bei Divisionsverfahren eingesetzt werden.

Gegen die praktische Anwendung von SDNR-Darstellungen spricht allerdings, daß es keine SDNR-Zahlen zur Basis $d=2$ gibt und daß die Überlauferkennung bzw. -korrektur relativ aufwendig ist. Wir werden aber im folgenden ein Verfahren besprechen, das es gestattet, auch binäre Zahlen in die SDNR-Additionsarithmetik einzubeziehen. Schließlich werden wir auch eine Divisionsmethode behandeln, die den Quotienten von 2 d-nären Operanden in Gestalt einer SDNR-Zahl berechnet (SRT-Division).

## 5.4 Parallele Addition bzw. Subtraktion bei unterschiedlicher Darstellung der Summanden

### 5.4.1 Addition modulo $d^n$

Wir beschreiben eine Methode zur Addition zweier n-stelliger Zahlen in zwei Schritten; der erste Summand sei dabei eine maximal redundante SDNR-Zahl zur Basis d (d.h. $R = \{-d+1,\ldots,d-1\}$), der zweite eine im d-Komplement dargestellte d-näre Zahl.

Das Ergebnis der Addition ist wieder eine maximal redundante SDNR-Zahl. Der Additionsablauf entsteht durch Verallgemeinerung der in 5.2 besprochenen Methode (wir verwenden kleine Buchstaben für d-näre und große für SDNR-Ziffern):

Schema der parallelen Addition bzw. Subtraktion modulo $d^n$

$$
\begin{array}{ll}
A \triangleq A_{n-1}\ldots A_1 A_0 & A \triangleq A_{n-1}\ldots A_1 A_0 \\
+b \triangleq b_{n-1}\ldots b_1 b_0 & -b \triangleq b^*_{n-1}\ldots b^*_1 b^*_0 \\
\hline
T_{n-1}\ldots T_1 T_0 & T_{n-1}\ldots T_1 T_0 \\
c_{n-1}c_{n-2}\ldots c_0\, 0 & c_{n-1}c_{n-2}\ldots c_0\, 1 \\
\hline
(S_n)S_{n-1}\ldots S_1 S_0 & (S_n)S_{n-1}\ldots S_1 S_0
\end{array}
$$

$A_i \in \{-d+1,\ldots,d-1\}$;

$b_i \in \{0,\ldots\ldots,d-1\}$;

$b^*_i := d-1-b_i$

$\in \{0,\ldots\ldots,d-1\}$.

Die Werte $c_i$, $T_i$, $S_i$ werden wie folgt berechnet (vgl. 5.2):

1. $c_i = \begin{cases} 1 \text{ falls } A_i+b_i \geq d-1 \\ 0 \text{ sonst .} \end{cases}$

2. $T_i = A_i+b_i-c_i\cdot d$ ; d.h. $T_i \in \{-d+1,\ldots,d-2\}$ .

3. $S_i = T_i+c_{i-1}$ ; d.h. $S_i \in \{-d+1,\ldots,d-2,d-1\}$ .

Man sieht sofort, daß alle $c_i$ und alle $T_i$ parallel berechnet werden können (erster Schritt der Addition). Wegen $T_i \neq d-1$ und $c_i \in \{0,1\}$ treten bei der Berechnung von $S_i$ (zweiter Schritt) keine Überträge mehr auf.

Die Subtraktion A-b wird auf die Addition A+(-b) zurückgeführt. In diesem Fall sind alle Bits $b_i$ durch $d-1-b_i$ zu ersetzen; $c_{-1}$ wird auf 1 gesetzt (Zahlendarstellung im d-Komplement); bei einer Addition hat $c_{-1}$ den Wert 0. Die Addition einer 1 bei der Berechnung der Darstellung von -b aus der von +b bringt also keinen Zeitverlust mit sich.

Korrektheit des Ergebnisses:

Das Ergebnis einer Addition bzw. einer Subtraktion ist nur bis auf einen Term der Größenordnung $d^n$ korrekt, wie im folgenden gezeigt wird:

$$w_{red}^{(n)} (A_{n-1} \cdots A_0) + w_d^{(n)} (b_{n-1} \cdots b_0)$$

$$= w_{red}^{(n)} (A_{n-1} \cdots A_0) + w_{red}^{(n)} (-sign(b_{n-1}) \; b_{n-2} \cdots b_0)$$

$$\overset{(*)}{=} w_{red}^{(n+1)} (0 \; T_{n-1} \cdots T_0) + w_{red}^{(n+1)} (c_{n-1} \cdots c_0 c_{-1}) \; mod \; d^n$$

$$= w_{red}^{(n+1)} (S_n S_{n-1} \cdots S_0) \; mod \; d^n$$

$$= w_{red}^{(n)} (S_{n-1} \cdots S_0) \; mod \; d^n$$

Die Gültigkeit der Gleichung (*) ergibt sich aus einer einfachen Überlegung über die Berechnung von $T_{n-1}$ und $c_{n-1}$ für die beiden Alternativen $b_{n-1}=0$ und $b_{n-1}=d-1$ .

Man sieht, daß $S_n$ und $c_{n-1}$ nicht berechnet zu werden brauchen, da Abweichungen der Größenordnung $d^n$ auftreten können; siehe dazu die folgenden Beispiele:

Beispiele. d=10 , n=5 .

```
1. A = 0093̄5̄          2. A = 9̄2794          3. A = 996̄32
   b = 96123             b = 96123             b = 02416
       1̄601̄2̄                08817                 1̄12̄48
   101000               000100               110000
   1̄1̄701̄2̄               008917               1012̄48
```

Bei Übergang zu einer redundanten Darstellung des Summanden b aufgrund der Beziehung

$$w_d^{(n)} (b_{n-1} \cdots b_0) = w_{red}^{(n)} (-sign(b_{n-1}) \; b_{n-2} \cdots b_0)$$

würden die Rechnungen wie folgt ablaufen:

```
1. A = 0093̄5̄          2. A = 9̄2794          3. (wie oben)
   b = 1̄6123             b = 1̄6123
       1̄601̄2̄                08817
   001000               1̄00100
   01̄701̄2̄               1̄08917
```

In allen Fällen stimmt das Ergebnis bis auf einen Term der Ordnung $10^5$ mit dem richtigen Wert überein.

Man erkennt, daß die Verwendbarkeit dieser Form der SDNR-Addition entscheidend von der Existenz eines einfachen Überlaufkriteriums abhängt.

## 5.4.2 Überlauferkennung bzw. -korrektur

Ebenso wie in 1.3 kann ein Überlauf durch Verlängerung der Zahlendarstellung um eine Position erkannt werden; darüber hinaus ermöglicht die Redundanz der Darstellung in vielen Fällen eine automatische Überlaufkorrektur. Der SDNR-Summand muß um eine Position $A_n = 0$ ergänzt werden, die entsprechende Position des im d-Komplement dargestellten Summanden entsteht wie in 1.3 durch Vorzeichenverdopplung.

Addierschema mit Überlauferkennung

$$
\begin{array}{l}
0 \;\; A_{n-1}A_{n-2}\cdots\cdots A_1 A_0 \\
\underline{\;\; u_{n-1}u_{n-1}u_{n-2}\cdots\cdots u_1 u_0\;} \\
T_n \; T_{n-1}T_{n-2}\cdots\cdots T_1 T_0 \\
\underline{(c_n)\, c_{n-1}c_{n-2}c_{n-3}\cdots\cdots c_0 c_{-1}} \\
(S_{n+1}) \; S_n \; S_{n-1}S_{n-2}\cdots\cdots S_1 S_0
\end{array}
$$

wobei $A_i, S_i \in \{-d+1,\ldots\ldots,d-1\}$;

$T_i \in \{-d+1,\ldots d-2\}$ ;

$$u_i := \begin{cases} b_i & \text{Addition A+b} \\ d-1-b_i & \text{Subtraktion A-b} \end{cases}$$

$$c_{-1} := \begin{cases} 0 & \text{Addition A+b} \\ 1 & \text{Subtraktion A-b} \end{cases}$$

Überlaufsituationen lassen sich nun wie folgt behandeln:

**Lemma 5.2.** *a. Ein Überlauf liegt genau dann vor, wenn $S_n \neq 0$ gilt, die Position $S_{n+1}$ braucht nicht berechnet zu werden.*

*b. Der Überlauf ist genau dann korrigierbar, wenn die beiden ersten Ziffern von links in $S_n S_{n-1}\ldots S_0$, die von Null verschieden sind, unterschiedliches Vorzeichen haben.*

*Ist die Summe von der Gestalt*

$$S_n S_{n-1}\ldots S_0 = S_n \underbrace{0 \ldots\ldots 0}_{k \geq 0} S_{n-k-1} S_{n-k-2}\cdots S_0 \,,$$

*wobei* $S_n, S_{n-k-1} \neq 0;\;\; sign(S_n) \neq sign(S_{n-k-1})$ ,

*dann läßt sich diese Überlaufsituation korrigieren zu*

$$0 S'_{n-1}\cdots S'_0$$

*mit*

$$S'_i := \begin{cases} d-1 & i = n-1,\ldots,n-k \\ d+S_i & i = n-k-1 \\ S_i & i = n-k-2,\ldots,0 \end{cases} \quad \textit{falls } S_n=1, S_{n-k-1}<0$$

$$bzw. \quad S_i' := \begin{cases} \overline{d-1} & i = n-1,\ldots,n-k \\ \overline{d}+S_i & i = n-k-1 \\ S_i & i = n-k-2,\ldots,0 \end{cases} \quad falls\ S_n=\overline{1}, S_{n-k-1}>0 \ .$$

**Beweis.** Durch Übergang zu einer redundanten Darstellung für den im d-Komplement dargestellten Summanden aufgrund von

$$w_d(u_{n-1}u_{n-1}u_{n-2}\cdots u_0) = w_{red}(-sign(u_{n-1})\ u_{n-1}u_{n-2}\cdots u_0)$$

erhält man folgenden Additionsablauf:

1. $u_{n-1} = 0$

$$\begin{array}{l} 0\ A_{n-1}A_{n-2}\cdots\cdot A_0 \\ \underline{0\ \ 0\ \ u_{n-2}\cdots\cdot u_0} \\ 0\ldots\ldots\ldots\ldots \\ \underline{c_{n-1}\cdots\ldots\ldots\ldots} \\ S_n\ S_{n-1}\cdots\ldots\ldots \end{array}$$

$$S_n = c_{n-1} = \begin{cases} 1 & \leftrightarrow A_{n-1}=d-1 \\ 0 & sonst \end{cases}$$

2. $u_{n-1} = d-1$

$$\begin{array}{l} 0\ A_{n-1}A_{n-2}\cdots\cdot A_0 \\ \underline{\overline{1}\ d-1\ u_{n-2}\cdots\cdot u_0} \\ \overline{1}\ldots\ldots\ldots\ldots \\ \underline{c_{n-1}\cdots\ldots\ldots\ldots} \\ S_n\ S_{n-1}\cdots\ldots\ldots \end{array}$$

$$S_n=c_{n-1}+\overline{1} = \begin{cases} \overline{1} & \leftrightarrow A_{n-1}<0 \\ 0 & sonst \end{cases} .$$

Daraus ergibt sich nun sofort:

$$w_{red}^{(n+1)}(0\ A_{n-1}\cdots\cdot A_0) + w_d^{(n+1)}(u_{n-1}u_{n-1}u_{n-2}\cdots\cdot u_0)$$

$$= w_{red}^{(n+1)}(S_n S_{n-1}\cdots\cdot S_0) = w_{red}^{(n)}\ (S_{n-1}\cdots\ldots S_0)\ mod\ d^n\ .$$

Eine Überlaufsituation wird daher durch $S_n \neq 0$ angezeigt; sie ist genau dann korrigierbar, wenn sich die Zahl mit n Stellen darstellen läßt, d.h. wenn die nächste von Null verschiedene Position in $S_{n-1}\cdots S_0$ ein anderes Vorzeichen als $S_n$ hat.

Eine automatische Korrektur aller Überlaufsituationen geht entweder zu Lasten der Laufzeit oder der Kosten. Man wird sich daher mit einer Korrektur derjenigen Überlaufsituationen begnügen, bei denen die Länge k des auf $S_n$ folgenden Nullblocks einen festen Wert k* nicht überschreitet. Meist beschränkt man sich auf k*=0, d.h. auf den Vergleich der beiden signifikantesten Bits der Zwischensumme $S_n\cdots S_0$ (vgl. dazu [Av2]); damit ist bereits die Mehrzahl der korrigierbaren Überlaufsituationen erfaßt, wie Satz 5.3 zeigt:

Satz 5.3. *(Automatische Überlaufkorrektur für $k^*=0$)*

$$
\begin{array}{l}
0 \quad A_{n-1}A_{n-2}\cdots A_1 A_0 \\
u_{n-1}u_{n-1}u_{n-2}\cdots u_1 u_0 \\
\hline
T_n\, T_{n-1}T_{n-2}\cdots T_1 T_0 \\
c_{n-1}c_{n-2}c_{n-3}\cdots c_0 c_{-1} \\
\hline
S_n\, S_{n-1}S_{n-2}\cdots S_1 S_0 \\
\varepsilon_n\, \varepsilon_{n-1} \\
\hline
S'_n\, S'_{n-1}S'_{n-2}\cdots S'_1 S'_0
\end{array}
$$

$A_i, u_i, T_i, c_i, S_i$ *wie bisher*

$$\varepsilon_n := \begin{cases} 0 & \text{falls } S_n=0 \vee S_{n-1}=0 \\ \overline{S_n} & \text{sonst} \end{cases}$$

$$\varepsilon_{n-1} := -d\cdot\varepsilon_n = \begin{cases} 0 & \text{falls } S_n=0 \vee S_{n-1}=0 \\ d\cdot S_n & \text{sonst} \end{cases}$$

a. *Ein Überlauf ist höchstens dann nicht korrigierbar, wenn $S'_n \neq 0$.*

b. $\quad S'_n \neq 0 \Leftrightarrow A_{n-1}=d-1 \wedge c_{n-2}=1 \wedge u_{n-1}=0 \ \vee\ A_{n-1}=\overline{d-1} \wedge c_{n-2}=0 \wedge u_{n-1}=d-1$ .

*Sind alle Ziffern $A_i$ und $u_i$ gleichwahrscheinlich und unabhängig voneinander, dann gilt:*

$$P(S'_n \neq 0) = \frac{1}{4d-2}$$

*Von den verbleibenden Überlaufsituationen ($S'_n \neq 0$) könnte noch etwa jede zweite korrigiert werden; dies wird durch das angegebene Addierschema nicht berücksichtigt.*

**Beweis.** Wir brauchen nur noch b. zu verifizieren. Durch Fallunterscheidungen ergibt sich:

$$S'_n \neq 0 \Leftrightarrow S_n=1 \wedge S_{n-1} \geq 0 \ \vee\ S_n=\overline{1} \wedge S_{n-1} \leq 0$$

$$\Leftrightarrow A_{n-1}=d-1, c_{n-2}=1, u_{n-1}=0 \ \vee\ A_{n-1}=\overline{d-1}, c_{n-2}=0, u_{n-1}=d-1 .$$

Aus den Voraussetzungen über die Ziffern $A_i$ ergibt sich:

$$P(S'_n \neq 0) = \frac{1}{2d-1}\cdot\frac{1}{2}\cdot P(c_{n-2}=1) + \frac{1}{2d-1}\cdot\frac{1}{2}\cdot P(c_{n-2}=0)$$

$$= \frac{1}{4d-2}\cdot[P(c_{n-2}=1)+P(c_{n-2}=0)] = \frac{1}{4d-2} .$$

**Beispiele.** (d=10, n=5)

[1]
A = 78615 | $08\overline{2}7\overline{9}5$
b = -9842 | $990158$
A+b = ? | $\overline{1}7\overline{2}8\overline{4}3$
| ✱$100010$
68773 | $07\overline{2}8\overline{3}3$

[2]
A = -82273 | $0\overline{9}8\overline{2}8\overline{7}$
b = -8291 | $991709$
A+b = ? | $\overline{1}0\overline{1}586$
| ✱$010010$
| $\overline{1}1\overline{1}576$
| $1\overline{d}$
-90564 | $0\overline{9}1\overline{5}7\overline{6}$

[3]
A = 80658 | $09\overline{9}4\overline{6}2$
b = +1398 | $001398$
A+b = ? | $0\overline{1}8\overline{1}56$
| $100100$
| $1\overline{1}8056$
| $\overline{1}d$
82056 | $09\overline{8}056$

| $\boxed{4}$ A = 78615 | $08\bar{2}7\bar{9}5$ | $\boxed{5}$ A = -95776 | $09\bar{6}3\bar{8}4$ | $\boxed{6}$ A = -88354 | $09\bar{2}3\bar{5}4$ |
|---|---|---|---|---|---|
| b = -9842 | 990158 | b = -7125 | 992875 | b = -3877 | 996123 |
| A-b = ? | $08\bar{2}7\bar{9}5$ | A+b = ? | $\bar{1}04\bar{1}\bar{1}\bar{1}$ | A+b = ? | $\bar{1}08\bar{2}3\bar{1}$ |
| | 009841 | | ✗001010 | | ✗000000 |
| | $0875\bar{5}6$ | -102901 | $\bar{1}0310\bar{1}$ | -92331 | $\bar{1}08\bar{2}3\bar{1}$ |
| | 001001 | | unkorrigier- | | $09\bar{2}23\bar{1}$ ← |
| | $0885\bar{5}7$ | | barer Über- | | nur dann korrigier- |
| | 00 | | lauf | | bar, wenn k*≥1. |
| 88457 | $0885\bar{5}7$ | | | | |

## 5.4.3  Anwendung auf binäre Basis [At2]

Obwohl es keine SDNR-Zahlen zur Basis d=2 gibt, läßt sich die in
5.4.1 behandelte Additionsmethode auch für binäre Zahlen durchführen. Dies ermöglicht eine schnelle Berechnung einer aus zahlreichen binären Summanden bestehenden Summe. Nur die Zeit zur Dekonvertierung des Ergebnisses ist abhängig von der Länge n der Summanden.

Es gilt: $A_i, S_i, S_i' \in \{-1,0,1\}$; $T_i \in \{-1,0\}$; $c_i \in \{0,1\}$ .

Die Ziffern $A_i$, $S_i$, $S_i'$ müssen mit zwei Binärstellen codiert werden,
für die übrigen reicht eine Binärstelle aus. Als Codierung wählen
wir die Darstellung durch Betrag und Vorzeichen (vgl. [At2]).

| $a_{i,1}$ | $a_{i,2}$ | $A_i$ |
|---|---|---|
| 0 | 0 | +0 |
| 0 | 1 | +1 |
| 1 | 0 | -0 |
| 1 | 1 | -1 |

Tabelle 5.1

Codierung von

$A_i = (a_{i,1}, a_{i,2})$

Folgerungen:

1. $A_i = a_{i,2} \cdot (1-2a_{i,1})$, d.h. $a_{i,2} = A_i \bmod 2$.

2. $c_i = 1 \leftrightarrow A_i + b_i \geq 1 \leftrightarrow A_i = 1 \lor A_i = 0 \land b_i = 1$ ,

   d.h. $c_i = \overline{a_{i,1}} \cdot a_{i,2} \lor \overline{a_{i,2}} \cdot b_i$ .

3. $T_i = -1 \leftrightarrow A_i + b_i = 1 \bmod 2 \leftrightarrow a_{i,2} + b_i = 1 \bmod 2$,

   d.h. $T_i = -(a_{i,2} \oplus b_i)$; $|T_i| = a_{i,2} \oplus b_i$ .

Auch die Formeln für die Codierung von $S_i = (s_{i,1}, s_{i,2})$ lassen sich sofort angeben:

4.   $s_{i,2} = 1 \leftrightarrow S_i \neq 0 \leftrightarrow T_i + c_{i-1} = 1 \bmod 2 \leftrightarrow |T_i| \oplus c_{i-1} = 1$ ,

d.h.   $s_{i,2} = |T_i| \oplus c_{i-1} = a_{i,2} \oplus b_i \oplus c_{i-1}$ .

5. Für $s_{i,1}$ hat man wegen der Redundanz der Darstellung mehrere Möglichkeiten, beispielsweise :

$$s_{i,1} = |T_i| \qquad \text{oder} \qquad s_{i,1} = \overline{c_{i-1}} \ .$$

Die Ziffern $S'_n$ und $S'_{n-1}$ können ebenfalls auf verschiedene Weise codiert werden. Die einfachsten Realisierungen bestimmt man leicht aus Tabelle 5.2:

| $s_{n,1}$ | $s_{n,2}$ | $s_{n-1,1}$ | $s_{n-1,2}$ | $s'_{n,1}$ | $s'_{n,2}$ | $s'_{n-1,1}$ | $s'_{n-1,2}$ |
|---|---|---|---|---|---|---|---|
| $\alpha$ | 1 | $\beta$ | 0 | $\alpha$ | 1 | * | 0 |
| $\alpha$ | 1 | $\overline{\alpha}$ | 1 | * | 0 | $\alpha$ | 1 |
| $\alpha$ | 1 | $\alpha$ | 1 | $\alpha$ | 1 | $\alpha$ | 1 |
| $\alpha$ | 0 | $\beta$ | $\gamma$ | * | 0 | $\beta$ | $\gamma$ |

($\alpha, \beta, \gamma \in B$; die Position * kann beliebig mit 0 bzw. 1 besetzt werden)

Tabelle 5.2

Man erhält: $s'_{n,1} = s_{n,1}$ ; $\qquad s'_{n-1,2} = s_{n-1,2}$ ;

$$s'_{n,2} = s_{n,2} \cdot [s_{n-1,2} \vee (\overline{s_{n-1,1} \oplus s_{n,1}})];$$

$$s'_{n-1,1} = s_{n,1} \cdot s_{n,2} \vee \overline{s_{n,2}} \cdot s_{n-1,1} \ .$$

Die Anwendung dieser Formeln zur Berechnung einer aus mehreren Summanden bestehenden Summe zeigt das folgende Beispiel. Man erkennt, daß die gewählte Zahlendarstellung (ein Summand binär codiert, der zweite und das Ergebnis sind SDNR-Zahlen) für solche Aufgaben besonders geeignet ist.

**Beispiel:** (n=7, Vorzeichenverdopplung)

$$
\begin{array}{ll}
\left.
\begin{array}{l}
11001011 \\
\underline{00000000} \\
\overline{1}\overline{1}00\overline{1}0\overline{1}\overline{1} \\
\text{*}10010110 \\
0\overline{1}01\overline{1}10\overline{1}
\end{array}
\right\} 
\begin{array}{l}
\hat{=} - 53 \\ \\
\text{Konver-} \\
\text{tierung}
\end{array}
\\[2em]
\left.
\begin{array}{l}
+ \ \underline{11101100} \\
\overline{1}0\overline{1}\overline{1}000\overline{1} \\
\text{*}01101000 \\
\overline{1}10\overline{1}100\overline{1} \\
0\overline{1}0\overline{1}100\overline{1}
\end{array}
\right\}
\begin{array}{l}
\hat{=} - 20 \\ \\ \\
\text{Korrektur} \\
\hat{=} - 73
\end{array}
\\
\qquad \qquad \qquad = - 53 + (-20)
\end{array}
$$

$$
\begin{array}{l}
0\overline{1}0\overline{1}100\overline{1} \\
+ \ \underline{00111110} \qquad \hat{=} + 62 \\
0\overline{1}\overline{1}00\overline{1}\overline{1}\overline{1} \\
\underline{01011100} \\
00\overline{1}\overline{1}110\overline{1}\overline{1} \qquad \hat{=} -11 = -73+62
\end{array}
$$

$$
\left.
\begin{array}{l}
00011000 \\
[- \ 00100011] \\
+ \ \underline{11011101} \\
11110101
\end{array}
\right\}
\begin{array}{l}
\text{Dekonver-} \\
\text{tierung} \\ \\
\hat{=} - 11
\end{array}
$$

$w_2(11110101) = - 11$

## 5.5 SRT-Division (Sweeney, Robertson [Ro1], Tocher [To1])

### 5.5.1 Motivation

Die SRT-Division berechnet den Quotienten zweier d-närer Zahlen in
Form einer SDNR-Zahl. Sie benutzt dieselbe Rekursionsformel wie die
Restoring-Division (vgl. 4.2.1):

$$\left.\begin{array}{l} X^{(n)} := w(DD,DE) \\ X^{(j)} := d \cdot [X^{(j+1)} - q_j \cdot w(DR)] \quad (j=n-1,\ldots,0) \end{array}\right\} \begin{array}{l} w(DD,DE) \geq 0, \\ w(DR) \geq 0 \,. \end{array}$$

Während bei den bisher besprochenen Methoden nur nichtnegative Quotientenbits zulässig waren, versucht man bei der SRT-Division (Sweeney, Robertson und Tocher) durch Zulassung von negativen Quotientenbits $q_j$ den neuen Partialrest $X^{(j)}$ dem Betrage nach möglichst
klein zu machen. Dadurch erhöht sich die mittlere Anzahl der pro
Divisionszyklus bestimmbaren Quotientenbits und damit die Divisions-
geschwindigkeit. Diese Methode ist besonders vorteilhaft, wenn man
mit der redundanten Darstellung des Quotienten weiterarbeiten kann.
Aber auch dann, wenn der Quotient in d-närer Form benötigt wird
(Dekonvertierung durch Subtraktion zweier d-närer Zahlen, vgl. 5.2),
bringt das Verfahren aufgrund der höheren mittleren Shiftgröße
meist einen Zeitgewinn. Wir beschreiben im folgenden eine SRT-Va-
riante, die von den Originalverfahren ([Ro1],[To1],[Fr1]) geringfügig abweicht, sich aber besser in die von uns gewählte Registerkonfiguration einordnen läßt.

### 5.5.2 Formeln der d-nären SRT-Division

Dividend und Divisor seien in den Registern (DD,DE) bzw. DR gespeichert; zur Darstellung negativer Zahlen verwenden wir das d-Komplement.
Die Operanden werden vor Beginn der Rechnung normalisiert, so daß:

$$0 \leq |w(DD,DE)| < w(DR) \quad \text{sowie} \quad \frac{1}{d} \leq |w(DR)| < 1 \quad (vgl. \ 4.1).$$

### Rekursionsformel der SRT-Division

$$X^{(n)} := w(DD,DE) \ ;$$
$$X^{(j)} := X^{(j)}(q_j) := d \cdot [X^{(j+1)} - q_j \cdot w(DR)] \qquad (j=n-1,\ldots,0) \ ,$$

wobei $q_j$ so gewählt wird, daß gilt:

a. $q_j \in R := \{-r,-r+1,\ldots,-1,0,1,\ldots,r-1\}$ $\quad (\lceil \frac{d}{2} \rceil \leq r \leq d-1)$

b. $|X^{(j)}(q_j)| \leq |X^{(j)}(q_j')|$ für alle $q_j' \in R$ .

Bemerkung. a. Der Bereich R unterscheidet sich geringfügig von dem in Definition 5.2 angegebenen Bereich ($\lceil\frac{d}{2}\rceil \leq r \leq d-1$ anstelle von $\lfloor\frac{d}{2}\rfloor+1 \leq r \leq d-1$); dadurch wird die Anwendung der Formeln bei binärer Basis ermöglicht. Die Vergrößerung des Bereichs R ist zulässig, da sich bei der SRT-Division das Problem der Beschränkung der Übertragslaufzeit (vgl. 5.1) nicht stellt.

b. $q_j$ ist durch die angegebenen Forderungen im allgemeinen noch nicht eindeutig bestimmt.

Ein Quotientenbit $q_j$, das die geforderten Bedingungen erfüllt, kann dadurch bestimmt werden, daß w(DR) zu $X^{(j+1)}$ solange addiert bzw. von $X^{(j+1)}$ subtrahiert wird, bis gilt:

$$|X^{(j+1)} \pm m \cdot w(DR)| \leq \frac{1}{2} \cdot |w(DR)| \ .$$

Nach Ausführung dieser m Operationen ist dann:

$$|X^{(j)}| = d \cdot |X^{(j+1)} \pm m \cdot w(DR)| \leq \frac{d}{2} \cdot |w(DR)|$$

und man erhält ein zulässiges Quotientenbit $q_j$ durch:

$$q_j := \begin{cases} +m & \text{falls} & \text{sign}(X^{(j+1)}) = \text{sign}(w(DR)) \\ -m & \text{falls} & \text{sign}(X^{(j+1)}) \neq \text{sign}(w(DR)). \end{cases}$$

Begründung. w(DR) wird m-mal subtrahiert (d.h. $q_j = +m$), wenn $X^{(j+1)}$ und w(DR) gleiches Vorzeichen haben, im anderen Fall wird w(DR) m-mal addiert ($q_j = -m$).

### 5.5.3  Binäre SRT-Division

Die Formeln zur Bestimmung der Quotientenbits sind im binären Fall besonders einfach (es wird höchstens einmal addiert bzw. subtrahiert). Aus 5.5.2 erhält man für d=2:

$$\text{(SRT 1)} \begin{cases} q_j := \begin{cases} +\text{sign}(w(DR)) & \text{falls} & X^{(j+1)} > \frac{1}{2}|w(DR)| \\ 0 & \text{falls} & -\frac{1}{2}|w(DR)| \leq X^{(j+1)} \leq \frac{1}{2}|w(DR)| \\ -\text{sign}(w(DR)) & \text{falls} & X^{(j+1)} < -\frac{1}{2}|w(DR)|; \end{cases} \\ X^{(j)} := 2 \cdot [X^{(j+1)} - q_j \cdot w(DR)]. \end{cases}$$

Die Bestimmung des Quotientenbits $q_j \in \{-1,0,1\}$ basiert auf dem Vergleich zweier Binärzahlen, ist also relativ aufwendig. Daher wurde von Sweeney, Robertson und Tocher das folgende einfachere Kriterium zur Bestimmung der Quotientenbits vorgeschlagen:

$$(SRT\ 2)\ q_j := \begin{cases} +\text{sign}(w(DR)) & \text{falls } X^{(j+1)} \geq \frac{1}{2} \\ 0 & \text{falls } -\frac{1}{2} \overset{(<)}{\leq} X^{(j+1)} < \frac{1}{2} \\ -\text{sign}(w(DR)) & \text{falls } X^{(j+1)} \overset{(\leq)}{<} -\frac{1}{2} \end{cases}$$

Die geklammerten Zeichen gelten bei Darstellung von $X^{(j+1)}$ im 1-Komplement, die ungeklammerten bei Verwendung des 2-Komplements.

## Zur Zahlendarstellung bei der binären SRT-Division

Die SRT-Division (im folgenden beziehen wir uns immer auf (SRT 2)) ist für alle Zahlendarstellungen von Dividend und Divisor anwendbar. Besonders einfache Kriterien für die Quotientenbits erhält man bei Zahlendarstellung durch das 2- bzw. das 1-Komplement.

Sind $\alpha_{n-1}^{(j+1)}$ und $\alpha_{n-2}^{(j+1)}$ die beiden führenden Bits der Binärdarstellung von $X^{(j+1)}$, dann gilt:

$$(SRT\ 2)\ q_j = \begin{cases} +\text{sign}(w(DR)) & \text{falls } \alpha_{n-1}^{(j+1)}=0 \wedge \alpha_{n-2}^{(j+1)} = 1 \\ 0 & \text{falls } \alpha_{n-1}^{(j+1)}=\alpha_{n-2}^{(j+1)} \\ -\text{sign}(w(DR)) & \text{falls } \alpha_{n-1}^{(j+1)}= 1 \wedge \alpha_{n-2}^{(j+1)} = 0 \ ; \end{cases}$$

d.h. $\qquad q_j = (-\alpha_{n-1}^{(j+1)} + \alpha_{n-2}^{(j+1)}) \cdot \text{sign}(w(DR))$ .

## Gleichzeitige Bestimmung mehrerer Quotientenbits (durch Shifts)

Nach Konstruktion gilt für (SRT 2):

$$q_j = 0 \leftrightarrow \alpha_{n-1}^{(j+1)} = \alpha_{n-2}^{(j+1)}$$

Die binäre Darstellung von $X^{(j+1)}$ sei von folgender Gestalt:

$$X^{(j+1)} \triangleq \begin{cases} 0.0...0\ 1**....... \\ 1.1...1\ 0**....... \end{cases}$$
$$\overset{\vdash k \geq 1 \dashv}{}$$

Bei Anwendung der durch (SRT 2) gegebenen Kriterien kann man in diesem Fall k Quotientenbits gleichzeitig bestimmen:

$$q_j = q_{j-1} = \cdots = q_{j-k+1} = 0$$

(gleichzeitig Linksshift des Partialrests über k Stellen).

Das nächste Quotientenbit $q_{j-k}$ ist von Null verschieden. Man beachte, daß die Quotientenbits bei der SRT-Division nicht davon abhängig sind, ob über einen führenden Null- bzw. einen führenden Einsblock geshiftet wird (im Gegensatz etwa zu 4.2.4). Für (SRT 2) be-

steht die Möglichkeit eines Shifts über einen führenden Null- bzw.
Einsblock im allgemeinen nicht.

## Behandlung des Divisionsrests

Der bei der (SRT)-Division entstehende Divisionsrest $R = x^{(0)}/2$
hat nicht immer dasselbe Vorzeichen wie der Quotient.

Durch Rest- bzw. Quotientenkorrekturen (vgl. 4.2 - 4.4) kann man

$$\text{sign}(R) = \text{sign}(\text{Quotient}) \qquad \text{erzwingen.}$$

Wir verzichten hier darauf, da der Rest vor einer solchen Korrektur im allgemeinen betragskleiner ist als danach.

### 5.5.4 Mikroprogramme und Beispiele

Der Dividend ist im doppeltlangen Register (DD,DE) gespeichert. Die
zweite Hälfte wird zur Aufnahme von Quotientenbits genutzt. Da die
Quotientenbits drei verschiedene Werte annehmen können, müssen wir
für jedes Bit zwei Registerpositionen vorsehen. Wir verwenden daher ein zweites Register DH und speichern in DE die positiven Quotientenbits, in DH die negativen. Die Dekonvertierung erfolgt durch
Subtraktion dieser beiden Register am Ende des Mikroprogramms. Die
Partialreste und der Divisionsrest sind vom Vorzeichen des Divisors unabhängig (vgl. dazu die Formeln in 5.5.3); der Divisionsrest hat daher ein falsches Vorzeichen, wenn der Divisor negativ
ist; er wird gleichzeitig mit der Dekonvertierung des Quotienten
korrigiert.

**Mikroprogramm S1** [Berechnung der Quotientenbits nach (SRT 2)]

$0$ : (DD,DE) := Dividend; DR := Divisor; Z := n; DH := 0;

$1$ : $\underline{\text{if}}$ $DR_{n-1} = DR_{n-2}$ $\underline{\text{then}}$ [SHL(DD,DE);$DE_0$:=0;SHL(DR);$DR_0$:=0;$\underline{\text{goto}}$ 1];

$1*$: $\underline{\text{if}}$ DR = 10...0 $\underline{\text{then}}$ [(DE,DD) := $(\overline{DD,DE})$+ 0....1 ; $\underline{\text{goto}}$ 5];

$2$ : Z := Z-1; q := $-DD_{n-1}$ + $DD_{n-2}$;

$\quad$ $\underline{\text{if}}$ $DD_{n-1} \neq DD_{n-2}$ $\underline{\text{then}}$ [$\underline{\text{if}}$ $DD_{n-1} \neq DR_{n-1}$ $\underline{\text{then}}$ DD := DD+DR

$\quad\quad\quad\quad\quad\quad\quad\quad\quad\quad\quad\quad\quad\quad\quad\quad\quad\quad\quad\quad\quad$ $\underline{\text{else}}$ DD := DD-DR];

$3$ : $(DE_0,DH_0)$ := $\underline{\text{if}}$ q = +1 $\underline{\text{then}}$ $(\overline{DR_{n-1}},DR_{n-1})$

$\quad\quad\quad\quad\quad\quad\quad$ $\underline{\text{else}}$ $\underline{\text{if}}$ q = -1 $\underline{\text{then}}$ $(DR_{n-1},\overline{DR_{n-1}})$ $\underline{\text{else}}$ (0,0);

$\quad$ $\underline{\text{if}}$ Z>0 $\underline{\text{then}}$ [SHL(DD,DE); SHL(DH); $\underline{\text{goto}}$ 2] $\underline{\text{else}}$ [SHL(DE),SHL(DH)];

$4$ : DE := DE-DH; $\underline{\text{if}}$ $DR_{n-1}$=1 $\underline{\text{then}}$ DD := $\overline{DD}$+ 0...01 ;

$5$ : ENDE .

**Bemerkung.** Zur Begründung von Takt 1* vgl. Mikroprogramm D4 (siehe 4.3).

Das folgende Mikroprogramm ist eine Erweiterung von S1 (gleichzeitige Berechnung mehrerer Quotientenbits durch Shift über führende Nullen bzw. Einsen des Partialrests):

**Mikroprogramm S2**  [(SRT 2) mit Shifts über Nullen und Einsen]

0 : (DD,DE) := Dividend; DR := Divisor; Z := n; DH := 0;

1 : $\underline{\text{if}}$ $DR_{n-1}$ = $DR_{n-2}$ $\underline{\text{then}}$ [SHL(DD,DE); $DE_0$:=0;SHL(DR);$DR_0$:=0;$\underline{\text{goto}}$ 1];

1*: $\underline{\text{if}}$ DR = 10...0 $\underline{\text{then}}$ [(DD,DE) := $(\overline{DD,DE})$+ 0....1 ; $\underline{\text{goto}}$ 6];

2 : q := $-DD_{n-1}$ + $DD_{n-2}$;

    $\underline{\text{if}}$ $DD_{n-1}$ ≠ $DD_{n-2}$ $\underline{\text{then}}$ [$\underline{\text{if}}$ $DD_{n-1}$ ≠ $DR_{n-1}$ $\underline{\text{then}}$ DD := DD+DR

                                           $\underline{\text{else}}$ DD := DD-DR];

3 : m := min(k,Z); <hierbei ist k+1 die Länge des führenden Null-

                            bzw. Einsblocks in DD>

4 : $(DE_{m-1},DH_{m-1})$ := $\underline{\text{if}}$ q = +1 $\underline{\text{then}}$ $(\overline{DR_{n-1}},DR_{n-1})$

                $\underline{\text{else}}$ $\underline{\text{if}}$ q = -1 $\underline{\text{then}}$ $(DR_{n-1},\overline{DR_{n-1}})$ $\underline{\text{else}}$ (0,0);

    $(DE_i,DH_i)$ := (0,0)  (i=0,...,m-2);

    SHL(DH) über m Stellen;

    $\underline{\text{if}}$ m≠Z $\underline{\text{then}}$ [Z := Z-m; SHL(DD,DE) über m Stellen; $\underline{\text{goto}}$ 2]

            $\underline{\text{else}}$ [Z := 0; SHL(DD,DE) über m Stellen, dabei letzter

                  Shift nur über DE];

5 : DE := DE-DH; $\underline{\text{if}}$ $DR_{n-1}$=1 $\underline{\text{then}}$ DD := $\overline{DD}$ + 0.....1 ;

6 : ENDE .

**Beispiele zur SRT-Division** (Mikroprogramm S2)

1) (DD,DE) = 00100010010100

    DR   = 1000011

   -DR  = 0111101

  w(DD,DE) = $\dfrac{1098}{2^{12}}$

  w(DR)    = $\dfrac{61}{2^6}$

  $\dfrac{w(DD,DE)}{w(DR)}$ = $-\dfrac{18}{2^6}$ .

| DD | DE | |
|---|---|---|
| 0010001 | 0010100 | q:= 0 |
| 0100010 | 0101000┃0 | q:=+1 |
| 1000011 | ┃0 | |
| 1100101 | | |
| 1001010 | 1010000┃00 DE | q:=-1 |
| 0111101 | ┃01 DH | |
| 0000111 | | |
| 0111101 | 0000100 | q:=+1 |
| 1000011 | ┃01000 | |
| 0000000 | | |
| 0000000 | 0010000 | |
| 1111111 | 0100010 | DE-DH |
| +1 | 1101110 | |
| 0000000 | Quotient | |

             Rest-      $\left[\begin{array}{l} \ \\ \ \end{array}\right.$

            korrektur

2) (DD,DE) = 10010011100110

$DR = 1000111$

$-DR = 0111001$

$w(DD,DE) = -\dfrac{3469}{2^{12}}$

$w(DR) = -\dfrac{57}{2^{6}}$

$\dfrac{w(DD,DE)}{w(DR)} = +\dfrac{61}{2^{6}} - \dfrac{8}{57}\cdot\dfrac{1}{2^{6}}$ .

Restkorrektur, da w(DR)<0

```
DD        DE
1001001  1100110              q:=-1
0111001
-------
0000010
0101100  110|1000 ←DE         q:=+1
1000111      |0000 ←DH
-------
1110011
1001111  0|100000             q:=-1
0111001   |000010
-------
0001000
0001000  1000001  ] DE-DH
1110111  0000100
   +1
-------
1111000  0111101 ← Quotient
 Rest
```

3) (DD,DE) = 11010101000100

$DR = 0100010$

$-DR = 1011110$

$w(DD,DE) = -\dfrac{1374}{2^{12}}$

$w(DR) = \dfrac{34}{2^{6}}$

$\dfrac{w(DD,DE)}{w(DR)} = -\dfrac{40}{2^{6}} - \dfrac{14}{40}\cdot\dfrac{1}{2^{6}}$ .

```
DD        DE
1101010  1000100              q:=0
1010101  000100|0  DE         q:=-1
0100010        |0  DH
-------
1110111
1011100  0100|000             q:=-1
0100010      |010
-------
1111110
1110010  0000000  ] DE-DH
 Rest    0101000
         1011000 ← Quotient
```

4) (DD,DE) = 01000010111010

$DR = 1001110$

$-DR = 0110010$

$w(DD,DE) = \dfrac{2141}{2^{12}}$

$w(DR) = -\dfrac{50}{2^{6}}$

$\dfrac{w(DD,DE)}{w(DR)} = -\dfrac{43}{2^{6}} + \dfrac{9}{50}\cdot\dfrac{1}{2^{6}}$ .

```
DD        DE
0100001  0111010              q:=+1
1001110
-------
1101111
1011110  111010|0  DE         q:=-1
0110010        |1  DH
-------
0010000
0100001  11010|01             q:=+1
1001110       |10
-------
1101111
1011111  1010|010             q:=-1
0110010      |101
-------
0010001
0100011  010|0101             q:=+1
1001110     |1010
-------
1110001
1000101  0|010100             q:=-1
0110010   |101010
-------
1110111  0101001  ] DE-DH
0001000  1010100
   +1    1010101
-------
0001001  Quotient
```

Restkorrektur

# 6. Berechnung von speziellen Funktionen

Die arithmetische Einheit eines Rechners enthält meist nur Operationswerke für die 4 Grundrechenarten. Kompliziertere arithmetische Operationen (z.B. trigonometrische Funktionen, Logarithmen, Wurzeln usw.) werden durch maschinennahe Unterprogramme realisiert; eine Ausnahme bildet z.B. die Berechnung von Quadratwurzeln nach dem in 4.5.5 besprochenen Iterationsverfahren. Es kann sich jedoch auch für andere Funktionen lohnen, eigene Operationswerke zu konstruieren, da man hierdurch Zeit und Speicherplatz spart.

Wir beschreiben in diesem Kapitel Methoden zur Berechnung der Funktionen $\log(1+\frac{y}{x})$, Arc tan $\frac{y}{x}$, $\sqrt{\frac{y}{x}}$ ; ferner behandeln wir trigonometrische und hyperbolische Funktionen sowie die Exponentialfunktion.

## 6.1 Berechnung von Logarithmen

Das im folgenden angegebene Verfahren basiert auf der Methode von Briggs, die erstmals vor etwa 300 Jahren zur Berechnung von Logarithmen zur Basis 10 verwendet wurde:

Methode von Briggs zur Berechnung von $\log(1+\frac{y}{x})$     (x,y>0):

A. Bestimme $q_j \in \mathbb{N}_0$ (j=0,1,2,...) so, daß gilt:

$$x + y = x \cdot \prod_{k=0}^{\infty} (1+d^{-k})^{q_k} \quad .$$

B. Berechne     $\log(1 + \frac{y}{x}) \approx \sum_{k=0}^{n-1} q_k \cdot \log(1+d^{-k}) \quad .$

Der Algorithmus zerfällt also in 2 Teile. Der erste Teil (Berechnung der $q_j$) hat starke Ähnlichkeit mit der Ermittlung der Quotienbits bei einer seriellen Division und wird darum als Pseudodivision bezeichnet. Der zweite Teil, die Berechnung von

$$\sum q_k \cdot \log(1+d^{-k}) \quad ,$$

wird mit Tabellenwerten für $\log(1+d^{-k})$ vorgenommen und ist einer Multiplikation verwandt (Pseudomultiplikation).

6.1.1  Berechnung von $q_j$ aus $q_0, \ldots, q_{j-1}$ (Pseudodivision)

Sei  $\quad Q(j-1) := \prod_{k=0}^{j-1} (1+d^{-k})^{q_k} \quad$ bereits berechnet.

$q_j$ soll nun so bestimmt werden, daß gilt:

$$x + y \approx x \cdot \prod_{k=0}^{j} (1+d^{-k})^{q_k} = x \cdot Q(j-1) \cdot (1+d^{-j})^{q_j} \, ,$$

d.h.  $\quad y - x \cdot [Q(j-1) \cdot (1+d^{-j})^{q_j} - 1] \approx 0 .$

Wie bei der Division (vgl. 4.2, 5.5) gibt es mehrere Möglichkeiten zur Wahl von $q_j$; wir beschränken uns hier auf das Verfahren von Meggitt [Me2], das der Restoring- bzw. Non-Performing-Methode bei der Division entspricht.

Dazu definieren wir:

$$\left. \begin{array}{l} y_a^{(j)} := y - x \cdot [Q(j-1) \cdot (1+d^{-j})^a - 1] \\[2mm] x_a^{(j)} := x \cdot Q(j-1) \cdot (1+d^{-j})^a \end{array} \right\} \quad (a=0,1,2,\ldots.)$$

und setzen:

$$q_j := \max \{a \mid y_a^{(j)} \geq 0\} .$$

$q_j$ ist also der eindeutig bestimmte Maximalwert a, für den der Partialrest $y_a^{(j)}$ sein Vorzeichen beibehält.

Bemerkung.  In [Sa2] werden auch negative "Quotientenbits" $q_j$ zugelassen; bei dieser Methode, die der SRT-Division verwandt ist, wird der Partialrest im allgemeinen betragskleiner als bei Meggitt.

Aus der Definition von $y_a^{(j)}$ und $x_a^{(j)}$ ergibt sich unmittelbar:

Lemma 6.1.  $\quad y_{q_j}^{(j)} = y_0^{(j+1)} \quad ; \qquad x_{q_j}^{(j)} = x_0^{(j+1)} \, ;$

$\qquad\qquad y_{a+1}^{(j)} = y_a^{(j)} - x_a^{(j)} \cdot d^{-j} \; ; \qquad x_{a+1}^{(j)} = x_a^{(j)} + x_a^{(j)} \cdot d^{-j} .$

Beweis.  Nach Definition wird:

$$Y_{a+1}^{(j)} = y - x[Q(j-1) \cdot (1+d^{-j})^{a+1} - 1]$$

$$= y - x[Q(j-1) \cdot (1+d^{-j})^a - 1] - x \cdot Q(j-1) \cdot (1+d^{-j})^a \cdot d^{-j}$$

$$= y_a^{(j)} - x_a^{(j)} \cdot d^{-j} \quad .$$

Die anderen Aussagen beweist man entsprechend.

Zur Bestimmung des Quotientenbits $q_j$ berechnet man also

$$x_0^{(j)}, \ y_0^{(j)}, \ x_1^{(j)}, \ y_1^{(j)}, \dots \dots$$

bis $y_i^{(j)}$ negativ wird. $q_j$ ist eindeutig bestimmt durch:

$$y_{q_j}^{(j)} \geq 0 > y_{q_j+1}^{(j)} \quad .$$

## Einschränkungen der Argumente y und x

Wie bereits erwähnt, beschränken wir uns auf positive Argumente.
Für den zweiten Teil des Algorithmus ist es zweckmäßig, daß die
Quotientenbits zur Basis d dargestellt werden können, d.h. daß
$q_j < d$ gilt. Dies führt zu folgender Bedingung:

$$q_0 < d \leftrightarrow y_d^{(0)} < 0 \leftrightarrow y - x \cdot [1 \cdot (1+d^{-0})^d - 1] < 0 \leftrightarrow \frac{y}{x} < 2^d - 1 \quad .$$

Man überlegt sich leicht, daß diese Bedingung auch hinreichend dafür ist, daß $q_j < d$ für alle $j \geq 0$ gilt.

## 6.1.2 Mikroprogramm für die Pseudodivision

Setzen wir

$$z_a^{(j)} := d^j \cdot y_a^{(j)} \quad ,$$

dann ergeben sich folgende Rekursionsformeln (vgl. 6.1.1):

$$\left. \begin{array}{l} z_{a+1}^{(j)} = z_a^{(j)} - x_a^{(j)} \\[2mm] x_{a+1}^{(j)} = x_a^{(j)} + x_a^{(j)} \cdot d^{-j} \end{array} \right\} \qquad a = 0, 1, 2, \dots, q_j - 1$$

mit den Anfangsbedingungen:

$$z_0^{(0)} = y_0^{(0)} = y \ ; \quad x_0^{(0)} = x \ ;$$
$$z_0^{(j+1)} = d^{j+1} \cdot y_0^{(j+1)} = d^{j+1} \cdot y_{q_j}^{(j)} = d \cdot z_{q_j}^{(j)} \ ;$$
$$x_0^{(j+1)} = x_{q_j}^{(j)} \quad .$$

$z_a^{(j)}$ kann als "Partialrest", $x_a^{(j)}$ als "Divisor" interpretiert werden. Die Rekursionsformeln bzw. Anfangsbedingungen unterscheiden
sich von den entsprechenden Formeln der Division nur dadurch, daß
sich der Divisor in jedem Schritt ändert $(x_{a+1}^{(j)} \neq x_a^{(j)})$.
Das folgende Mikroprogramm für die Pseudodivision ergibt sich durch
Verallgemeinerung des entsprechenden Programms für die Non-Perfor-
ming-Division (vgl. 4.2.2, Mikroprogramm D2).

Mikroprogramm P1    (Pseudodivision)

0 : (DD,DE) := y; DR := x; Z := 0; q := 0;
1 : if DD ≥ DR
    then [DD := DD-DR; DR := DR+DR·$d^{-Z}$; q := q+1; goto 1]
    else [$DE_0$ := q; SHL(DD,DE); if Z<n-1 then (q:=0; Z:=Z+1; goto 1)];
2 : ENDE .

Bemerkung. Der Linksshift in Takt 1 resultiert aus der Beziehung

$$z_0^{(j+1)} = d \cdot z_{q_j}^{(j)} \quad ,$$

d.h. der erste Partialrest zur Bestimmung von $q_{j+1}$ ergibt sich
durch einen Linksshift (Multiplikation mit d) aus dem letzten bei
der Berechnung von $q_j$ auftretenden Partialrest.

6.1.3  Berechnung von $\sum_{k=0}^{n-1} q_k \cdot \log(1+d^{-k})$    (Pseudomultiplikation)

Wie bei der Multiplikation ist hier eine Addition von n Summanden
durchzuführen; wir können dafür den Algorithmus für die serielle
Multiplikation (Mikroprogramm M1, vgl. 3.2.1) verwenden, wobei die
Tabellenwerte für $\log(1+d^{-k})$ die Rolle des Multiplikanden übernehmen und die Bits $q_j$ als Multiplikatorbits fungieren. Zu beachten
ist hierbei, daß sich der "Multiplikand" (im Gegensatz zur seriellen Multiplikation) nach jedem Multiplikationszyklus ändert.

Mikroprogramm P2    (Pseudomultiplikation)

0 : Z := n-1; MP := 0; MQ = [$MQ_{n-1}$,...,$MQ_0$] = [$q_0$,...,$q_{n-1}$];
1 : MD := $d^Z \cdot \log(1+d^{-Z})$;    <Tabellenwert>
2 : MP := MP + MD·$MQ_0$ ;
3 : if Z>0 then [Z := Z-1; SHR(MP,MQ); goto 1];
4 : ENDE .

Bemerkung. Die Multiplikation mit $d^Z$ in Takt 1 ist notwendig, da
anschließend noch Z Rechtsshifts (Takt 3) des "Partialprodukts" MP
durchgeführt werden.

Die Register MP und MD müssen nach links um 2 Vorzeichenstellen auf
insgesamt n+2 Stellen verlängert werden (vgl. Meggitt [Me2]). Der
Wert von $\log(1+d^{-Z})$ braucht nur auf Z Stellen hinter dem Komma angegeben zu werden. Für große Z gilt mit hinreichender Genauigkeit

$$\log(1+d^{-Z}) = d^{-Z}, \quad \text{d.h.} \quad d^Z \cdot \log(1+d^{-Z}) = 1 .$$

Durch Ausnutzen dieser Beziehung kann man die Zahl der zu speichern-
den Tabellenwerte reduzieren.

## 6.2 Berechnung von Arc tan$(\frac{y}{x})$

Zur Bestimmung von Arc tan$(\frac{y}{x})$ (x,y>0) kann eine Variante der Methode zur Logarithmenberechnung benutzt werden.

**Lemma 6.2.** *Sind* $q_j \in \mathbf{Z}$ *so gewählt, daß*

$$(x+iy) \cdot \prod_{k=0}^{\infty} (1-i\cdot d^{-k})^{q_k} = u \qquad (u \in \mathbf{R} \quad, \ i := \sqrt{-1} \ ) ,$$

*dann gilt:*

$$Arc \ tan \ (\frac{y}{x}) = Im[log(x+iy)] = \sum_{k=0}^{\infty} q_k \cdot Arc \ tan(d^{-k}) .$$

Die Berechnung von Arc tan $(\frac{y}{x})$ kann auf der Basis dieses Lemmas
wie in 6.1 durch eine Pseudodivision (Bestimmung geeigneter $q_k$) und
eine anschließende Pseudomultiplikation [mit Tabellenwerten für
Arc tan$(d^{-k})$] erfolgen.

**Beweis.** Sei $(x+iy) \cdot \prod_{k=0}^{\infty} (1-i\cdot d^{-k})^{q_k} = u$. Dann gilt:

$$log(x+iy) = log \ u - \sum_{k=0}^{\infty} q_k \cdot log(1-i\cdot d^{-k}) .$$

Durch Übergang zu Polarkoordinaten erhält man:

$$x + iy = r\cdot e^{i\cdot\varphi} , \ \text{d.h.} \ \ log(x+iy) = log \ r + i\cdot\varphi ,$$

wobei $\quad \tan \varphi = \frac{y}{x}$, d.h. $\varphi = $ Arc tan$(\frac{y}{x})$

$$\Rightarrow Im[log(x+iy)] = \varphi = Arc \ tan(\frac{y}{x}) .$$

Andererseits wird:

$$Im[log \ u - \sum_{k=0}^{\infty} q_k \cdot log(1-i\cdot d^{-k})] = -\sum_{k=0}^{\infty} q_k \cdot Im[log(1-i\cdot d^{-k})]$$

$$= -\sum_{k=0}^{\infty} q_k \cdot Arc \ tan(\frac{-d^{-k}}{1}) = \sum_{k=0}^{\infty} q_k \cdot Arc \ tan(d^{-k}) .$$

Nehmen wir an, daß $q_0,\ldots,q_{j-1}$ bereits berechnet sind, dann kann
das nächste Quotientenbit $q_j$ in folgender Weise bestimmt werden:

Setze $\quad x_a^{(j)} + i\cdot y_a^{(j)} := (x+iy)\cdot R(j-1)\cdot(1-i\cdot d^{-j})^a$ ,

wobei $\quad R(j-1) := \prod_{k=0}^{j-1} (1-i\cdot d^{-k})^{q_k}$

sowie $\quad q_j := \max \ \{a \,|\, y_a^{(j)} \geq 0\}$.

Eine leichte Rechnung zeigt, daß gilt:

$$y_{a+1}^{(j)} = y_a^{(j)} - x_a^{(j)} \cdot d^{-j} \quad ; \quad y_0^{(j+1)} = y_{q_j}^{(j)} \quad ; \quad y_0^{(0)} = y \quad ;$$

$$x_{a+1}^{(j)} = x_a^{(j)} + y_a^{(j)} \cdot d^{-j} \quad ; \quad x_0^{(j+1)} = x_{q_j}^{(j)} \quad ; \quad x_0^{(0)} = x \quad .$$

Mit $\quad z_a^{(j)} := d^j \cdot y_a^{(j)} \quad$ ergibt sich hieraus:

$$z_{a+1}^{(j)} = z_a^{(j)} - x_a^{(j)} \quad ;$$

$$x_{a+1}^{(j)} = x_a^{(j)} + z_a^{(j)} \cdot d^{-2j} \quad .$$

Von den entsprechenden Formeln aus 6.1.2 unterscheiden sich die
Rekursionsformeln und die Anfangsbedinungen nur geringfügig. Das
Mikroprogramm P1 kann leicht dahingehend erweitert werden, daß es
auch zur Berechnung von Arcus-Tangens-Werten benutzt werden kann.
Auch der zweite Abschnitt des Verfahrens (Pseudomultiplikation)
kann genauso durchgeführt werden wie in 6.1.3 beschrieben.

## 6.3 <u>Berechnung von</u> $\sqrt{\dfrac{y}{x}}$ (x,y>0)

Das hier besprochene Radizierungsverfahren unterscheidet sich in
wesentlichen Teilen von der in 4.5.5 besprochenen Methode zur Berechnung von Quadratwurzeln. Wir zerlegen den Algorithmus wieder
in 2 Teile:

A. Bestimmung von $q_j$ so, daß gilt:

$$\sqrt{\frac{y}{x}} = \sum_{k=0}^{\infty} q_k \cdot d^{-k} \qquad \text{(Pseudodivision)} \quad .$$

B. Berechnung von $\quad \displaystyle\sum_{k=0}^{n-1} q_k \cdot d^{-k} \qquad$ (Pseudomultiplikation) .

Unter der Voraussetzung, daß $q_0, \ldots, q_{j-1}$ bereits bekannt sind, läßt
sich $q_j$ in folgender Weise ermitteln:

Wir setzen:

$$y_a^{(j)} := y - x \cdot [S(j-1) + a \cdot d^{-j}]^2$$
$$x_a^{(j)} := 2x \cdot [S(j-1) + a \cdot d^{-j}] + x \cdot d^{-j}$$
$$z_a^{(j)} := d^j \cdot y_a^{(j)} \quad ,$$

wobei $\quad S(j-1) := \displaystyle\sum_{k=0}^{j-1} q_k \cdot d^{-k}$

und wählen $q_j$ so, daß gilt:

$$q_j := \max \{a \,|\, y_a^{(j)} \geq 0\} \; .$$

Dadurch wird der neue Partialrest möglichst klein (unter Beibehaltung des Vorzeichens).

Eine leichte Rechnung zeigt, daß folgende Rekursionsformeln und Anfangsbedingungen gelten:

$$
\begin{array}{l|l|l}
z_{a+1}^{(j)} = z_a^{(j)} - x_a^{(j)} & z_0^{(j+1)} = d \cdot z_{q_j}^{(j)} & z_0^{(0)} = y \\[2mm]
x_{a+1}^{(j)} = x_a^{(j)} + 2x \cdot d^{-j} & x_0^{(j+1)} = x_{q_j}^{(j)} - x \cdot d^{-j} + x \cdot d^{-j-1} & x_0^{(0)} = x. \\[2mm]
& \quad\quad\;\; = x_{q_j}^{(j)} - (d-1) d^{-j-1} \cdot x &
\end{array}
$$

Im Gegensatz zu den in 6.1 und 6.2 besprochenen Verfahren ist also hier noch eine zusätzliche Korrektur des "Divisors" zu Beginn der Berechnung von $q_{j+1}$ durch Subtraktion von $(d-1) \cdot d^{-j-1} \cdot x$ notwendig. Diese Operation läßt sich im binären Fall besonders schnell durchführen. Die restlichen Schritte des Algorithmus entsprechen denen der früher besprochenen Verfahren.


6.4 __Umkehrfunktionen__

Durch Umkehrung der in 6.1 - 6.3 behandelten Algorithmen lassen sich weitere spezielle Funktionen behandeln:

6.4.1 __Berechnung von tan(p)__     $[0 \leq p \leq \frac{\pi}{2}]$

Das Verfahren besteht aus 3 Teilen:

A. Bestimmung von $q_j \in \mathbb{N}_0$ mit

$$p = \sum_{k=0}^{\infty} q_k \cdot \text{Arc tan}(d^{-k}) \approx \sum_{k=0}^{n-1} q_k \cdot \text{Arc tan}(d^{-k})$$

durch eine Pseudodivision.

B. Ermittlung von x und y mit

$$x + iy = u \cdot \prod_{k=0}^{n-1} (1 + i \cdot d^{-k})^{q_k} \qquad (u \in \mathbb{R})$$

durch eine Pseudomultiplikation.

C. Berechnung von $\tan(p) \approx \frac{y}{x}$ aufgrund von:

$$
\begin{aligned}
\text{Arc tan}\left(\frac{y}{x}\right) &= \text{Im}[\log(x+iy)] = \sum_{k=0}^{\infty} q_k \cdot \text{Im}\left[\log(1+i \cdot d^{-k})\right] \\
&\approx \sum_{k=0}^{n-1} q_k \cdot \text{Arc tan}(d^{-k}) = p \; ; \qquad \text{d.h.} \; \tan(p) \approx \frac{y}{x} \; .
\end{aligned}
$$

Der Zeitbedarf für tan(p) ist also höher als für die Arcus-Tangens-Funktion, da eine zusätzliche Division erforderlich ist; umgekehrt kann bei der Berechnung von Arc tan$(\frac{y}{x})$ die Division der Argumente zu Beginn des Verfahrens entfallen.

<u>Zu A:</u> Wir setzen

$$y_a^{(j)} := p - \sum_{k=0}^{j-1} q_k \cdot \text{Arc tan}(d^{-k}) - a \cdot \text{Arc tan}(d^{-j})$$

und wählen $q_j$ in Analogie zu den früheren Verfahren so, daß gilt:

$$q_j = \max \{a \,|\, y_a^{(j)} \geq 0\} \quad;$$

<u>zu B:</u> Wir beginnen die "Multiplikation" wie üblich mit der am wenigsten signifikanten Position $q_{n-1}$ des "Multiplikators".

$$x_a^{(j)} + i \cdot y_a^{(j)} := u \cdot \prod_{k=j+1}^{n-1} (1+i \cdot d^{-k})^{q_k} \cdot (1+i \cdot d^{-j})^a \quad;$$

$$z_a^{(j)} := d^j \cdot y_a^{(j)} \qquad (u>0 \text{ beliebig}).$$

Eine leichte Rechnung zeigt, daß folgende Rekursionsbeziehungen gelten:

$$z_{a+1}^{(j)} = z_a^{(j)} + x_a^{(j)} \quad ; \quad z_0^{(j-1)} = d^{-1} \cdot z_{q_j}^{(j)} ; \quad z_0^{(n-1)} = 0;$$

$$x_{a+1}^{(j)} = x_a^{(j)} - d^{-2j} \cdot z_a^{(j)} \quad ; \quad x_0^{(j-1)} = x_{q_j}^{(j)} \quad ; \quad x_0^{(n-1)} = u.$$

Gegenüber den Formeln aus 6.2 werden die Additionen durch Subtraktionen und der Rechtsshift (Multiplikation des Partialrests $z_{q_j}^{(j)}$ mit d) durch einen Linksshift (Division durch d) ersetzt. Aus der Pseudodivision von 6.2 wird daher eine Pseudomultiplikation.

### 6.4.2 <u>Berechnung von $x \cdot e^p$ bzw. $x \cdot (e^p-1)$ [x,p > 0]</u>

A. Bestimmung von $q_j \in \mathbb{N}_0$ so, daß

$$p = \sum_{k=0}^{\infty} q_k \cdot \log(1+d^{-k}) \approx \sum_{k=0}^{n-1} q_k \cdot \log(1+d^{-k})$$

unter Verwendung von Tabellenwerten für $\log(1+d^{-k})$.

B. Berechnung von

$$x \cdot (e^p-1) \approx x \cdot [\prod_{k=0}^{n-1} (1+d^{-k})^{q_k} - 1]$$

bzw. $\quad x \cdot e^p \approx x \cdot \prod_{k=0}^{n-1} (1+d^{-k})^{q_k} \quad.$

Setzt man

$$\beta := \begin{cases} 0 & \text{Berechnung von } x \cdot e^p \\ 1 & \text{Berechnung von } x \cdot (e^p - 1) \end{cases},$$

sowie

$$y_a^{(j)} := x \cdot [\prod_{k=j+1}^{n-1} (1+d^{-k})^{q_k} \cdot (1+d^{-j})^a - \beta]$$

$$x_a^{(j)} := x \cdot [\prod_{k=j+1}^{n-1} (1+d^{-k})^{q_k} \cdot (1+d^{-j})^a]$$

$$z_a^{(j)} := d^j \cdot y_a^{(j)} \quad,$$

dann erhält man folgende Rekursionsformeln und Anfangsbedingungen:

$$z_{a+1}^{(j)} = z_a^{(j)} + x_a^{(j)} \quad ; \quad z_0^{(j-1)} = d^{-1} \cdot z_{q_j}^{(j)} \quad ; \quad z_0^{(n-1)} = x \cdot (1-\beta)$$

$$x_{a+1}^{(j)} = x_a^{(j)} + d^{-j} \cdot x_a^{(j)} \quad ; \quad x_0^{(j-1)} = x_{q_j}^{(j)} \quad ; \quad x_0^{(n-1)} = x \quad.$$

Ein Vergleich mit den entsprechenden Formeln aus 6.4.1 zeigt, daß auch die Berechnung von $x \cdot e^p$ bzw. von $x \cdot (e^p - 1)$ durch eine Pseudo-division und eine anschließende Pseudomultiplikation durchgeführt werden kann.

## 6.5 Das CORDIC-Verfahren zur Berechnung von arithmetischen Funktionen

### 6.5.1 Allgemeine Beschreibung der Methode

Volder [Vo1] hat ein Verfahren vorgeschlagen, das Werte von tri-gonometrischen Funktionen durch eine Folge von Koordinatentrans-formationen berechnet. Durch Walther [Wa2] wurde diese Methode auf eine umfassendere Funktionsklasse erweitert.

Die Idee bei diesem Verfahren ist, einen Punkt $(x_0, y_0, z_0)$ des drei-dimensionalen Raums nach einer von der zu berechnenden Funktion ab-hängigen Transformationsvorschrift T solange zu transformieren, bis

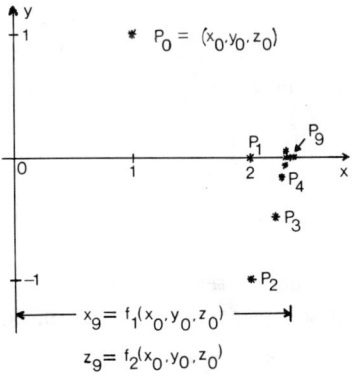

Figur 6.1 (CORDIC-Transformation $T_y$)

eines der Argumente des Punktes im Rahmen der Rechengenauigkeit zu
Null geworden ist (vgl. Figur 6.1; die dritte Komponente wurde der
Übersichtlichkeit halber dort nicht eingetragen). An den anderen
beiden Argumenten lassen sich dann Funktionswerte ablesen, die von
der gewählten Transformationsvorschrift abhängen.

Das CORDIC-Verfahren (Coordinate Rotating Digital Computer) verwendet zwei unterschiedliche Transformationsvorschriften $T_y$ bzw. $T_z$,
durch die das zweite bzw. das dritte Argument des Punktes in n bzw.
in m Schritten zu Null gemacht wird; wir werden sehen, daß sich
auf diese Weise unter anderem Werte von trigonometrischen und hy-
perbolischen Funktionen sowie Quadratwurzeln berechnen lassen. Die
Iterationen und die sich ergebenden Funktionswerte lassen sich wie
folgt beschreiben:

Verfahren $T_y$ $(y_n \to 0)$:
$$(x_0,y_0,z_0) \xrightarrow{T_y} (x_1,y_1,z_1) \xrightarrow{T_y} \ldots \xrightarrow{T_y} (x_{n-1},y_{n-1},z_{n-1}) \xrightarrow{T_y} (x_n,0,z_n)$$
$$\Rightarrow x_n = f_1(x_0,y_0,z_0) \; ; \qquad z_n = f_2(x_0,y_0,z_0) \; .$$

Verfahren $T_z$ $(z_m \to 0)$:
$$(x_0,y_0,z_0) \xrightarrow{T_z} (x_1',y_1',z_1') \xrightarrow{T_z} \ldots \xrightarrow{T_z} (x_m',y_m',0) \; ;$$
$$\Rightarrow x_m' = f_3(x_0,y_0,z_0) \; ; \qquad y_m' = f_4(x_0,y_0,z_0) \; .$$

Die Funktionen $f_1,\ldots,f_4$ sind abhängig von den Transformationsvorschriften $T_y$ bzw. $T_z$.

### 6.5.2 Berechnung trigonometrischer Funktionen

Die Transformationsvorschrift (definiert für $i \geq 0$) lautet:

$$\left\{ \begin{array}{l} x_{i+1} := x_i + y_i \cdot \delta_i \\ y_{i+1} := y_i - x_i \cdot \delta_i \\ z_{i+1} := z_i + \alpha_i \end{array} \right\}$$

wobei $\delta_i \in \mathbb{R}$, $\alpha_i := \mathrm{Arc}\,\tan(\delta_i)$

[$\delta_i$ bzw. $\alpha_i$ werden so gewählt,
daß das Argument $y_n$ bzw. $z_n$
gegen Null strebt].

Es handelt sich bei den angegebenen Iterationsvorschriften um ein
System von Differenzengleichungen mit der Lösung:

$$\left\{ \begin{array}{l} x_{n+1} = K \cdot [x_0 \cdot \cos \alpha + y \cdot \sin \alpha] \\ y_{n+1} = K \cdot [y_0 \cdot \cos \alpha - x \cdot \sin \alpha] \\ z_{n+1} = z_0 + \alpha \end{array} \right\}$$

wobei $\alpha := \sum_{i=0}^{n} \alpha_i$ ;

$K := \prod_{i=0}^{n} \sqrt{1+\delta_i^2}$ .

Durch geeignete Wahl von $\delta_i$ bzw. von $\alpha_i$ (beide Größen sind wegen $\alpha_i$ = Arc tan($\delta_i$) voneinander abhängig) kann man erreichen, daß eines der Argumente $y_n$ bzw. $z_n$ gegen Null konvergiert (für $n \to \infty$).

Um das Verfahren praktisch anwenden zu können, müssen die Iterationen schnell durchführbar sein; dies betrifft vor allem die Multiplikationen mit $\delta_i$ zur Berechnung von $x_{i+1}$ bzw. $y_{i+1}$ aus $x_i$ und $y_i$. Daher kommen nur Werte der Form

$$\delta_i = \pm\, d^{-F_i} \qquad (F_i \in \mathbf{Z};\ d = \text{Basis der Zahlendarstellung})$$

in Frage. Die Berechnung von $x_{i+1}$ bzw. $y_{i+1}$ erfordert in diesem Fall nur einen Shift über $F_i$ Stellen und eine Addition. Die benötigten Werte $\alpha_i$ = Arc tan($\delta_i$) werden in einer kleinen Tabelle gespeichert.

Das Vorzeichen von $\delta_i$ (bzw. von $\alpha_i$) wird in Abhängigkeit vom Vorzeichen von $x_i$ und $y_i$ (bzw. von $z_i$) gewählt und zwar so, daß die Veränderung von $y_{i+1}$ (bzw. $z_{i+1}$) in Richtung auf die (x,z)- bzw. auf die (x,y)-Ebene hin erfolgt.

Für d=2 erhält man die folgenden beiden Iterationsverfahren:

| Verfahren $T_y$ $(y_n \to 0)$ | Verfahren $T_z$ $(z_n \to 0)$ |
|---|---|
| $\delta_i := \begin{cases} +2^{-i} & \text{falls } \mathrm{sign}(x_i)=\mathrm{sign}(y_i) \\ -2^{-i} & \text{falls } \mathrm{sign}(x_i)\neq\mathrm{sign}(y_i) \end{cases}$ | $\alpha_i := \begin{cases} -\text{Arc tan}(2^{-i}) & \text{falls } z_i \geq 0 \\ +\text{Arc tan}(2^{-i}) & \text{falls } z_i < 0 \end{cases}$ |
| $\alpha_i := \text{Arc tan}(\delta_i)$ . | $\delta_i := \tan(\alpha_i)$ |

Der folgende Satz zeigt, daß die Folge der $y_i$ (bzw. die Folge der $z_i$) gegen Null strebt, wenn die Ausgangsargumente $x_0$ und $y_0$ (bzw. $x_0$ und $z_0$) gewisse Bedingungen erfüllen.

<u>Satz 6.3.</u> *Sei*

$$\lambda_i = \begin{cases} Arc\ tan(y_i/x_i) & falls\ x \geq 0 \\ \pi + Arc\ tan(y_i/x_i) & falls\ x < 0,\ y \geq 0 \\ -\pi + Arc\ tan(y_i/x_i) & falls\ x < 0,\ y < 0 \end{cases}$$

*d.h.* $\quad -\pi < \lambda_i \leq +\pi$ ; *dann gilt:*

a. $\quad \lambda_{i+1} = \lambda_i - \alpha_i$ ; $\ |\lambda_{i+1}| = ||\lambda_i| - |\alpha_i||$ ; $\ |\lambda_0| \leq \sum_{j=0}^{n-1} |\alpha_j| + |\lambda_n|$

$\quad z_{i+1} = z_i + \alpha_i$ ; $\ |z_{i+1}| = ||z_i| - |\alpha_i||$ ; $\ |z_0| \leq \sum_{j=0}^{n-1} |\alpha_j| + |z_n|$

b. *Ist* $|\alpha_i| \leq \sum\limits_{j=i+1}^{n-1} |\alpha_j| + |\alpha_{n-1}|$ , *dann erhält man die folgenden*

*notwendigen und hinreichenden Konvergenzbedingungen:*

$$|\lambda_n| \leq |\alpha_{n-1}| \quad \Leftrightarrow \quad |\lambda_0| \leq \sum\limits_{j=0}^{n-1} |\alpha_j| + |\alpha_{n-1}|$$

$$|z_n| \leq |\alpha_{n-1}| \quad \Leftrightarrow \quad |z_0| \leq \sum\limits_{j=0}^{n-1} |\alpha_j| + |\alpha_{n-1}|$$

c. *Die Bedingung*

$$|\alpha_i| \leq \sum\limits_{j=i+1}^{n-1} |\alpha_j| + |\alpha_{n-1}|$$

*ist im binären Fall* $[|\alpha_i| = Arc\ tan(2^{-i})]$ *erfüllt. Man erhält für*
$d = 2$:

$$|\lambda_n| \leq |\alpha_{n-1}| \quad \Leftrightarrow \quad |\lambda_0| \leq \sum\limits_{j=0}^{n-1} |\alpha_j| + |\alpha_{n-1}| \approx 1.74$$

$$\text{\textit{(für große n)}}.$$

*Für Basis* $d > 2$ $[|\alpha_i| = Arc\ tan(d^{-i})]$ *gilt diese Beziehung nicht.*

*Das CORDIC-Verfahren ist also für nichtbinäre Basis höchstens mit Einschränkungen an Konvergenzbereich und -geschwindigkeit verwendbar.*

**Beweis.** Die Aussagen a. lassen sich leicht nachweisen (man beachte, daß $\lambda_i$, $z_i$ und $\alpha_i$ auch negative Werte annehmen können und daß die Veränderung der Werte $y_i$ bzw. $z_i$ in Richtung auf die $(x,z)$- bzw. $(x,y)$-Ebene erfolgt).

Die Richtung "$\Rightarrow$" von b. ergibt sich sofort aus Aussage a.
Zum Beweis der Umkehrung zeigen wir durch vollständige Induktion, daß gilt:

$$|\lambda_i| \leq \sum\limits_{j=i}^{n-1} |\alpha_j| + |\alpha_{n-1}| \quad (i=0,1,\ldots.) .$$

Der Induktionsanfang ($i=0$) ist gerade vorausgesetzt worden.

Gelte $|\lambda_i| \leq \sum\limits_{j=i}^{n-1} |\alpha_j| + |\alpha_{n-1}|$. Dann wird

$$|\lambda_i| - |\alpha_i| \leq \sum\limits_{j=i+1}^{n-1} |\alpha_j| + |\alpha_{n-1}| .$$

Andererseits erhalten wir aufgrund der zu Beginn von Aussage b. vorausgesetzten Ungleichung:

$$-[|\lambda_i| - |\alpha_i|] \leq |\alpha_i| \leq \sum\limits_{j=i+1}^{n-1} |\alpha_j| + |\alpha_{n-1}| .$$

Zusammen ergibt sich daher:

$$|\lambda_{i+1}| = ||\lambda_i| - |\alpha_i|| \le \sum_{j=i+1}^{n-1} |\alpha_j| + |\alpha_{n-1}| \ .$$

Die Behauptung

$$|\lambda_i| \le \sum_{j=i}^{n-1} |\alpha_j| + |\alpha_{n-1}| \qquad (i=0,1,\ldots)$$

ist damit bewiesen.

Im Spezialfall i=n ergibt sich $|\lambda_n| \le |\alpha_{n-1}|$ und das war zu zeigen. Für $z_n$ verläuft der Beweis genauso (ersetze überall $\lambda$ durch z).

Abgesehen von Rundungsfehlern erhalten wir:

$$|\lambda_n| \quad (\text{bzw. } |z_n|) \le \text{arc tan}(2^{-n+1}) < 2^{-n+1} \xrightarrow[n\to\infty]{} 0 \ , \text{ sofern}$$

die Startwerte $\lambda_0$ bzw. $z_0$ im vorgeschriebenen Bereich liegen.

Bei Zahlen der Länge n genügt es also, n+1 Iterationen durchzuführen. Den Einfluß der Rundungsfehler eliminiert man, wenn man die interne Registerlänge auf $n + \lceil \log_2(n+1) \rceil$ erhöht, da durch Rundung von Zwischenergebnissen durch die n+1 Iterationen höchstens $\lceil \log_2(n+1) \rceil$ Registerpositionen verfälscht werden können. Im allgemeinen werden jedoch wesentlich weniger Stellen durch Rundungsfehler verändert, da sich die Rundungen zumindest teilweise gegenseitig aufheben.

Mit den beiden angegebenen Verfahren lassen sich unter anderem die wichtigsten trigonometrischen Funktionen berechnen:

<u>Lemma 6.4.</u> *Sind die notwendigen Konvergenzbedingungen für das COR-DIC-Verfahren (siehe Satz 6.3) erfüllt, dann gilt nach n+1 Iterationen:*

Verfahren $T_y$ : $y_n \to 0$          Verfahren $T_z$ : $z_n \to 0$

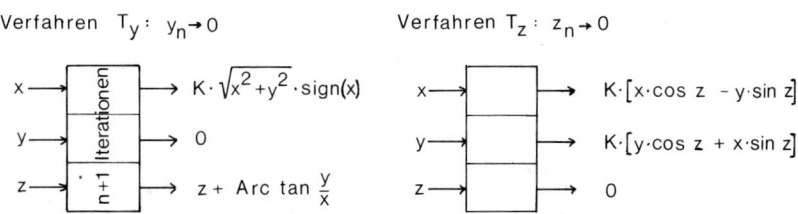

$$\text{wobei} \quad K := \prod_{i=0}^{n} \sqrt{1+\delta_i^2} = \prod_{i=0}^{n} \sqrt{1+2^{-2i}} \approx 1{,}64676 \quad \text{für } n \ge 15 \ .$$

Der Wert von K ist nur abhängig von der Anzahl, nicht aber von der Richtung der Iterationen; er verschwindet auf der Ausgangsseite, wenn man die Eingangsargumente x und y mit $\frac{1}{K}$ multipliziert.

Beweis. 1. Verfahren $T_y$:

Nach Konstruktion gilt $\lambda_{n+1} \approx 0$ und damit ist auch im Rahmen der Rechengenauigkeit $y_{n+1} \approx 0$ . Durch Einsetzen dieser Beziehung in die allgemeine Lösung des Differenzengleichungssystems erhält man:

$$y_{n+1} = K \cdot [y \cdot \cos \alpha - x \cdot \sin \alpha] \approx 0 \text{ , d.h. } \tan \alpha \approx \frac{y}{x} \text{ .}$$

$$\Rightarrow \begin{cases} z_{n+1} = z + \alpha \approx z + \text{Arc} \tan(\frac{y}{x}) \\ x_{n+1} \approx K \cdot \text{sign}(x) \cdot [x \cdot \frac{x}{\sqrt{x^2+y^2}} + y \cdot \frac{y}{\sqrt{x^2+y^2}}] \end{cases}$$

$$= K \cdot \text{sign}(x) \cdot \sqrt{x^2 + y^2} \text{ .}$$

2. Verfahren $T_z$:

$$z_{n+1} = z + \alpha \approx 0 \Rightarrow z \approx -\alpha$$

$$\Rightarrow \begin{cases} x_{n+1} \approx K \cdot [x \cdot \cos z - y \cdot \sin z] \\ y_{n+1} \approx K \cdot [y \cdot \cos z + x \cdot \sin z] \text{ .} \end{cases}$$

Bemerkung. 1. Argumente, welche die Konvergenzbedingung verletzen, müssen vor Beginn der Iterationen in den Konvergenzbereich transformiert werden, z.B. durch Anwendung der Beziehung $\sin(2n\pi+\alpha)=\sin\alpha$.

2. Die Berechnung anderer trigonometrischer Funktionen ist einfach: beispielsweise kann man tan(z) dadurch berechnen, daß man x:=1 und y:=0 setzt; es gilt dann $x_{n+1} = K \cdot \cos z$; $y_{n+1} = K \cdot \sin z$, und man erhält den Wert von tan(z) durch eine Division.

Mikroprogramm CORDIC (Berechnung von trigonometrischen Funktionen)

Bemerkung. Die Verfahren $T_y$ und $T_z$ unterscheiden sich nur durch die Abfrage in Takt 1.

```
0 : x := Argument 1; y := Argument 2; z := Argument 3; i := 0 ;
1 : if  x≥0∧y≥0∨x≤0∧y≤0    <Verfahren T_y>
        z<0                <Verfahren T_z>
    then [x:=x+y·2^-i; y:=y-x·2^-i; z:=z + Arc tan(2^-i)]
    else [x:=x-y·2^-i; y:=y+x·2^-i; z:=z - Arc tan(2^-i)] ;
2 : if i<n then (i:=i+1; goto 1);
3 : ENDE .
```

## 6.5.3 Andere Transformationsvorschriften

Walther [Wa2] hat eine allgemeinere Klasse von Transformationsvorschriften untersucht, mit denen weitere Funktionen berechnet werden können:

$$\begin{cases} x_{i+1} := x_i + m \cdot y_i \cdot \delta_i \\ y_{i+1} := y_i - x_i \cdot \delta_i \\ z_{i+1} := z_i + \alpha_i \end{cases} \quad \text{wobei } m \in \{-1,0,1\}, \; \delta_i \in \mathbb{R},$$

$$\alpha_i := \begin{cases} \text{Arc } \tan(\delta_i) & m=1 \\ \delta_i & m=0 \\ \text{Arc } \tanh(\delta_i) & m=-1. \end{cases}$$

Die Lösung dieses Systems von Differenzengleichungen lautet:

$$\begin{cases} x_{n+1} = K_m \cdot [x_0 \cdot \cos(\alpha\sqrt{m}) + y_0 \cdot \sqrt{m} \cdot \sin(\alpha\sqrt{m})] \\ y_{n+1} = K_m \cdot [y_0 \cdot \cos(\alpha\sqrt{m}) - x_0 \cdot \frac{1}{\sqrt{m}} \sin(\alpha\sqrt{m})] \\ z_{n+1} = z_0 + \alpha, \end{cases}$$

wobei $\quad \alpha := \sum\limits_{i=0}^{n} \alpha_i$ ,

$$K_{+1} := \prod\limits_{i=0}^{n} \sqrt{1+\delta_i^2} \quad , \quad K_0 := 1 \; , \; K_{-1} := \prod\limits_{i=0}^{n} \sqrt{1-\delta_i^2} \quad .$$

Die Vorschriften für m=-1,0,+1 erfordern jeweils unterschiedliche
- von m abhängige - Parameter $\delta_i$; diese Werte müssen wie in 6.5.2
so gewählt werden, daß nach n+1 Iterationen eines der Argumente
$y_{n+1}$ bzw. $z_{n+1}$ im Rahmen der Rechengenauigkeit zu Null wird. Einzelheiten darüber sind in [Wa2] nachzulesen.

Wenn die Folge der $y_i$ bzw. $z_i$ gegen Null konvergiert, lassen sich
an den beiden übrigen Ausgängen folgende Funktionswerte ablesen:

I. m = +1 (trigonometrische Funktionen und Wurzeln, siehe 6.5.2)

II. m = 0 (Multiplikation und Division)

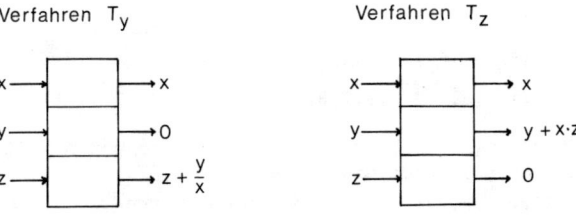

Verfahren $T_y$          Verfahren $T_z$

## III. $m = -1$ (hyperbolische Funktionen und Wurzeln)

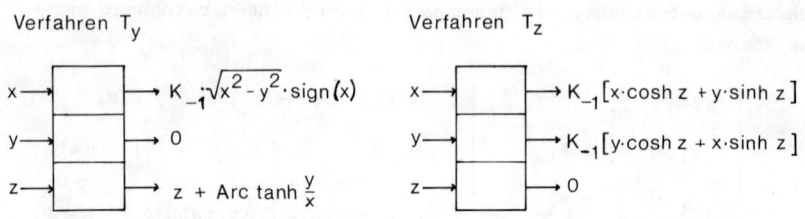

Verfahren $T_y$

$x \longrightarrow$ $K_{-1} \cdot \sqrt{x^2 - y^2} \cdot \text{sign}(x)$

$y \longrightarrow$ $0$

$z \longrightarrow$ $z + \text{Arc tanh} \frac{y}{x}$

Verfahren $T_z$

$x \longrightarrow$ $K_{-1}[x \cdot \cosh z + y \cdot \sinh z]$

$y \longrightarrow$ $K_{-1}[y \cdot \cosh z + x \cdot \sinh z]$

$z \longrightarrow$ $0$

Man sieht, daß die CORDIC-Technik außer zur Berechnung von speziellen Funktionen auch für arithmetische Elementaroperationen eingesetzt werden kann. Weitere Funktionen lassen sich aus den durch CORDIC gelieferten Ergebnissen in einfacher Weise berechnen, z.B.:

$$\tanh(u) = \frac{\sinh(u)}{\cosh(u)} \quad ;$$

$$e^u = \frac{e^u + e^{-u}}{2} + \frac{e^u - e^{-u}}{2} = \sinh(u) + \cosh(u) \quad ;$$

$$\log u = 2 \cdot \text{Arc tanh} \left(\frac{u-1}{u+1}\right) \quad [ \text{ da } \tanh(u) = \frac{e^{2u}-1}{e^{2u}+1} ] \quad ;$$

$$\sqrt{u} = \sqrt{(u + \frac{1}{4})^2 - (u - \frac{1}{4})^2} \quad .$$

### 6.5.4 Beispiele zum CORDIC-Verfahren

Die CORDIC-Verfahren für $m = +1,0,-1$ sind sehr effizient, wenn die Möglichkeit zur parallelen Berechnung von $(x_{i+1}, y_{i+1}, z_{i+1})$ aus $(x_i, y_i, z_i)$ besteht. Das Mikroprogramm CORDIC aus 6.5.2 arbeitet in der angegebenen Form nur für $m = +1$. Um das Verfahren auch auf die anderen Werte von m anwendbar zu machen, muß in Takt 1 überall die Variable i durch $F_i$ ersetzt werden, wobei die $F_i$ wie folgt gewählt werden können:

a.      $m = +1$ :    $F_i = i$

b.      $m = 0$ :    $F_i = i-1$

c.      $m = -1$ :    $(F_0, F_1, F_2, \ldots)$

                     $= (1,2,3,4,4,5,6,7,8,9,10,11,12,13,13,14,15,\ldots)$.

Die Folge der $F_i$ besteht also in diesem Fall aus den natürlichen Zahlen, wobei die Zahlen
4,13,40,121,$\ldots$,k,3k+1,$\ldots$ doppelt auftreten.

## 6.5.4.1  CORDIC-Transformation für m = +1

Für  $n \geq 15$  (n+1 = Zahl der Iterationsschritte) gilt:

$$K_{+1} \approx 1.64676$$

Dieser Wert für $K_{+1}$ wird im folgenden benutzt.

### A. Verfahren $T_y$

| i | $x_i$ | $y_i$ | $z_i$ |
|---|-------|-------|-------|
| 0 | 1.000000 | 1.000000 | 0.000000 |
| 1 | 2.000000 | 0.000000 | 0.785398 |
| 2 | 2.000000 | -1.000000 | 1.249046 |
| 3 | 2.225000 | -0.500000 | 1.004067 |
| 4 | 2.312500 | -0.218750 | 0.879122 |
| 5 | 2.326172 | -0.074219 | 0.817293 |
| 6 | 2.328491 | -0.001526 | 0.786053 |
| 7 | 2.328515 | 0.034857 | 0.770430 |
| 8 | 2.328787 | 0.016665 | 0.778242 |
| 9 | 2.328852 | 0.007568 | 0.782148 |
| 10 | 2.328867 | 0.003020 | 0.784101 |
| 11 | 2.328870 | 0.000746 | 0.785078 |
| 12 | 2.328871 | -0.000392 | 0.785566 |
| 13 | 2.328871 | 0.000177 | 0.785322 |
| 14 | 2.328871 | -0.000107 | 0.785444 |
| 15 | 2.328871 | 0.000035 | 0.785383 |
| 16 | 2.328871 | -0.000036 | 0.785414 |
| 17 | 2.328871 | -0.000001 | 0.785398 |
| 18 | 2.328871 | 0.000017 | 0.785391 |
| 19 | 2.328871 | 0.000008 | 0.785395 |
| 20 | 2.328871 | 0.000004 | 0.785397 |
| 21 | 2.328871 | 0.000002 | 0.785397 |
| 22 | 2.328871 | 0.000000 | 0.785398 |

Tabelle 6.1

$x_i \longrightarrow$

$K_{+1} \cdot \sqrt{x_0^2 + y_0^2} \cdot \text{sign } x_0$

$= K_{+1} \cdot \sqrt{2}$

$\approx 2.3288707.$

$z_i \longrightarrow$

$z_0 + \text{Arc tan}(\frac{y_0}{x_0})$

$= \text{Arc tan}(1) = \frac{\pi}{4}$

$\approx 0.78539816.$

### B. Verfahren $T_z$

| i | $x_i$ | $y_i$ | $z_i$ |
|---|-------|-------|-------|
| 0 | -1.000000 | 1.000000 | 0.000000 |
| 1 | -2.000000 | 0.000000 | -0.785398 |
| 2 | -2.000000 | 1.000000 | -0.321751 |
| 3 | -1.750000 | 1.500000 | -0.076772 |
| 4 | -1.562500 | 1.718750 | 0.047583 |
| 5 | -1.669122 | 1.621094 | -0.014836 |
| 6 | -1.619263 | 1.673279 | 0.016404 |
| 7 | -1.645408 | 1.647978 | 0.000780 |
| 8 | -1.658283 | 1.635123 | -0.007032 |
| 9 | -1.651895 | 1.641601 | -0.003126 |
| 10 | -1.648689 | 1.644827 | -0.001173 |
| 11 | -1.647083 | 1.646437 | -0.000196 |
| 12 | -1.646279 | 1.647241 | 0.000292 |
| 13 | -1.646681 | 1.646839 | 0.000048 |
| 14 | -1.646882 | 1.646638 | -0.000074 |
| 15 | -1.646782 | 1.646739 | -0.000012 |
| 16 | -1.646731 | 1.646789 | 0.000018 |

Tabelle 6.2

$x_i \longrightarrow$

$K_{+1} \cdot [x_0 \cdot \cos z_0$

$\quad - y_0 \cdot \sin z_0]$

$= K_{+1} \cdot x_0$

$\approx - 1.646760258.$

| i | $x_i$ | $y_i$ | $z_i$ | (Fortsetzung) |
|---|-------|-------|-------|----------------|
| 17 | −1.646756 | 1.646764 | 0.000002 | |
| 18 | −1.646769 | 1.646752 | 0.000005 | $y_i \longrightarrow$ |
| 19 | −1.646763 | 1.646758 | −0.000001 | |
| 20 | −1.646760 | 1.646761 | −0.000000 | $= K_{+1} \cdot y_0$ |
| 21 | −1.646761 | 1.646759 | 0.000000 | |
| 22 | −1.646760 | 1.646760 | −0.000000 | $\approx +\,1.646760258\,.$ |

### 6.5.4.2 CORDIC-Transformation für m = −1

Für $n \geq 15$ (n+1 = Zahl der Iterationsschritte) gilt:

$$K_{-1} \approx 0.82816\,.$$

#### A. Verfahren $T_y$

| i | $x_i$ | $y_i$ | $z_i$ | Tabelle 6.3 |
|---|-------|-------|-------|-------------|
| 0 | 1.500000 | −1.000000 | 0.000000 | $x_i \longrightarrow$ |
| 1 | 1.000000 | −0.250000 | −0.549306 | |
| 2 | 0.937500 | 0.000000 | −0.804719 | $K_{-1} \cdot \sqrt{x_0^2 - y_0^2} \cdot \text{sign } x_0$ |
| 3 | 0.937500 | −0.117188 | −0.679062 | |
| 4 | 0.930176 | −0.058594 | −0.741643 | $= K_{-1} \cdot \sqrt{1.25}$ |
| 5 | 0.926514 | −0.000458 | −0.804225 | |
| 6 | 0.926500 | 0.028496 | −0.835485 | $\approx 0.9259103\,.$ |
| 7 | 0.926054 | 0.014019 | −0.819859 | |
| 8 | 0.925945 | 0.006784 | −0.812046 | |
| 9 | 0.925918 | 0.003167 | −0.808140 | |
| 10 | 0.925912 | 0.001359 | −0.806187 | $z_i \longrightarrow$ |
| 11 | 0.925911 | 0.000458 | −0.805210 | |
| 12 | 0.925910 | 0.000003 | −0.804722 | $z_0 + \text{Arc tanh } (\frac{y_0}{x_0})$ |
| 13 | 0.925910 | −0.000223 | −0.804478 | |
| 14 | 0.925910 | −0.000110 | −0.804600 | $= \text{Arc tanh } (-1.5)$ |
| 15 | 0.925910 | 0.000003 | −0.804722 | |
| 16 | 0.925910 | −0.000054 | −0.804661 | $\approx -\,0.80471895\,.$ |
| 17 | 0.925910 | −0.000026 | −0.804691 | |
| 18 | 0.925910 | −0.000011 | −0.804707 | |
| 19 | 0.925910 | −0.000004 | −0.804714 | |
| 20 | 0.925910 | −0.000001 | −0.804718 | |
| 21 | 0.925910 | 0.000001 | −0.804720 | |
| 22 | 0.925910 | 0.000000 | −0.804719 | |

#### B. Verfahren $T_z$

| i | $x_i$ | $y_i$ | $z_i$ | Tabelle 6.4 |
|---|-------|-------|-------|-------------|
| 0 | −1.000000 | −1.000000 | 0.000000 | $x_i \longrightarrow$ |
| 1 | −1.500000 | −1.500000 | −0.549306 | |
| 2 | −1.112500 | −1.112500 | −0.293893 | $K_{-1} \cdot [x_0 \cdot \cosh z_0$ |
| 3 | −0.984238 | −0.984238 | −0.168236 | $+\, y_0 \cdot \sinh z_0]$ |
| 4 | −0.922282 | −0.922282 | −0.105655 | |
| 5 | −0.865173 | −0.865173 | −0.043073 | $= K_{-1} \cdot x_0$ |
| 6 | −0.838137 | −0.838137 | −0.011813 | |
| 7 | −0.825041 | −0.825041 | 0.003813 | $\approx -\,0.82815936\,.$ |
| 8 | −0.831487 | −0.831487 | −0.003999 | |
| 9 | −0.828238 | −0.828238 | −0.000093 | |
| 10 | −0.826621 | −0.826621 | 0.001860 | |

| i | $x_i$ | $y_i$ | $z_i$ | (Fortsetzung) |
|---|-------|-------|-------|---------------|
| 11 | -0.827428 | -0.827428 | 0.000884 | $y_i \longrightarrow$ |
| 12 | -0.827823 | -0.827823 | 0.000395 | |
| 13 | -0.828034 | -0.828034 | 0.000151 | $K_{-1} \cdot [y_0 \cdot \cosh z_0$ |
| 14 | -0.828135 | -0.928135 | 0.000029 | $\quad + x_0 \cdot \sinh z_0]$ |
| 15 | -0.828236 | -0.828236 | -0.000093 | |
| 16 | -0.828186 | -0.828186 | -0.000032 | $= K_{-1} \cdot y_0$ |
| 17 | -0.828160 | -0.828160 | -0.000001 | |
| 18 | -0.828148 | -0.828148 | 0.000014 | $\approx -0.82815936.$ |
| 19 | -0.828154 | -0.828154 | 0.000006 | |
| 20 | -0.828157 | -0.828157 | 0.000002 | |
| 21 | -0.828159 | -0.828159 | 0.000001 | |
| 22 | -0.828160 | -0.828160 | -0.000000 | |

### 6.5.4.3 Zeichnerische Veranschaulichung der Beispiele zum CORDIC-Verfahren

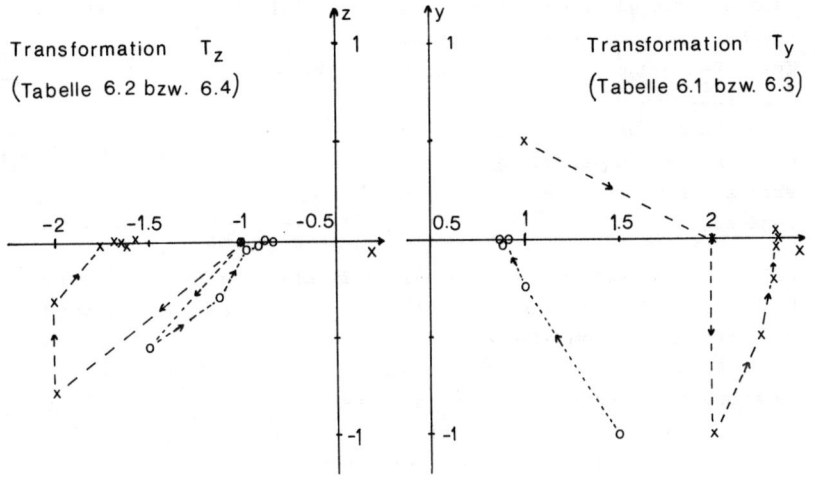

Transformation $T_z$
(Tabelle 6.2 bzw. 6.4)

Transformation $T_y$
(Tabelle 6.1 bzw. 6.3)

Figur 6.2

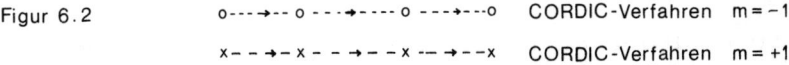

o---→-- o ---→---- o ---→---o   CORDIC-Verfahren   $m = -1$

x-- →- x -- →-- x -- →--x   CORDIC-Verfahren   $m = +1$

# 7. Zeitkomplexität von arithmetischen Operationen

## 7.1 Beschreibung des Modells

In diesem abschließenden Kapitel werden obere und untere Schranken
für die Laufzeit zur Berechnung von arithmetischen Operationen hergeleitet. Um die Ergebnisse miteinander vergleichen zu können, setzen wir voraus, daß die Funktionen durch Schaltkreise aufgebaut
sind, die nur aus d-nären Schaltelementen mit höchstens r Eingängen
(sog. (d,r)-Elementen) bestehen.

Wir nehmen weiter an, daß alle (d,r)-
Elemente mit gleichem Aufwand reali-
sierbar sind, die gleiche Laufzeit
(eine Zeiteinheit bzw. logische Stufe) benötigen und keinen Fan-Out-Be-
schränkungen unterliegen. Diese Mo-
dellvoraussetzungen können in der
Praxis nur näherungsweise erfüllt
werden.

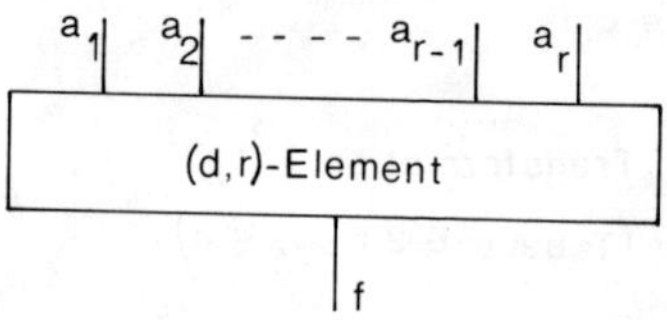

$$\left(a_i, f \in B_d := \{0, \ldots, d\text{-}1\}\right)$$

Figur 7.1 ( (d,r)-Element)

**Beispiel.** Es gibt 16 verschiedene (2,2)-Elemente (binäre Gatter mit
höchstens 2 Eingängen); beispielsweise kann man das AND- bzw. das
OR-Gatter mit einem oder zwei Eingängen sowie die Negation als
(2,2)-Element auffassen. Im Gegensatz zu unseren früheren Lauf-
zeitvoraussetzungen wird also in diesem Kapitel angenommen, daß
die Negationslaufzeit nicht vernachlässigt werden kann. Dies be-
wirkt im allgemeinen keine Laufzeiterhöhung, da eine Negation fast
immer in das nächste Bauelement bzw. in das vorige übernommen werden kann, also nicht als eigenes Schaltelement aufgeführt werden
muß.

Ein Schaltkreis aus (d,r)-Elementen (d.h. eine rückkopplungsfreie
Zusammenschaltung von (d,r)-Elementen) mit m Eingängen und k Ausgängen läßt sich beschreiben durch eine Abbildung

$$S : B_d^m \rightarrow B_d^k \quad .$$

Als Eingänge von S bezeichnen wir alle Eingänge in (d,r)-Elemente,
die nicht zugleich Ausgang eines anderen (d,r)-Elements von S sind;

analog sind die Ausgänge des (d,r)-Schaltkreises definiert. Die Stufenzahl eines Schaltkreisausgangs ist die Maximalzahl von (d,r)-Elementen, die nacheinander durchlaufen werden müssen.

Die Stufenzahl (Laufzeit) eines Schaltkreises ist definiert als das Maximum der Stufenzahlen der Schaltkreisausgänge.

Um eine arithmetische Operation durch einen (d,r)-Schaltkreis berechnen zu können, müssen die Argumente der Operation zunächst in d-näre Form codiert werden; das Ergebnis der Operation erhält man durch eine an den Ausgängen des Schaltkreises vorzunehmende Dekodierung.

**Definition 7.1.** *Sei* $\Phi : X_1 \times \ldots \times X_n \to Y$ *eine n-stellige (arithmetische) Operation; dabei seien* $X_i$ *(i=1,...,n) und Y endliche Mengen.*

*Ein $\tau$-stufiger d-närer Schaltkreis mit m Eingängen und k Ausgängen (d.h. ein (d,r)-Schaltkreis* $S_\tau : B_d^m \to B_d^k$ *der Stufenzahl $\tau$) berechnet (das Ergebnis der Operation)* $\Phi$, *wenn gilt:*

a. *Es gibt Codierungsabbildungen* $c_i : X_i \to B_d^{u_i}$ *der Argumente* $X_i$ *mit*

$$c_1(X_1) \times \ldots \times c_n(X_n) \subset B_d^{u_1} \times \ldots \times B_d^{u_n} \subset B_d^m$$

b. *Es existiert eine bijektive Dekodierabbildung*

$$h' : \bigcup_{\substack{(x_1,\ldots,x_n) \\ \in X_1 \times \ldots \times X_n}} S_\tau(c_1(x_1),\ldots,c_n(x_n)) \to Y$$

*mit folgender Eigenschaft:*

*Für alle* $(x_1,\ldots,x_n) \in X_1 \times \ldots \times X_n$ *gilt:*

$$S_\tau(c_1(x_1),\ldots,c_n(x_n)) = h'^{-1}(\Phi(x_1,\ldots,x_n)) \ ,$$

*d.h. der Schaltkreis liefert für alle zulässigen Eingangskombinationen* $(x_1,\ldots,x_n)$ *das korrekte - eindeutig dekodierbare - Ergebnis* $\Phi(x_1,\ldots,x_n)$ *der Operation* $\Phi$.

Den Inhalt dieser Definition soll Figur 7.2 verdeutlichen (zur Definition von $h_k(y)$ vgl. 7.2.1).

**Bemerkungen.** 1. Codier- und Dekodierlaufzeit bleiben unberücksichtigt. Dies ist gerechtfertigt, wenn die zugehörige Laufzeit gegenüber der Laufzeit $\tau$ des Schaltkreises klein ist. Außerdem erhält man so Schranken für die "echte" Schaltkreislaufzeit.

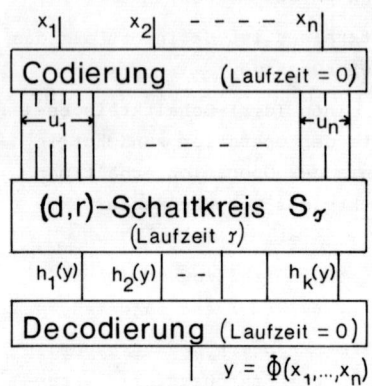

Figur 7.2 (Berechnung von $\Phi$ mit $S_\tau$)

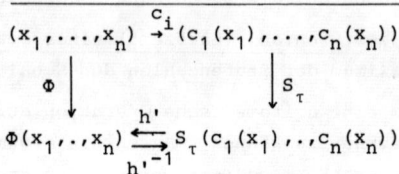

$S_\tau$ berechnet $\Phi$, wenn dieses Diagramm kommutativ ist.

2. Wegen der vorausgesetzten Bijektivität der Dekodierabbildung sind die in diesem Kapitel hergeleiteten Schranken nur für nichtredundante Zahlendarstellungen gültig. Würde man auf die Forderung der Eindeutigkeit der Darstellung von $\Phi(x_1,\ldots,x_n)$ (d.h. auf die Bijektivität der Dekodierung) ganz verzichten, dann käme man immer mit einem trivialen Schaltkreis der Stufenzahl $\tau = 0$ aus, indem man einfach die Berechnung von $\Phi(x_1,\ldots,x_n)$ der Dekodierabbildung aufbürdet.

Sinnvolle untere Schranken für die Laufzeit von arithmetischen Operationen für redundante Zahlendarstellungen und/oder unter Berücksichtigung der Dekodierzeit sind bisher nicht bekannt.

3. Die vorausgesetzte Bijektivität der Dekodierabbildung

$$h' : B_d^k \supset S_\tau(c_1(X_1),\ldots,c_n(X_n)) \to Y$$

ist gleichwertig mit der Forderung der Existenz einer <u>Abbildung</u>

$$h : Y \to B_d^k \quad,$$

d.h. mit der Nichtredundanz der Darstellung aller $y \in Y$. In diesem Fall gilt:

$$h(y) = h'^{-1}(y) \quad \text{für alle } y \in Y \;.$$

## 7.2 Untere Laufzeitschranken für arithmetische Operationen

Um untere Schranken für die Laufzeit einer (arithmetischen) Operation herzuleiten, untersuchen wir, von wievielen Eingängen ein Ausgang beeinflußt werden kann. Dies liefert eine Aussage darüber,

wieviele hintereinandergeschaltete (d,r)-Elemente wir mindestens
benötigen, um das Ergebnis der Operation in einer nichtredundanten
d-nären Form zu berechnen.

## 7.2.1 Separierbarkeit der Ausgänge des Schaltkreises

**Definition 7.2.** $S_\tau$ *berechne* $\Phi : X_1 \times \ldots \times X_n \rightarrow Y$ *in* $\tau$ *Zeiteinheiten.*

*1. Mit* $h_i(y)$ *bezeichnen wir den i-ten Ausgang (i=1,...,k) von* $S_\tau$
*für das Argument* $y = \Phi(x_1,\ldots,x_n)$, *d.h.*

$$h(y) = (h_1(y),\ldots,h_k(y)) := S_\tau(c_1(x_1),\ldots,c_n(x_n)).$$

*2.* $A_q^{(j)} \subset X_q$ *heißt* $\underline{h_j\text{-separierbar bzgl. } X_q}$, *wenn gilt:*

*Zu beliebigen* $a_q^{(1)} \neq a_q^{(2)} \in A_q^{(j)}$ *existieren* $x_1,..,x_{q-1},x_{q+1},..,x_n$ *mit*

$$h_j(\Phi(x_1,..,x_{q-1},a_q^{(1)},x_{q+1},..,x_n)) \neq h_j(\Phi(x_1,..,x_{q-1},a_q^{(2)},x_{q+1},..,x_n)).$$

Ist also $A_q^{(j)}$ $h_j$-separierbar bzgl. $X_q$, dann hängt $h_j$ von mindestens
$|A_q^{(j)}|$ Werten des Eingangsarguments $X_q$ von $\Phi$ echt ab. Da $X_q$ durch
d-näre Ziffern codiert wurde, hängt $h_j$ von mindestens $\log_d |A_q^{(j)}|$
Eingangs<u>leitungen</u> von $S_\tau$ ab; alle diese Leitungen gehören zur Codierung von $c_q(X_q)$. Weil dies für alle Argumente $X_q$ (q=1,...,n)
gilt, hängt der j-te Ausgang des Schaltkreises von mindestens

$$\sum_{i=1}^{n} \lceil \log_d |A_i^{(j)}| \rceil \qquad \text{Eingängen echt ab.}$$

Andererseits sieht man aber sofort,
daß jeder Ausgang höchstens von $r^\tau$
Eingängen echt abhängen kann, da
wir nur Schaltelemente mit höchstens r Eingängen verwenden und der
Ausgang in maximal $\tau$ Stufen berechnet wird (siehe Figur 7.3).

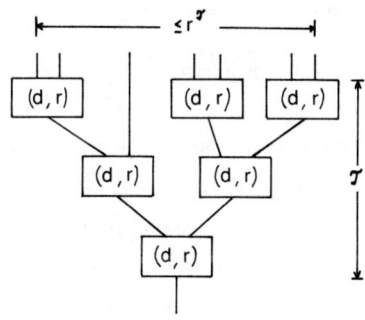

Zusammen ergibt sich:

$$r^\tau \geq \max_j \{ \sum_{i=1}^{n} \lceil \log_d |A_i^{(j)}| \rceil \} ;$$

Figur 7.3

und damit erhalten wir folgende Abschätzung für die Laufzeit $\tau$ :

**Lemma 7.1.** *Ist $S_\tau$ ein (d,r)-Schaltkreis zur Berechnung von*

$$\Phi : X_1 \times \ldots \times X_n \to Y$$

*und ist $A_i^{(j)}$ eine $h_j$-separierbare Teilmenge von $X_i$ (i=1,\ldots,n ; j=1,\ldots,k), dann gilt:*

$$\tau \geq \max_{j \in \{1,\ldots,k\}} \{\lceil log_r ( \sum_{i=1}^{n} \lceil log_d |A_i^{(j)}| \rceil ) \rceil\} .$$

Die Anwendung dieses zentralen Ergebnisses erläutern wir an mehreren Beispielen.

## 7.2.2  Beispiele

### A. Addition zweier nichtnegativer ganzer Zahlen (beliebige Codierung der Eingänge; Ausgabe in binärer Stellenwertcodierung)

Die Operation $\Phi$ habe folgende Gestalt:

$$\Phi : \underbrace{[0 : 2^n-1]}_{X_1} \times \underbrace{[0 : 2^n-1]}_{X_2} \to Y$$

mit:

ⓐ     $\Phi(a,b) := a+b$, d.h.   $Y = [0 : 2^{n+1}-2]$ ;

ⓑ     $\Phi(a,b) := \begin{cases} a+b & \text{falls } a+b<2^n \\ a+b-2^n & \text{sonst} \end{cases} = a+b \bmod 2^n$; d.h. $Y=X_1$.

Das Ergebnis soll in binärer Stellenwertcodierung angegeben werden; wenn wir dem Ausgang $h_i$ die Wertigkeit $2^{i-1}$ zuordnen, gilt also:

$$h(\Phi(a,b)) = h(y) = \begin{cases} (h_{n+1}(y),h_n(y),\ldots,h_1(y)) & \text{falls } ⓐ \\ (h_n(y),\ldots,h_1(y)) & \text{falls } ⓑ \end{cases}$$

Für ⓐ brauchen wir eine Binärstelle mehr als für ⓑ .

**Lemma 7.2.** *1. $X_1$ und $X_2$ sind $h_n$-separierbar (bzgl. $X_1$ bzw. $X_2$).*
*2. Für die Mindestlaufzeit $\tau$ eines (d,r)-Schaltkreises zur Berechnung von $\Phi$ gilt:*

$$\tau \geq \lceil log_r(2 \cdot \lceil n \cdot log_d 2 \rceil) \rceil .$$

**Beweis.** Wegen der Kommutativität der Operation $\Phi$ genügt es, Aussage 1 für die Menge $X_1$ zu beweisen. Behauptung 2 folgt aus Lemma 7.1.

Wir müssen zeigen, daß $h_n$ (d.h. die Stelle des Ergebnisses mit der Wertigkeit $2^{n-1}$) von allen Werten des ersten Summanden echt abhängt. Seien dazu $a,b \in X_1$ und $a < b$. Dann sind drei Fälle zu unterscheiden:

1. $0 \leq a < b \leq 2^{n-1} - 1$ :

Mit $\quad z=2^{n-1}-1-a \in X_2$ ergibt sich wegen $b > a$:

$$h_n(\Phi(a,z)) = h_n(2^{n-1}-1) = 0$$
$$\neq h_n(\Phi(b,z)) = h_n(2^{n-1}-1+(b-a)) = 1 .$$

2. $2^{n-1} \leq a < b \leq 2^n-1$ :

Für $z=2^n+(2^{n-1}-1-a) \in X_2$ gilt:

$$h_n(\Phi(a,z)) = h_n(2^n+(2^{n-1}-1)) = 0$$
$$\neq h_n(\Phi(b,z)) = h_n(2^n+2^{n-1}-1+(b-a)) = 1 .$$

3. $a \leq 2^{n-1}-1; \; b \geq 2^{n-1}$ :

$$\Rightarrow h_n(\Phi(a,0)) = 0 \; \neq h_n(\Phi(b,0)) = 1 .$$

Damit haben wir die $h_n$-Separierbarkeit von $X_1$ (und von $X_2$) nachgewiesen.

$$\Rightarrow |A_1^{(n)}| = |A_2^{(n)}| = |X_1| = |X_2| = 2^n \quad ,$$

d.h. $\quad \tau \geq \lceil \log_r(\lceil \log_d(2^n) \rceil + \lceil \log_d(2^n) \rceil) \rceil = \lceil \log_r(2 \cdot \lceil n \cdot \log_d 2 \rceil) \rceil .$

Im wichtigsten Spezialfall $d=2$ vereinfacht sich dies zu:

$$\tau \geq \lceil \log_r(2n) \rceil .$$

<u>Bemerkung.</u> 1. Wir werden zeigen, daß die hier angegebene untere Schranke $\lceil \log_r(2n) \rceil$ für die Addition zweier n-stelliger Binärzahlen mit $(2,r)$-Elementen <u>für alle Codierungen</u> der Ausgänge des Schaltkreises gilt.

2. Der Conditional-Sum-Addierer (vgl. 2.5) hat eine Laufzeit von

$$\tau_{\text{COND-SUM}} = 2 \cdot (\lceil \log_2 n \rceil + 2) .$$

Zwei Zeiteinheiten davon (nämlich die Auswahl des Endergebnisses in Abhängigkeit davon, ob eine Addition oder eine Subtraktion durchgeführt wurde) braucht man nicht, wenn man sich wie in diesem Beispiel auf Additionen beschränkt; dies liefert folgende

Laufzeitabschätzung für die Dauer einer Conditional-Sum-Addition:

$$\tau_{COND-SUM}^{ADD} = 2 \cdot (\lceil \log_2 n \rceil + 1).$$

Die untere Schranke für einen aus $(2,2)$-Elementen aufgebauten Addierer (der Conditional-Sum-Addierer verwendet nur Bauelemente mit höchstens 2 Eingängen) ist

$$\tau \geq \lceil \log_2(2n) \rceil = \lceil \log_2 n \rceil + 1.$$

Die Laufzeit des Conditional-Sum-Addierers ist also nur um den Faktor 2 höher als die allgemeingültige Schranke, wobei zu beachten ist, daß der Addierer die meisten $(2,2)$-Elemente (z.B. die modulo-2-Summe der Eingänge) überhaupt nicht verwendet.
Auch der Carry-Select-Addierer (vgl. 2.6) hat eine Laufzeit, die der unteren Schranke sehr nahe kommt.

## B. Größenvergleich zweier Zahlen

Der Vergleich zweier Zahlen läßt sich durch folgende Operation $\Phi$ beschreiben:

$$\Phi : \underbrace{[0:N-1]}_{X_1} \times \underbrace{[0:N-1]}_{X_2} \to B$$

$$\Phi(a,b) := \begin{cases} 0 & \text{falls } a < b \\ 1 & \text{falls } a \geq b \end{cases}.$$

<u>Lemma 7.3.</u> *Ein $(d,r)$-Schaltkreis $S_\tau$ zur Berechnung von $\Phi$ hat eine Mindestlaufzeit von:*

$$\tau \geq \lceil \log_r 2 \lceil \log_d N \rceil \rceil \qquad \text{Zeiteinheiten}.$$

<u>Beweis.</u> Es gibt mindestens einen Schaltkreisausgang $h_j$, für den

$$h_j(0) \neq h_j(1)$$

gilt (sonst könnte $S_\tau$ die Funktion $\Phi$ nicht berechnen).
$X_1$ (und daher aus Symmetriegründen auch $X_2$) ist $h_j$-separierbar, denn für $a,b \in X_1$ mit $a < b$ gilt:

$$h_j(\Phi(a,b)) = h_j(0) \neq h_j(1) = h_j(\Phi(b,b)).$$

Aus $|X_1| = N$ ergibt sich nun die Behauptung.

## C. Berechnung des ganzzahligen Anteils eines Produkts

Die Funktion $\Phi$ läßt sich in diesem Fall wie folgt definieren:

$$\Phi : [0:N-1] \times [0:N-1] \rightarrow [0:N-1]$$

$$\Phi(a,b) := \lfloor \frac{a \cdot b}{N} \rfloor \quad .$$

**Lemma 7.4.** *Ein $(d,r)$-Schaltkreis zur Berechnung von $\Phi$ benötigt*

$$\tau \geq \lceil log_r 2 \lceil log_d \lfloor \sqrt{N} \rfloor \rceil \rceil \qquad logische \ Stufen.$$

**Beweis.** Wir betrachten einen Ausgang $h_j$ des Schaltkreises, für den

$$h_j(0) \neq h_j(1)$$

gilt; ein solcher Ausgang existiert immer. Es genügt nun zu zeigen, daß die Teilmenge

$$[1:\lfloor \sqrt{N} \rfloor] \quad \text{von} \quad [0:N-1] \qquad h_j\text{-separierbar ist.}$$

Sei dazu $\quad 0 \leq a < b \leq \lfloor \sqrt{N} \rfloor$ , dann gibt es einen Wert $z \in [0:N-1]$

mit $\quad a \cdot z < N \leq b \cdot z < 2N$ ;

d.h. $\quad h_j(\Phi(a,z)) = h_j(0) \neq h_j(1) = h_j(\Phi(b,z)) \quad .$

Hieraus folgt die Behauptung.

## 7.2.3 Untere Schranken

Die in 7.2.2 hergeleitete untere Schranke für die Additionszeit hängt von der Codierung der Schaltkreisausgänge ab. Winograd ([Wi2], [Wi3])und Spira [Sp1] haben Schranken angegeben, die von dieser Codierung unabhängig sind. Im folgenden stellen wir die Hauptresultate dieser Arbeiten (ohne Beweise) zusammen.

**Definition 7.3.** *1.* $\alpha(\mu) := max\{p^n | p \ prim, \ n \in \mathbb{N}, \ p^n \ teilt \ \mu\}$ ;

*2.* $\qquad Q_m := kgV(1,2,\ldots,m); \qquad \gamma(\mu) := min\{m | Q_m \geq \mu\}$ ;

*3.* $\qquad \beta(\mu) := \begin{cases} 2^{n-1} & falls \ \mu = 2^n, \ n < 3 \\ 2^{n-2} & falls \ \mu = 2^n, \ n \geq 3 \\ max\{p^{n-1}, \alpha(p-1)\} & falls \ \mu = p^n; \ p \ prim, \ p \neq 2 \\ max\{\beta(p^j) | p \ prim \ und \ p^j \ teilt \ \mu\} & sonst \ . \end{cases}$

Man sieht sofort, daß $\gamma(\mu)$ eine Primzahlpotenz sein muß, d.h.

$$\gamma(\mu) = q^j \qquad (q \ prim, \ j \in \mathbb{N}_0) \ .$$

Wir betrachten die folgenden Funktionen:

$$\Phi_1 \; : \; [0:N-1] \times [0:N-1] \; \to \; [0:N-1] \quad \text{mit} \quad \Phi_1(a,b) := a+b \bmod N$$
$$\Phi_2 \; : \; [0:N-1] \times [0:N-1] \; \to \; [0:2N-2] \quad \text{mit} \quad \Phi_2(a,b) := a+b$$
$$\Phi_3 \; : \; [0:N-1] \times [0:N-1] \; \to \; [0:N-1] \quad \text{mit} \quad \Phi_3(a,b) := a\cdot b \bmod N$$
$$\Phi_4 \; : \; [1:N] \times [1:N] \quad\;\; \to \; [1:N^2] \quad \text{mit} \quad \Phi_4(a,b) := a\cdot b \quad .$$

Für die Laufzeit dieser Operationen gelten folgende Schranken:

Satz 7.5.

$$\tau_{\Phi_1} \geq \lceil log_r 2 \cdot \lceil log_d \alpha(N) \rceil \rceil \; ; \quad \tau_{\Phi_2} \geq \lceil log_r 2 \cdot \lceil log_d \gamma(\lceil \tfrac{N}{2} \rceil) \rceil \rceil \; ;$$

$$\tau_{\Phi_3} \geq \lceil log_r 2 \cdot \lceil log_d \beta(N) \rceil \rceil \; ; \quad \tau_{\Phi_4} \geq \lceil log_r 2 \cdot \lceil log_d \gamma(\lceil \tfrac{\lfloor log_2 N \rfloor +1}{2} \rceil) \rceil \rceil .$$

<u>Beispiele.</u> 1. $N=2^n$ $(n\geq 3)$, $d=2$ $\Rightarrow$ $\alpha(N) = 2^n$; $\beta(N) = 2^{n-2}$ ;

d.h. $\tau_{\Phi_1} \geq \lceil log_r(2n) \rceil$ ; $\tau_{\Phi_3} \geq \lceil log_r 2(n-2) \rceil$ .

2. $N=2^{10}$, $d=2$ $\Rightarrow$ $\gamma(\lceil \tfrac{\lfloor log_2 N \rfloor +1}{2} \rceil) = \gamma(6) = 3$ ;

$\gamma(\lceil \tfrac{N}{2} \rceil) = \gamma(512) = 8$, da kgV(1,..,8)=840; kgV(1,..,7)=420;

d.h. $\tau_{\Phi_1} \geq \lceil log_r 20 \rceil; \tau_{\Phi_2} \geq \lceil log_r 6 \rceil; \tau_{\Phi_3} \geq \lceil log_r 16 \rceil; \tau_{\Phi_4} \geq \lceil log_r 4 \rceil.$

Im Spezialfall r=2 (d.h. Schaltelemente mit höchstens zwei Eingängen) wird dies zu:

$$\tau_{\Phi_1} \geq 5; \; \tau_{\Phi_2} \geq 3; \; \tau_{\Phi_3} \geq 4; \; \tau_{\Phi_4} \geq 2 \quad .$$

<u>Bemerkung.</u> Für $N=2^n$ wurde in 7.2.2 (Beispiel A) für die beiden Funktionen $\Phi_1$ und $\Phi_2$ die untere Schranke

$$\tau \geq \lceil log_r(2n) \rceil \qquad\qquad \text{hergeleitet} .$$

Diese Schranke ergab sich für eine spezielle Ausgangscodierung.

Satz 7.5 zeigt, daß sich für die Funktion $\Phi_2$ durch Wahl einer anderen Codierung der Ausgänge eine niedrigere untere Schranke angeben läßt (in 7.3 werden wir sehen, daß es einen Schaltkreis gibt, dessen Laufzeit diese Schranke nur geringfügig überschreitet); für die Funktion $\Phi_1$ ist eine Verbesserung der unteren Schranke dagegen nicht möglich.

## 7.3 Obere Schranken

Winograd hat Schaltkreise für die in 7.2.3 definierten Operationen $\Phi_1, \ldots, \Phi_4$ angegeben, deren Laufzeit den angegebenen unteren Schranken nahekommt. In einer hierauf aufbauenden Arbeit von Spira [Sp1] wurden diese Ergebnisse noch verschärft:

**Satz 7.6.** *Es gibt $(d,r)$-Schaltkreise (und zugehörige Codierungen der Schaltkreiseingänge bzw. -ausgänge), welche die Funktionen $\Phi_i$ in $t_{\Phi_i}$ Zeiteinheiten berechnen, wobei für $t_{\Phi_i}$ gilt:*

$$t_{\Phi_1} = 1 + \lceil log_r \lceil \frac{\lceil log_d \alpha(N) \rceil}{\lfloor \frac{r}{2} \rfloor} \rceil \rceil \quad ;$$

$$t_{\Phi_2} = 1 + \lceil log_r \lceil \frac{\lceil log_d \gamma(2N-1) \rceil}{\lfloor \frac{r}{2} \rfloor} \rceil \rceil;$$

$$t_{\Phi_3} = t_{\Phi_1}$$

$$t_{\Phi_4} = 1 + \lceil log_r \lceil \frac{\lceil log_d \gamma(2\lfloor log_2 N \rfloor - 1) \rceil}{\lfloor \frac{r}{2} \rfloor} \rceil \rceil \quad .$$

Ein Vergleich mit den Ergebnissen aus 7.2.3 zeigt, daß die Laufzeiten $t_{\Phi_i}$ nur wenig höher sind als die unteren Schranken für $\tau_{\Phi_i}$.

**Beispiel.** $N = 2^n$, $d = 2$ ;

$$\Rightarrow t_{\Phi_1} = 1 + \lceil log_r \lceil \frac{n}{\lfloor \frac{r}{2} \rfloor} \rceil \rceil \leq 1 + \lceil log_r n \rceil = \lceil log_r rn \rceil .$$

Andererseits gilt aber allgemein:

$$\tau_{\Phi_1} \geq \lceil log_r 2n \rceil \quad .$$

Die Grenzen unterscheiden sich also höchstens um eine Zeiteinheit.

**Bemerkungen.** 1. Die Codierungen der Ein- bzw. der Ausgänge für die von Spira angegebenen Schaltkreise zur Berechnung von $\Phi_i$ in $t_{\Phi_i}$ Zeiteinheiten sind von der Funktion $\Phi_i$ abhängig. Es ist keine Codierung bekannt, die für Addition bzw. Multiplikation gleichzeitig benutzt werden kann, ohne daß mindestens einer der beiden Schaltkreise eine erheblich höhere Laufzeit als der entsprechende von Spira angegebene Schaltkreis hat. Ist $N = 2^n$, dann enthalten die Schaltkreise nach Spira mindestens $2^n$ Ausgangsleitungen; die Anwendung dieser Schaltkreise in der Praxis ist daher unmöglich.

2. Die unteren bzw. auch die oberen Schranken für die Multiplikation sind niedriger als die entsprechenden Werte für die Addition;
dasselbe gilt für die Schranken der "modulo N"-Operationen $\Phi_1$ und
$\Phi_3$, wenn man sie mit den Operationen $\Phi_2$ bzw. $\Phi_4$ vergleicht. Diese
auf den ersten Blick überraschenden Ergebnisse erklären sich aus
der Definition des Begriffs "Berechnung" (siehe Definition 7.1):

Ist $\Phi : X_1 \times X_2 \to Y$ eine arithmetische Operation, dann wird durch
die Schaltkreise $S_{\tau_\Phi}$ nach Winograd bzw. Spira lediglich die folgende Klasseneinteilung durchgeführt:

$$X_1 \times X_2 \xrightarrow{\;S_{\tau_\Phi}\;} X_1 \times X_2 \big|_{\sim}$$

wobei $(a_1,b_1) \sim (a_2,b_2) \iff \Phi(a_1,b_1) = \Phi(a_2,b_2)$ .

Zur Berechnung der Funktion $\Phi$ genügt es, allen Elementen einer
Klasse (d.h. allen Argumentkombinationen, für welche die Operation
$\Phi$ das gleiche Resultat liefert) eine eigene gemeinsame Ausgangsleitung zuzuweisen. Die Schaltkreise nach Winograd und Spira arbeiten nach diesem Prinzip. Diese Klasseneinteilung ist im allgemeinen für die Multiplikation einfacher und schneller durchzuführen als für die Addition; man beachte, daß der Schaltkreis<u>aufwand</u>
bei der Zeitkomplexität keine Rolle spielt.

## 7.4 <u>Berechnung der Funktionen $\Phi_1$ und $\Phi_2$ (Addition) bei binärer Stellenwertcodierung der Ein- und Ausgänge des Schaltkreises</u>

Das einfache Konstruktionsprinzip der Schaltkreise nach Winograd
und Spira resultiert in einerseits sehr schnellen, andererseits
jedoch viel zu aufwendigen Realisierungen. Von besonderem Inter-
esse ist daher die Frage, ob es (d,r)-Schaltkreise gibt, welche
die Berechnung mit vertretbarem Aufwand (bzgl. der Zahl der Bausteine bzw. der Ausgänge des Schaltkreises) durchführen und gleichzeitig die untere Schranke für die Laufzeit nicht wesentlich über-
schreiten.

Brent [Br1] zeigte, daß es für die binäre Addition (also zur Berechnung der Funktionen $\Phi_1$ und $\Phi_2$) solche Schaltkreise gibt:

$$\Phi_1 : [0:2^n-1] \times [0:2^n-1] \to [0:2^n-1] \quad \text{mit } \Phi_1(a,b) := a+b \bmod 2^n$$
$$\Phi_2 : [0:2^n-1] \times [0:2^n-1] \to [0:2^{n+1}-2] \quad \text{mit } \Phi_2(a,b) := a+b .$$

Die Operationen $\Phi_i$ sollen durch einen (2,r)-Schaltkreis $S_{\tau_n}$ mit binärer Stellenwertcodierung der Ein- und Ausgänge berechnet werden.

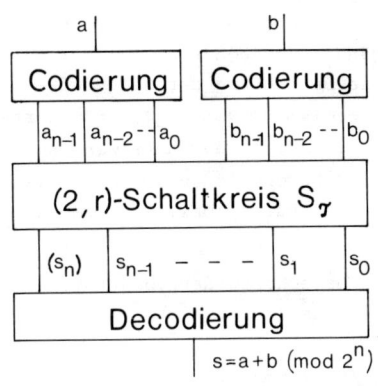

Hierbei gilt:

$$a = \sum_{i=0}^{n-1} a_i \cdot 2^i \quad , \quad b = \sum_{i=0}^{n-1} b_i \cdot 2^i$$

$$s = \begin{cases} \sum_{i=0}^{n-1} s_i \cdot 2^i = a+b \bmod 2^n \\ \sum_{i=0}^{n} s_i \cdot 2^i = a+b \quad . \end{cases}$$

Figur 7.4 ((2,r)-Additionsschaltkreis)

Die Ergebnisse von 7.3 zeigen, daß jeder Schaltkreis $S_\tau$ zur Berechnung von $a+b \pmod{2^n}$ eine Laufzeit von mindestens $\lceil \log_r(2n) \rceil$ Zeiteinheiten erfordert. Diese Grenze kann auch für binäre Stellenwertcodierung bei Verwendung eines relativ einfachen Additionsalgorithmus (Carry-Look-Ahead-Addition) gut approximiert werden; dies werden wir im folgenden beweisen.

<u>Definition 7.4.</u> $d_i := a_i \vee b_i$ ; $e_i := a_i \oplus b_i$ ; $k_i := a_i \cdot b_i$ .
$t(\alpha)$ sei die Laufzeit zur Berechnung von $\alpha$ mit $(2,r)$-Elementen.

Mit diesen Bezeichnungen wird:

$$s_i = e_i \oplus c_{i-1} \quad , \quad \text{wobei} \quad c_i := k_i \vee d_i \cdot c_{i-1} \quad (c_{-1}:=0).$$

Da die Berechnung der am weitesten links stehenden Summen- und Übertragsbits am (zeit-)aufwendigsten ist (die anderen Binärstellen kann man auf jeden Fall mindestens ebenso schnell berechnen), gilt für die Laufzeit des gesuchten (2,r)-Schaltkreises:

$$\tau_n = \max\{t(s_{n-1}), t(s_n)\} \quad .$$

Wegen $s_{n-1} = e_{n-1} \oplus c_{n-2}$ und $s_n = c_{n-1} = k_{n-1} \vee d_{n-1} \cdot c_{n-2}$ erhalten wir ferner für $n \geq 2$:

a. $\quad t(s_n) = t(c_{n-1}) \leq \begin{cases} t(c_{n-2}) + 1 & \text{falls } r \geq 3 \\ t(c_{n-2}) + 2 & \text{falls } r = 2 \ ; \end{cases}$

b. $\quad t(s_{n-1}) \leq t(c_{n-2}) + 1$ .

c. Für die Laufzeit des Additionsschaltkreises gilt daher:

$$\tau_n \leq \max\{t(c_{n-1}), t(c_{n-2}) + 1\} \quad .$$

Begründung. Ist r≥3, dann läßt sich $c_{n-1}$ aus $c_{n-2}$ in einer Zeiteinheit durch ein (2,r)-Schaltelement mit der angegebenen Formel berechnen; wenn nur Elemente mit 2 Eingängen verfügbar sind (r=2), brauchen wir dafür 2 Zeiteinheiten. Die Berechnung der Hilfsfunktionen $k_i, d_i, e_i$ erfolgt parallel zur Bestimmung von $c_{n-2}$, erfordert also keine zusätzliche Laufzeit. Da $s_{n-1}$ bzw. $s_n$ durch Verwendung anderer Formeln möglicherweise schneller berechnet werden können, handelt es sich bei den angegebenen Zeiten für $s_n$ bzw. $s_{n-1}$ um obere Schranken.

Man sieht, daß man durch beschleunigte Berechnung der Überträge günstige Werte für die Addititionszeit erhält.

<u>Definition 7.5.</u> $L(x) := \begin{cases} 0 & falls\ x = 0 \\ \lceil log_r(x) \rceil & falls\ x \geq 1. \end{cases}$

<u>Lemma 7.7.</u> *Sei* $m = m_1 \cdot g - h$ $(m_1, g \in \mathbb{N},\ 0 \leq h \leq g-1)$. *Dann gilt:*

$$t(c_{m-1}) \leq 2 + L(m_1) + max\{t(c_{g-1})-1\ ,\ L(g)+L(m_1-1)\}.$$

<u>Beweis.</u> Wir beschleunigen die Berechnung von $c_{m-1}$ nach dem Carry-Look-Ahead-Prinzip (vgl. 2.3). Zunächst ergibt sich:

$$c_{m-1} = k_{m-1} \vee d_{m-1}k_{m-2} \vee \ldots \vee d_{m-1}d_{m-2}\ldots d_1 k_0 \ .$$

Zur Auswertung dieser Formel verwenden wir folgende Hilfsfunktionen:

$$K_{i-1} := k_{ig-1} \vee d_{ig-1} \cdot k_{ig-2} \vee \ldots \vee d_{ig-1} \cdot \ldots \cdot d_{(i-1)g+1} \cdot k_{(i-1)g}$$

$$D_{i-1} := d_{ig-1} \vee \ldots \vee d_{(i-1)\cdot g} \qquad (i = 1, \ldots, m_1)$$

$$U_i := \begin{cases} D_{m_1-1} \cdot \ldots \cdot D_{i+1} & (i = 0, \ldots, m_1-2) \\ 1 & (i = m_1-1) \end{cases}$$

$$F_i := K_i \cdot U_i \qquad (i = 0, \ldots, m_1-1) \ .$$

Ist $m = m_1 \cdot g$, dann gilt:

$$c_{m-1} = K_{m_1-1} \vee D_{m_1-1} \cdot K_{m_1-2} \vee D_{m_1-1} \cdot D_{m_1-2} \cdot K_{m_1-3} \vee \ldots$$

$$\vee \ldots \vee D_{m_1-1} \cdot D_{m_1-2} \cdot \ldots \cdot D_1 \cdot K_0$$

$$= U_{m_1-1} \cdot K_{m_1-1} \vee U_{m_1-2} \cdot K_{m_1-2} \vee U_{m_1-3} \cdot K_{m_1-3} \vee \ldots \vee U_0 \cdot K_0$$

$$= F_{m_1-1} \vee \ldots \vee F_0 \ .$$

Ist $m=m_1 \cdot g-h$ $(0<h\leq g-1)$, dann muß die Definition der Hilfsgrößen $K_{m_1-1}$ und $D_{m_1-1}$ geändert werden. Eine Laufzeitverlängerung gegenüber der Berechnung von $c_{m-1}$ $(m = m_1 \cdot g)$ entsteht dadurch nicht.

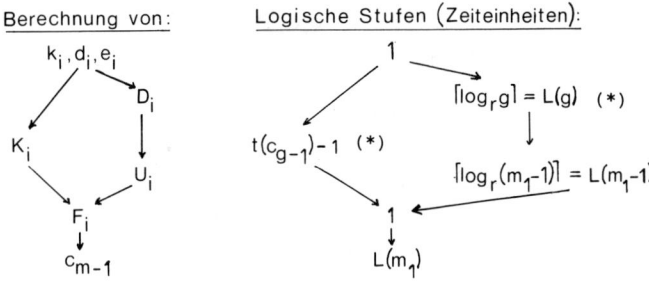

Figur 7.5

Zu (*): Der Zeitaufwand für $K_i$ ist ebensohoch wie der Aufwand $t(c_{g-1})$ zur Berechnung des Gesamtübertrags zweier g-stelliger Zahlen abzüglich einer logischen Stufe für die Bestimmung von $k_i$, $d_i$ und $e_i$, die bereits durchgeführt wurde. Zum Aufbau eines AND- bzw. OR-Gatters mit p Eingängen aus $(d,r)$-Elementen brauchen wir $\lceil \log_r p \rceil = L(p)$ logische Stufen.

Da die Berechnung von $K_i$ parallel zur Ermittlung von $D_i$ sowie $U_i$ durchgeführt werden kann, ergibt sich aus Figur 7.5:

$$t(c_{m-1}) \leq 1 + \{\max t(c_{g-1})-1 , L(g)+L(m_1-1)\} + 1 + L(m_1).$$

Wir können nun eine Schranke für die maximale Laufzeit zur Bestimmung eines Übertrags angeben:

Lemma 7.8. *Ist* $v_k := r^{k(k-1)/2}$ *(k* $\in$ *N), dann gilt:*

*Es gibt einen* $(2,r)$*-Schaltkreis mit:*

$$t(c_{v_k-1}) \leq 1 + \frac{k(k+1)}{2} .$$

Beweis. Wir führen den Beweis durch Induktion nach k.
Die Behauptung gilt für k=1 (d.h. $v_1=r^0=1$), weil:

$$t(c_{1-1}) = t(c_0) = t(e_0 \vee d_0 \cdot c_{-1}) \leq 2 .$$

(Man sieht, daß die Aussage auch für Subtraktionen bei Verwendung des 2-Komplements ($c_{-1}=1$) richtig bleibt.)

Ist nun $t(c_{v_k-1}) \leq 1 + \frac{k(k+1)}{2}$ , dann ergibt sich wegen

$$v_{k+1} = r^{k(k+1)/2} = v_k \cdot r^k$$

durch Anwendung von Lemma 7.7 mit $m_1=r^k$ und $g=v_k$ die Beziehung:

$$t(c_{v_{k+1}-1}) \leq 2 + L(r^k) + \max\{t(c_{v_k-1})-1 \ , \ L(v_k)+L(r^k-1)\}$$

$$\leq 2 + L(r^k) + \max\{\frac{k(k+1)}{2} \ , \ L(v_k)+L(r^k-1)\}$$

$$= 2 + k + \max \ \{\frac{k(k+1)}{2} \ , \ \frac{k(k-1)}{2} + k\}$$

$$= 2 + k + \frac{k(k+1)}{2} = 1 + \frac{(k+1)(k+2)}{2} \quad .$$

Die Behauptung ist damit bewiesen.

Ist $n \geq 3$, dann gibt es ein eindeutig bestimmtes $k \in \mathbb{N}$ mit

$$r^{\frac{(k-1)(k-2)}{2}} < n-1 \leq r^{\frac{k(k-1)}{2}} \quad ,$$

d.h. $\quad \frac{(k-1)(k-2)}{2} < \log_r(n-1) \leq \frac{k(k-1)}{2} \quad .$

Für diesen eindeutig bestimmten - von n abhängigen - Wert k gilt:

$$\max\{t(c_{n-2}) \ , \ t(c_{n-1})\} \leq 1 + \frac{k(k+1)}{2} \quad .$$

Für die Gesamtlaufzeit $\tau_n$ des Additionsschaltkreises wird daher:

$$\tau_n \leq \max\{t(c_{n-2})+1 \ , \ t(c_{n-1})\} \leq 1 + 1 + \frac{k(k+1)}{2}$$

$$= \frac{(k-1)\cdot(k-2)}{2} + 2k+1 \approx \log_r(n-1)+2k+1 \quad .$$

Durch Einsetzen einer oberen Schranke für k erhält man schließlich:

$$\tau_n < \log_r(n-1)+2(\sqrt{2\log_r(n-1) + \frac{1}{4}} + \frac{3}{2}) + 1$$

$$= (1 + \varepsilon_n)\cdot\log_r(n-1) \qquad (\varepsilon_n \xrightarrow[n\to\infty]{} 0) \quad .$$

Damit erhalten wir folgendes Ergebnis [Br1] :

<u>Satz 7.9.</u> *Zu jedem $r \geq 2$ und zu jedem $\varepsilon > 0$ gibt es ein $n_0 = n_0(\varepsilon, r)$ mit:*
*Für jedes $n \geq n_0$ gibt es einen $(2,r)$-Schaltkreis zur Addition*
*zweier n-stelliger Zahlen, bei dem sowohl die Summanden als auch*
*das Ergebnis in binärer Stellenwertcodierung vorliegen und für*
*dessen Laufzeit folgendes gilt:*

$$\tau_n < (1+\varepsilon)\cdot\log_r(n-1) < (1+\varepsilon)\cdot\lceil\log_r 2n\rceil \quad .$$

Die Laufzeit dieses - auf dem Prinzip der Carry-Look-Ahead-Addition basierenden - Schaltkreises ist also um weniger als einen Faktor $(1+\varepsilon)$ höher als die allgemeingültige, in Satz 7.5 hergeleitete untere Laufzeitabschätzung.

# Literaturverzeichnis

[An1]  Anderson, D.W.          The IBM System/360 Model 91: Machine
       Sparacio, F.J.          Philosophy and Instruction-Handling.
       Tomasulo, R.M.          IBM Journal Res. Dev. 11 (1967) 8-24

[An2]  Anderson, S.F.          The IBM System/360 Model 91:
       Earle, J.G.             Floating-Point Execution Unit.
       Goldschmidt, R.E.       IBM Journal Res. Dev. 11 (1967) 34-53
       Powers, D.M.

[At1]  Atkins, D.E.            Higher Radix Division Using Estimates
                               of the Divisor and Partial Remainder.
                               IEEE-C 17 (1968) 925-934

[At2]  Atkins, D.E.            Design of the Arithmetic Units of
                               ILLIAC III. Use of Redundancy and Higher
                               Radix Methods.
                               IEEE-C 19 (1968) 720-732

[Av1]  Avizienis, A.          Signed-Digit Number Representations for
                               Fast Parallel Arithmetic.
                               IRE-EC 10 (1961) 389-400

[Av2]  Avizienis, A.          On a Flexible Implementation of
                               Digital Computer Arithmetic
                               IFIP (1962) 664-670

[Av3]  Avizienis, A.          A Universal Arithmetic Building Element
       Tung, C.                and Design Methods for Arithmetic
                               Processors.
                               IEEE-C 19 (1970) 733-748

[Ba1]  Banerji, D.K.          On Translation Algorithms in Residue
       Brzozowski, J.A.        Number Systems.
                               IEEE-C 21 (1972) 1281-1285

[Ba2]  Banerji, D.K.          On the Use of Residue Arithmetic for
                               Computation.
                               IEEE-C 23 (1974) 1315-1317

[Be1]  Bedrij, O.J.           Carry-Select-Adder.
                               IRE-EC 11 (1962) 340-346

[Br1]  Brent, R.              On the Addition of Binary Numbers.
                               IEEE-C 19 (1970) 758-759

[Bu1]  Buchholz, W.           Planning a Computer System.
                               McGraw-Hill (1962)

[Ca1]  Cappa, M.              An Augmented Iterative Array for
       Hamacher, V.C.          High-Speed Binary-Division.
                               IEEE-C 22 (1973) 172-175

[Ch1] Chen, T.C.  Automatic Computation of Exponentials, Logarithms, Ratios and Square Roots. IBM Journal Res. Dev. 16 (1972) 380-388

[Cl1] Claus, V.  Die mittlere Additionsdauer eines Paralleladdierwerks. Acta Informatica 2 (1973) 283-291

[Da1] Dadda, L.  Some schemes for parallel multipliers. Alta Frequenza 34 (1965) 349-356

[Da2] Dadda, L.  Digital Multipliers: A Unified Approach
      Ferrari, D.  Alta Frequenza 37 (1968) 1079-1086

[De1] Dean, K.J.  Design for a full multiplier. Proc. IEEE 115 (1968) 1592-1594

[Ea1] Earle, J.  Latched Carry-Save-Adder. IBM Tech. Dis. Bull. 7 (1965) 909-910

[Fe1] Ferrari, D.  A Division Method Using a Parallel Multiplier. IEEE-EC 16 (1967) 224-226

[Fe2] Ferrari, D.  Fast Carry-Propagation Iterative Networks. IEEE-C 17 (1968) 136-145

[Fe3] Ferrari, D.  Some new schemes for parallel
      Stefanelli, R.  multipliers. Alta Frequenza 37 (1969) 843-852

[Fl1] Flores, I.  The Logic of Computer Arithmetic. Prentice-Hall (1963)

[Fl2] Flynn, M.J.  Very High Speed Computing Systems. Proc. IEEE 54 (1966) 1901-1909

[Fl3] Flynn, M.J.  On Division by Functional Iteration. IEEE-C 19 (1970) 702-706

[Fr1] Freiman, C.V.  Statistical Analysis of Certain Binary Division Algorithms. Proc. IRE 49 (1961) 91 -103

[Ga1] Garner, H.L.  The Residue Number System. IRE-EC 8 (1959) 140-147

[Ga2] Garner, H.L.  Number Systems and Arithmetic. Adv. in Comp. 6 (1965) 131-194

[Go1] Gosling, J.B.  Design of large high-speed floating-point-arithmetic units. Proc. IEE 118 (1971) 493-498

[Go2] Gosling, J.B.  Design of large high-speed binary multiplier units. Proc. IEE 118 (1971) 499-505

[Ha1] Habibi, A.          Fast Multipliers.
      Wirtz, P.A.         IEEE-C 19 (1970) 153-157

[Ha2] Hallin, T.G.        Pipelining of Arithmetic Functions.
      Flynn, M.J.         IEEE-C 21 (1972) 880-886

[He1] Hendrickson, H.C.   Fast High-Accuracy Binary Parallel
                          Addition.
                          IRE-EC 9 (1960) 465-469

[Ho1] Hotz, G.            Informatik. Rechenanlagen.
                          Teubner Studienbücher (1972)

[Hu1] Husson, S.S.        Microprogramming: Principles and Prac-
                          tices.
                          Prentice Hall (1970)

[Ka1] Kamal, A.A.         High-Speed Multiplication Systems.
      Ghannam, M.A.N.     IEEE-C 21 (1972) 1017-1021

[Ki1] Kilburn, T.         Parallel Addition in Digital Computers;
      Edwards, D.B.G.     A New Fast Carry Circuit.
      Aspinall, D.        Proc. IEE 106 B (1959) 464-466

[Ki2] Kilburn, T.         A Parallel Arithmetic Unit using a
      Edwards, D.B.G.     Saturated-Transistor Fast-Carry Circuit.
      Aspinall, D.        Proc. IEE 107 B (1960) 573-584

[Ki3] Kinniment, D.J.     Sequential-state binary parallel adder.
      Steven, G.B.        Proc. IEE 117 (1970) 1211-1218

[Kl1] Klar, R.            Digitale Rechenautomaten.
                          De Gruyter (1976)

[Kr1] Krishnamurthy, E.V. On Optimal Iterative Schemes for High-
                          Speed Division.
                          IEEE-C 19 (1970) 227-231.

[Le1] Lehman, M.          Skip Techniques for High-Speed Carry-
      Burla, N.           Propagation in Binary Arithmetic Units.
                          IRE-EC 10 (1961) 691-698

[Le2] Lehman, M.          A Comparative Study of Propagation
                          Speed-Up Circuits in Binary Arithmetic
                          Units.
                          IFIP (1962) 672-676

[Le3] Lewin, D.           Theory and Design of Digital Computers.
                          Nelson (1972)

[Li1] Ling, H.            High-Speed Computer Multiplication
                          Using a Multiple-Bit Decoding Algorithm.
                          IEEE-C 19 (1970) 706-709

[Ma1] MacSorley, O.L.     High-Speed Arithmetic in Binary
                          Computers.
                          Proc. IRE 49 (1961) 67-91

[Ma2] Majerski, S.          On Determination of Optimal Distribu-
                            tions of Carry Skip in Adders.
                            IEEE-EC 16 (1967) 45-58

[Me1] Meggitt, J.E.         Pseudo Division and Pseudo Multiplica-
                            tion Processes.
                            IBM Journal Res. Dev. 6 (1962) 210-226

[Me2] Meo, A.R.             Arithmetic Networks and Their Minimi-
                            zation Using a New Line of Elementary
                            Units.
                            IEEE-C 24 (1975) 258-280

[Pr1] Pradhan, D.K.         Fault-Tolerant Carry-Save-Adders.
                            IEEE-C 23 (1974) 1320-1322

[Ra1] Ramamoorthy, C.V.     Fast Multiplication cellular arrays
      Economides, S.C.      for LSI implementation.
                            Fall Joint Comp. Conf. (1969) 89-98

[Ra2] Ramamoorthy, C.V.     Some Properties of Iterative Square-
      Goodman, J.R.         Rooting Methods Using High-Speed Multi-
      Kim, K.H.             plication.
                            IEEE-C 21 (1972) 837-847

[Ro1] Robertson, J.E.       A New Class of Digital Division Methods.
                            IRE-EC 7 (1958) 218-222

[Ro2] Robertson, J.E.       The Correspondence Between Methods of
                            Digital Division and Multiplier Reco-
                            ding Procedures.
                            IEEE-C 19 (1970) 692-701

[Sa1] Salter, F.            High-speed transistorized Adder for a
                            Digital Computer.
                            IRE-EC 9 (1960) 461-664

[Sa2] Sarkar, B.P.          Economic Pseudodivision Processes for
      Krishnamurthy, E.V.   Obtaining Square Roots, Logarithms and
                            Arc tan.
                            IEEE-C 20 (1971) 1589-1593

[Sa3] Sasaki, A.            Addition and Subtraction in the Residue
                            Number System.
                            IEEE-EC 16 (1967) 157-164

[Sk1] Sklansky, J.          Conditional-Sum Addition Logic.
                            IRE-EC 9 (1960) 226-231

[Sp1] Spira, P.M.           The Time Required for Group Multiplica-
                            tion.
                            Jour. Ass. Comp. Mach. 16 (1969) 235-243

[St1] Stefanelli, R.        A Suggestion for a High-Speed Parallel
                            Binary Divider
                            IEEE-C 21 (1972) 42-55

[Sw1] Swartzlander, E.E.    The Quasi-Serial Multiplier.
                            IEEE-C 22 (1973) 317-321

[To1] Tocher, K.D.          Techniques of Multiplication and Divi-
                            sion for Automatic Binary Computers.
                            Quart. J. Mech. Appl. Math. 11
                            (1958) 364-348

[To2] Tomasulo, R.M.        An Efficient Algorithm for Exploiting
                            Multiple Arithmetic Units.
                            IBM Journal Res. Dev. 11 (1967) 25-33

[Tu1] Tung, C.              A Division Algorithm for Signed-Digit
                            Arithmetic.
                            IEEE-EC 17 (1968) 887-889

[Tu2] Tung, C.              Arithmetic.
                            In: Cardenas, A.F.    Computer Science.
                                Presser, L.       Wiley (1972) 59-102
                                Marin, M.A.

[Vo1] Volder, J.E.          The CORDIC Trigonometric Computing
                            Technique.
                            IRE-EC 8 (1959) 330-334

[vN1] V. Neumann, J.        Preliminary Discussion of the Logical
      Burks, A.W.           Design of an Electronic Computing In-
      Goldstine, H.H.       strument.
                            Collected Works 5 (1961) 34-80

[Wa1] Wallace, C.S.         A Suggestion for a Fast Multiplier.
                            IEEE-EC 13 (1964) 14-17

[Wa2] Walther, J.S.         A Unified Algorithm for Elementary
                            Functions.
                            AFIPS SJCC 38 (1971) 379-385

[Wi1] Wilkinson, J.H.       Rundungsfehler.
                            Heidelberger Taschenbücher
                            Springer Verlag (1969)

[Wi2] Winograd, S.          On the Time Required to Perform Addition.
                            J. Assoc. Comp. Mach. 12 (1965) 277-285

[Wi3] Winograd, S.          On the Time Required to Perform Multi-
                            plication.
                            J. Assoc. Comp. Mach. 14 (1967) 793-802

# Sachverzeichnis

# Symbolverzeichnis

| | | |
|---|---|---|
| $N$ | Menge der natürlichen Zahlen | |
| $N_0$ | $N \cup \{0\}$ | |
| $Z$ | Menge der ganzen Zahlen | |
| $Q$ | Menge der rationalen Zahlen | |
| $R$ | Menge der reellen Zahlen | |
| $B_d$ | $\{0,\ldots,d-1\}$ | |
| $A \times B$ | kartesisches Produkt | |
| $|a|$ | Betrag von a | |
| $\lfloor x \rfloor$ | $\max\{n|n \in Z;\ x \geq n\}$ | |
| $\lceil x \rceil$ | $\min\{n|n \in Z;\ x \leq n\}$ | |
| $O$ | Landausymbol | |
| $a \oplus b$ | $a+b \mod 2$ | |
| $o$ | Hintereinanderausführung | |
| $\times$ | Parallelausführung | |

| | |
|---|---|
| DD | Dividendenregister |
| DR | Divisorregister |
| MD | Multiplikandenregister |
| MQ | Multiplikatorregister |
| MP | Partialproduktregister |
| FA | Fulladder |
| HA | Halfadder |
| $\tau$ | Laufzeit |
| $\kappa$ | Kosten |
| $P^{(j)}$ | Partialprodukt |
| $Q^{(j)}$ | reduziertes Partialprodukt |
| $X^{(j)}$ | Partialrest |
| $q_j$ | Quotientenbit |
| $\text{sign}(x)$ | Vorzeichen von x |

| | | | | | |
|---|---|---|---|---|---|
| $Q$ | 9 | HA | 30 | CF | 93 |
| $w^{(n,m)}$ | 9 | FA | 30 | DD | 107 |
| $B_d$ | 9 | CSA | 35 | DR | 107 |
| $B+V$ | 9 | $\hat{\oplus}$ | 42 | DE | 107 |
| $w_d$ | 9 | $\hat{\hat{\oplus}}$ | 44 | (DD,DE) | 107 |
| $w_{B+V}$ | 9 | MD | 61 | $X^{(j)}$ | 107 |
| $w_{d-1}$ | 10 | MQ | 61 | $q_j$ | 108 |
| $C$ | 19 | MP | 61 | SHL(R) | 109 |
| $Q_A^{(n,m)}$ | 11 | MH | 61 | $\varphi(x_i)$ | 132 |
| $MP^{(1)}, MP^{(2)}$ | 21 | $P^{(j)}$ | 64 | $(2-d_i)_{T_r}$ | 138 |
| $d_a$ | 26 | $Q^{(j)}$ | 64 | $\lambda_i$ | 174 |
| $d_e$ | 26 | SHR(R) | 64 | $\delta_i$ | 174 |
| $s$ | 29 | $MQ_{-1}$ | 67 | $\alpha_i$ | 175 |
| $c$ | 29 | $n_{(3,2)}$ | 81 | $\Phi$ | 185 |
| $f_{(3,2)}$ | 29 | $\kappa_{(3,2)}$ | 81 | $h'$ | 185 |
| $f_{(2,2)}$ | 29 | $n_{(2,2)}$ | 81 | $S_\tau$ | 185 |
| $\oplus$ | 29 | $\kappa_{(2,2)}$ | 81 | $h$ | 186 |
| $\tau_{SK}$ | 29 | $n_{OR}$ | 81 | $w_{red}^{(n,m)}$ | 147 |
| $\kappa_{SK}$ | 29 | $\kappa_{OR}$ | | | |